［作って学ぶ］
ブラウザのしくみ

HTTP、HTML、CSS、JavaScriptの裏側

DOI Asami
土井麻未
［著］

技術評論社

本書は、小社刊の以下の刊行物をもとに、大幅に加筆と修正を行い書籍化したものです。
・『WEB+DB PRESS』Vol.120 特集「[自作 OS ×自作ブラウザで学ぶ] Web ページが表示されるまで──HTML を運ぶプロトコルとシステムコールの裏側」

本書の内容に基づく運用結果について、著者、ソフトウェアの開発元および提供元、株式会社技術評論社は一切の責任を負いかねますので、あらかじめご了承ください。

本書に記載されている情報は、特に断りがない限り、執筆時点（2024 年）の情報に基づいています。ご使用時には変更されている可能性がありますのでご注意ください。

本書に記載されている会社名・製品名は、一般に各社の登録商標または商標です。本書中では、™、©、® マークなどは表示しておりません。

はじめに

本書では、自分の手を動かして簡単なブラウザを作ってみることにより、ブラウザの裏側で何が起きているかを学びます。普段からブラウザを使用していて、その裏側に少しでも興味を持った方を対象としています。また、Web アプリケーションを開発している方も、本書によって Web の知識を深めて、普段書いているコードをさらに深く理解する手助けにもなれば幸いです。

また、本書のもう一つの特徴として、今回開発するブラウザは、関連書『[作って学ぶ] OS のしくみ』で解説されている簡単な OS の上で動くようになっています。つまり、本書と合わせて『[作って学ぶ] OS のしくみ』も読むことによって、ブラウザと OS のどちらも作ることができます。それにより、ユーザーとのやりとりを行うユーザーインタフェースから、HTML、CSS、JavaScript の言語の解釈、ネットワークの裏側、そして、コンピュータの根幹のしくみまで知ることも可能です。本書だけでブラウザは完成するので、ブラウザのみに興味がある方は本書だけを読み進めることもできます。

ブラウザは、開発者にとってもユーザーにとっても、もはや日常の一部と言えるほど身近なソフトウェアです。しかし近年のブラウザはあまりにも高機能かつ巨大になってしまったため、そのしくみを詳しく理解することは難しくなっています。

たとえば 2024 年 7 月時点で、Chromium ブラウザのソースコードは約 3,270 万行[注1] もあります。また、ほかのオープンソースプロジェクトである Firefox のソースコードは約 3,100 万行[注2] あると言われています。この規模のソースコードをすべて読んで、しくみを理解するのは容易ではありません。

本書は、もはやブラックボックスと化してしまったブラウザのコアの機能を自分の手を動かして実装することで、ブラウザの裏側を少しでも理解することを目的としています。コアの機能とは、具体的にはサーバとやりとりをして目的の Web サイトを表示することです。本書で実装するブラウザは、ユーザーからのインプットである URL を解釈し、サーバと HTTP リクエスト／レスポンスをやりとりし、サーバから返ってきた HTML や CSS や JavaScript などのリソースをユーザーに見やすく表示します。

本書によって、複雑なソフトウェアであるブラウザに対して少しでも「わかった」という気持ちを抱いていただけることを願っています。

注 1　https://openhub.net/p/chrome/analyses/latest/languages_summary

注 2　https://openhub.net/p/firefox/analyses/latest/languages_summary

iii

本書を読む前の準備

本書を読む前の準備

■ 環境構築

本書のサンプルプログラムは macOS と Ubuntu でテストされており、macOS や Ubuntu や Debian GNU/Linux などの Linux ディストリビューション上で開発すること を想定しています。Windows では、WSL（*Windows Subsystem for Linux*）などを使用して Windows 上で仮想的に Linux 環境を作ることで対応が可能です。

● Rust のインストール

本書のサンプルプログラムは、プログラミング言語の一つである Rust[注1] で書かれています。Rust は、複数のツールを使ってプログラムの管理をします。プログラムをコンパイルしたり実行したりするために必要な一連のツール群をツールチェインと呼びます。

ツールチェインをインストールするために、ターミナルを開いて以下のコマンドを実行してください。このコマンドは公式ページ[注2] に記載されているものと同等です。

```
$ curl --proto '=https' --tlsv1.2 -sSf https://sh.rustup.rs | sh
```

ツールチェインをインストールすると、以下のコマンドが使用できるようになっているはずです。

- rustup
  Rust のツールチェイン管理ツール。Rust のツールチェインのインストール、アップデート、管理に使用する

- rustc
  Rust のコンパイラ。Rust のソースコードをバイナリコードに変換する

- cargo
  Rust のビルドツール。Rust のプロジェクトをビルド、テスト、デプロイするために使用する

● 本書で使用している Rust のバージョン

本書のサンプルプログラムは、関連書『[作って学ぶ] OS のしくみ』で説明されているゼロから作成した WasabiOS[注3] という自作 OS のアプリケーションとして動作します。その特性上、nightly というバージョンのツールチェインを使用する必要があります。Rust は、nightly、beta、stable という 3 段階のリリースサイクルを経てユーザーのもとに届きます。デフォルトで使用されているのが stable バージョンで、その名のとおり、一番安定した機能を含んでいます。対して nightly は、最も実験的でかつ最新の機能を含むバージョンです。nightly は毎日リリースされるのに対し、stable は 6 週間ごとにリリースされます。本書執筆時点（2024 年 7 月）で、OS 開発のために nightly でしか採用されていない機能を使う必要があるので、OS で使用しているツールチェインに合わせて本書でも nightly を使用しています。

注 1   https://www.rust-lang.org/
注 2   https://rustup.rs/
注 3   https://github.com/hikalium/wasabi

iv

本書を読む前の準備

ツールチェインのバージョンを指定できる rust-toolchain.toml をプロジェクトのトップディレクトリに追加しましょう。

```rust-toolchain.toml
[toolchain]
channel = "nightly-2024-01-01"
components = [ "rustfmt", "rust-src" ]
targets = [ "x86_64-unknown-linux-gnu" ]
profile = "default"
```

現在インストールされている Rust コンパイラのバージョンを rustup show コマンドで確認すると、nightly-2024-01-01 の日付のものになっているはずです。

```
$ rustup show
(省略)
active toolchain
----------------
nightly-2024-01-01-aarch64-apple-darwin (overridden by '/Users/.../rust-toolchain.toml')
```

● QEMU のインストール

QEMU とは、オープンソースのエミュレータです。エミュレータとは、あるコンピュータシステムが別のコンピュータシステムの機能を模倣するソフトウェアまたはハードウェアです。普通、アプリケーションを開発しているときにエミュレータは必要ありません。しかし本書のブラウザは、WasabiOS の上で動かすためにエミュレータが必要です。

QEMU をインストールするために、Mac を使用している方は以下を実行してください。

```
$ brew install qemu
```

Debian GNU/Linux や Ubuntu を使っている方は、以下を実行してください。

```
$ apt install qemu-system
```

ほかの環境で開発している方は、公式のページ[注4]を参考にダウンロードとインストールをしてください。

● Git のインストール

Git はプログラムのバージョン管理を行うツールです。ソースコードをダウンロードするときに Git を使用するので、もし今まで使用したことがなければインストールしてください。

Git をインストールするために、Mac を使用している方は以下を実行してください。

```
$ brew install git
```

Debian GNU/Linux や Ubuntu を使っている方は、以下を実行してください。

```
$ apt install git-all
```

注4　https://www.qemu.org/download/

v

ほかの環境で開発している方は、公式のページ[注5]を参考にダウンロードとインストールをしてください。

■ サンプルプログラム

本書で解説して実装するブラウザのプログラムは、2つのGitHubリポジトリに掲載されています。サンプルブラウザアプリケーション（**Sa**mple **B**rowser **A**pplication）を略してSaBAという名前です。もし本書を参考にして自分でプログラムを書いているときに思ったように動かなければ、これらのリポジトリのコードと見比べてみてください。

- github.com/d0iasm/saba
  最新の変更／修正を含むリポジトリ。本書で書かれていること以上の実装を含む
- github.com/d0iasm/sababook
  本書とまったく同じコードのリポジトリ。章ごとでディレクトリが分けられている

● SaBAブラウザの構成

SaBAの大まかなディレクトリ構造は以下のようになっています。build/ディレクトリや便利スクリプトなどは省略しています。

一番のメインとなる実装はsaba_core/ディレクトリ以下に存在します。src/ディレクトリはmain関数を含むアプリケーションのエントリポイントになります。それ以外のnet/、ui/ディレクトリは、アプリケーションを動かすOSによって実装を変える必要があるため、ディレクトリが細分化されています。ただし、本書ではWasabiOS上で動かす実装のみを紹介します。

- saba_core
  HTML、CSS、JavaScriptを解釈してページをレンダリングする機能の実装。外部クレートへの依存関係を持たない。第2章、第4章、第5章、第7章で実装
- src
  アプリケーションのエントリポイントとなるメイン関数の実装。各章で少しずつ実装

注5　https://git-scm.com/downloads

本書を読む前の準備

- net
  ネットワークに関する機能の実装。第3章で実装
- ui
  ユーザーインタフェースに関する機能の実装。第6章で実装

● WasabiOS の構成

SaBA を動かす OS は、関連書で解説されている WasabiOS[注6] を使用します。さらに深掘りして、ネットワークの根幹や OS がどのようにリソースを管理しているかまで理解したい場合は、こちらのリポジトリと関連書『[作って学ぶ] OS のしくみ』も参考にしてください。

WasabiOS 上でアプリケーションを開発する際に特に重要なのは WasabiOS リポジトリの noli/ ディレクトリです。これは OS とアプリケーションをつなぐライブラリ群で、文字や図形の描画などの機能をアプリケーションに提供しています。

● アプリケーションを WasabiOS で動かす

アプリケーションを WasabiOS で動かすには、cargo build コマンドでビルドしたアプリケーションのバイナリを、WasabiOS が提供する run_with_app.sh というスクリプトを使用して走らせる必要があります。これらを自動的に行うシェルスクリプトを用意したので、以下のスクリプトを後ほど cargo コマンドによって作成するプロジェクトのトップディレクトリに追加してください。d0iasm/saba/run_on_wasabi.sh[注7] からコピーもできます。

```bash
run_on_wasabi.sh
#!/bin/bash -xe

HOME_PATH=$PWD
TARGET_PATH=$PWD"/build"
OS_PATH=$TARGET_PATH"/wasabi"
# アプリケーションの名前が saba とは異なるとき、次の行を変更する
APP_NAME="saba"
MAKEFILE_PATH=$HOME_PATH"/Makefile"

# build ディレクトリを作成する
if [ -d $TARGET_PATH ]
then
  echo $TARGET_PATH" exists"
else
  echo $TARGET_PATH" doesn't exist"
  mkdir $TARGET_PATH
fi

# WasabiOS をダウンロードする (https://github.com/hikalium/wasabi)
# もしスクリプトが失敗する場合は、`rm -rf build/wasabi` などで
# ダウンロードした OS を削除する必要がある
if [ -d $OS_PATH ]
then
  echo $OS_PATH" exists"
  echo "pulling new changes..."
  cd $OS_PATH
```

注6　https://github.com/hikalium/wasabi
注7　https://github.com/d0iasm/saba/blob/main/run_on_wasabi.sh

本書を読む前の準備

```
  git pull origin for_saba
else
  echo $OS_PATH" doesn't exist"
  echo "cloning wasabi project..."
  cd $TARGET_PATH
  git clone --branch for_saba git@github.com:hikalium/wasabi.git
fi

# アプリケーションのトップディレクトリに移動する
cd $HOME_PATH

# Makefile をダウンロードする
if [ ! -f $MAKEFILE_PATH ]; then
  echo "downloading Makefile..."
  wget https://raw.githubusercontent.com/hikalium/wasabi/for_saba/external_app_template/↵
Makefile
fi

make build
$OS_PATH/scripts/run_with_app.sh ./target/x86_64-unknown-none/release/$APP_NAME
```

シェルスクリプトをトップディレクトリに追加したら、chmod コマンドを使用してシェル
スクリプトに実行権限を与えましょう。

```
$ chmod +x run_on_wasabi.sh
```

アプリケーションのトップディレクトリで run_on_wasabi.sh のスクリプトを走らせる
と、アプリケーションが WasabiOS の上で開始します。もしアプリケーションの名前を独
自のものにした場合は、スクリプトの APP_NAME を変更してください。

もしスクリプトが途中で失敗したら、rm -rf build などでダウンロードした
WasabiOS のソースコードを削除してください。環境によっては wget の導入が必要です。

● **プロジェクトの作成**

プロジェクトを作成してみましょう。cargo コマンドを使用することによって簡単に新
しいプロジェクトを作成できます。cargo new コマンドとそれに続いてプロジェクト名を
入力することで新しいディレクトリを作成します。ディレクトリの配下には Cargo.toml と
src ディレクトリが自動的に作成されます。

```
$ cargo new saba
```

Cargo.toml はプロジェクトの設定を管理するための設定ファイルです。ライブラリの依
存関係などをここに書きます。WasabiOS とやりとりするための noli ライブラリを使え
るように Cargo.toml を書き換えてみましょう。

```
Cargo.toml
[package]
name = "saba"
version = "0.1.0"
edition = "2021"

[dependencies]
noli = { git = "https://github.com/hikalium/wasabi.git", branch = "for_saba" }
```

srcディレクトリ以下の main.rs を変更してみましょう。WasabiOS は、スタンダード
ライブラリに依存せずに書かれています。スタンダードライブラリとは、Rust では std に
よってインポートできるライブラリ群のことです。OS の制約上、アプリケーションも同じ
くスタンダードライブラリに依存せずに書く必要があります。よって、ファイルの最初には
#![no_std] と書いてください。

noli ライブラリの API を使用するために、use noli::prelude::*; も必要です。これで、
文字を出力したり図形を描画したりできます。

```
src/main.rs
#![no_std]
#![cfg_attr(not(target_os = "linux"), no_main)]

use noli::prelude::*;

fn main() {
    Api::write_string("Hello World\n");
    println!("Hello from println!");
    Api::exit(42);
}

entry_point!(main);
```

run_on_wasabi.sh スクリプトを使用して OS 上でアプリケーションを動かしてみましょ
う。

```
$ ./run_on_wasabi.sh
```

スクリプトを走らせると、QEMU のアプリケーション上で OS が開始します（**図 0-1**）。
その画面上またはターミナル上でアプリケーションの名前（saba）を入力して Enter キー
を押すと、そのアプリケーションが開始します。

図 0-1 QEMU のスタート直後の画面

ix

本書を読む前の準備

WasabiOS は、QEMU の画面の下部にログが出力します。上記の "Hello World!" の文字列を出力するアプリケーションを開始すると、QEMU とターミナル上のどちらでもログの出力が確認できます（**図 0-2**）。

図 0-2　ログの出力結果

```
Hello World
Hello from println!
[INFO] os/src/cmd.rs:117:   Ok(42)
```

● **本書のコードの読み方**

第 2 章から実装していくブラウザのコードは、本書で以下のように書かれています。

```
#[derive(Debug, Clone, PartialEq, Eq)]
pub enum Token {
    (省略)
    /// https://262.ecma-international.org/#sec-identifier-names
    Identifier(String),
    /// https://262.ecma-international.org/#sec-keywords-and-reserved-words
    Keyword(String),
    /// https://262.ecma-international.org/#sec-literals-string-literals
    StringLiteral(String),
}
```

新しく実装する箇所は太字で書かれているので、書籍を読みながら実装していく方は太字の箇所を自分のプログラムに随時追加してください。もしコード中に太字がまったくない場合は、すべてのコード追加する必要があるという意味です。また、「（省略）」と書かれている部分はすでに実装を紹介した箇所です。

コード中に時折出てくる URL は、その実装に対応する仕様書への URL を表します。もし仕様書ではどのように書かれているのか気になる方は自分で確かめてみてください。

● **注意事項**

本書で解説・実装をするブラウザのアプリケーションは自作 OS 上で動いているため、さまざまな制約があります。たとえば、アプリケーションが使用できるメモリには限りがあります。なので、もしページ遷移を繰り返すと、アウトオブメモリ、つまり必要なメモリ容量をこれ以上確保できず実行が中断してしまうなどの問題があります。

また、OS にはアプリケーションを中断する機能がありません。もしブラウザのアプリケーションを終了したいときは、QEMU のアプリケーション自体を閉じて、OS の実行自体を終了させてください。

さらに、アクセスできる Web サイトは HTTP から始まるページのみです。通信が暗号化されている HTTPS から始まるページにはアクセスできないことに注意してください。

ブラウザも OS もとても巨大なプログラムで、かつ、さまざまな使い方が存在します。本書で明示的に解説されている使い方以外は、バグを含んでいる可能性が大いにあることにご注意ください。もし明らかなバグを見つけた場合は、saba リポジトリの issue に報告していただけるとうれしいです。

CONTENTS

目　次

はじめに iii

本書を読む前の準備 iv

目次 xi

第 1 章

ブラウザを知る
Web サイトを表示するアプリケーション　　　　　　　　　　　　　　　1

ブラウザの役割❶ —— Web クライアントとしてのブラウザ 2
クライアント／サーバモデル 3
　Web クライアント 4
　Web サーバ 4
インターネットと Web 5
　通信プロトコル 6
　HTTP 7
　URL によるリソースの指定 9
　DNS 10

ブラウザの役割❷ —— レンダリングエンジンとしてのブラウザ 11
Web サイトの構成 12
HTML 12
　HTML トークン 13
　DOM ツリー 14
CSS 18
　CSS トークン 19
　CSSOM 20
　レイアウトツリー／レンダーツリー 21

ブラウザの役割❸ —— JavaScript エンジンとしてのブラウザ 23
JavaScript 23
　JavaScript トークン 24
　抽象構文木（AST） 25
ブラウザ API 26

コアの役割を支えるためのさらなる機能 27
ストレージとキャッシュ 27
　ストレージ 28
　キャッシュ 29
拡張機能 29
PWA 29
UI にまつわる機能 30

マルチプロセスアーキテクチャ 30
プロセス 30
　ブラウザプロセス／レンダラプロセス 31
スレッド 31
　UI スレッド／メインスレッド 32
　ワーカースレッド 32
　[Column] iOS 上でのブラウザアプリ 33

xi

目次

ブラウザのセキュリティ対策..33
  サイト分離（Site Isolation）..34
  同一生成元ポリシー（Same Origin Policy）...35
    オリジン間リソース共有（CORS）...36
  コンテンツセキュリティポリシー（CSP）...36
本書のゴール・注意点..37

第2章

URL を分解する
リソースを指定する住所

39

URL とは..40
  スキーム（scheme）..41
  ホスト（host）...41
  ポート番号（port）..41
  パス（path）...42
  クエリパラメータ（searchpart）...42
URL の構文解析の実装..43
  ライブラリクレートの作成...43
  実装するファイルの追加..44
  Url 構造体の作成..45
  parse メソッドの作成...46
  URL の分割の実装..47
    スキームの確認..48
    ホストの取得..49
    ポート番号の取得...49
    パス名の取得...50
    クエリパラメータの取得..51
  parse メソッドの完成...52
  ゲッタメソッドの追加...53
    [Column] clone() はなぜ必要？...54
ユニットテストによる動作確認..55
  成功ケース..55
  失敗ケース..57
  テストの実行..58

第3章

HTTP を実装する
ネットワーク通信を支える約束事

59

HTTP とは..60
  HTTP のバージョンの違い..61
    HTTP/1.1 の特徴..62
    HTTP/2 の特徴...63
    HTTP/3 の特徴...64
  HTTP の構成...65

CONTENTS

リクエストラインとは 66
ステータスラインとは 67
ヘッダとは 69
ボディとは 69

HTTP クライアントの実装 70
サブプロジェクトの作成 70
サブプロジェクトの Cargo.toml の変更 71
ルートディレクトリの Cargo.toml の変更 71
Features 72
バイナリターゲットの設定 72
リクエストの構築 73
HttpClient の作成 73
ホスト名から IP アドレスへの変換 74
ソケットアドレスの定義 75
ストリームの構築 76
リクエストラインの構築 77
ヘッダの構築 78
リクエストの送信 79
レスポンスの受信 80
HTTP レスポンスの構築 81
HttpResponse 構造体の作成 81
Header 構造体の作成 82
エラー構造体の作成 83
文字列の前処理 84
ステータスラインの分割 84
ヘッダとボディの分割 85
HttpResponse 構造体を返す 85
ゲッタメソッドを追加する 86

ユニットテストによる動作確認 87
成功ケース 87
失敗ケース 89
テストの実行 89

WasabiOS 上で動かす 90
http://example.com へのアクセス 90
メイン関数の実装 90
実行 91
テストサーバとのやりとり 93
テストページの作成 93
ローカルサーバの実行 93
localhost 93
メイン関数の変更 94
実行 94

第 **4** 章

HTML を解析する
HTML から DOM ツリーへの変換   **97**

HTML とは 98
HTML の構成要素 98
タグ 99
コンテンツ 100
要素 100

xiii

目次

属性 100
DOM とは 101
　DOM ツリーを構成するノード 101

HTML の字句解析 ── トークン列の生成 102

字句解析とは 103
トークン化アルゴリズム 103
実装するディレクトリとファイルの作成 104
HtmlTokenizer 構造体の作成 106
HtmlToken 列挙型の作成 106
Attribute 構造体の実装 107
ステートマシンの実装 109
　Iterator の実装 112
　Data 状態の実装 113
　TagOpen 状態の実装 114
　文字の再利用 115
　EndTagOpen 状態の実装 116
　TagName 状態の実装 117
　BeforeAttributeName 状態の実装 119
　AttributeName 状態の実装 121
　AfterAttributeName 状態の実装 122
　BeforeAttributeValue 状態の実装 124
　AttributeValueDoubleQuoted 状態の実装 125
　AttributeValueSingleQuoted 状態の実装 125
　AttributeValueUnquoted 状態の実装 126
　AfterAttributeValueQuoted 状態の実装 127
　SelfClosingStartTag 状態の実装 128
　ScriptData 状態の実装 130
　ScriptDataLessThanSign 状態の実装 131
　ScriptDataEndTagOpen 状態の実装 131
　ScriptDataEndTagName 状態の実装 132
　一時的なバッファの管理 133

ユニットテストによる字句解析の動作確認 134

空文字のテスト 135
開始タグと終了タグのテスト 135
属性のテスト 136
空要素タグのテスト 137
スクリプトタグのテスト 137

HTML の構文解析 ── ツリーの構築 138

実装するディレクトリ、ファイルの作成 139
ノードの構造 141
　循環参照問題 143
　ノードのゲッタ・セッタメソッドの実装 143
ノードの種類 144
Window 構造体の作成 145
Element 構造体の定義 147
Parser 構造体の作成 149
ツリー構築アルゴリズム 151
　Initial 状態の実装 154
　BeforeHtml 状態の実装 155
　BeforeHead 状態の実装 156
　InHead 状態の実装 157
　AfterHead 状態の実装 159
　InBody 状態の実装 161
　Text 状態の実装 162
　AfterBody 状態の実装 163
　AfterAfterBody 状態の実装 164
　[Column] 間違った HTML をできる限り描画するブラウザ 165

xiv

CONTENTS

要素ノードの追加	166
開いている要素のスタックの管理	168
テキストノードの追加	169
段落タグ（\<p\>）の追加	172
ElementKind 列挙型に段落の追加	172
InBody 状態の変更	172
見出しタグ（\<h1\>、\<h2\>）の追加	174
ElementKind 列挙型に段落の追加	174
InBody 状態の変更	175
リンクタグ（\<a\>）の追加	176
ElementKind 列挙型に段落の追加	176
InBody 状態の変更	177
テキストの追加	179
InBody 状態の変更	179

ユニットテストによる構文解析の動作確認 180
PartialEq と Eq トレイト	180
Node 構造体に PartialEq トレイトの実装	181
空文字のテスト	182
body ノードのテスト	183
テキストノードのテスト	184
複数ノードのテスト	186

WasabiOS 上で動かす 188
メイン関数の変更	188
Browser 構造体の作成	189
Page 構造体の作成	191
HttpResponse から DOM ツリーを作成	192
デバッグ用に DOM ツリーを文字列に変換	193
実行	194

第 **5** 章

CSS で装飾する
CSSOM とレイアウトツリーの構築　　　　　197

CSS とは 198
CSS の構成要素	199
セレクタ	200
プロパティ	201
値	202
宣言ブロック	203
ルール	204
CSSOM	204
レイアウトツリー	205
フロー	205
ボックスモデル	206
描画	207

CSS の字句解析 ——トークン列の生成 208
実装するディレクトリ・ファイルの作成	208
[Column] HTML を策定する WHATWG と CSS を策定する W3C	209
CssToken 列挙型の作成	210
CssTokenizer 構造体の作成	211
次のトークンを返すメソッドの実装	212

XV

目次

記号トークンを返す 213
文字列トークンを返す 213
数字トークンを返す 215
識別子トークンを返す 216

ユニットテストによる字句解析の動作確認 218
空文字のテスト 219
1 つのルールのテスト 219
ID セレクタを持つルールのテスト 220
クラスセレクタを持つルールのテスト 220
複数のルールのテスト 221

CSS の構文解析 ── CSSOM の構築 222
実装するディレクトリ・ファイルの作成 223
CssParser 構造体の作成 223
CSSOM のノードの作成 224
ルートノード（StyleSheet）の作成 224
ルールノード（QualifiedRule）の作成 225
セレクタノード（Selector）の作成 226
宣言ノード（Declaration）の作成 227
コンポーネント値ノード（Component value）の作成 227
CSSOM の構築 228
複数のルールの解釈 229
一つのルールの解釈 230
セレクタの解釈 231
複数の宣言の解釈 232
1 つの宣言の解釈 233
識別子の解釈 234
コンポーネント値の解釈 234

ユニットテストによる構文解析の動作確認 235
空文字のテスト 235
1 つのルールのテスト 236
ID セレクタのテスト 236
クラスセレクタのテスト 237
複数のルールのテスト 238

レイアウトツリーの構築 239
実装するディレクトリ・ファイルの作成 239
LayoutView 構造体の作成 241
DOM ツリーの特定の要素を取得する関数の作成 242
LayoutObject 構造体の作成 244
ゲッタ／セッタメソッドの追加 245
ブロック要素とインライン要素 246
LayoutPoint 構造体の作成 247
LayoutSize 構造体の作成 248
ComputedStyle の作成 249
ゲッタ／セッタメソッドの追加 250
Color 構造体の作成 252
FontSize 列挙型の作成 255
DisplayType 列挙型の作成 256
TextDecoration 列挙型の作成 257
レイアウトツリーの作成 257
レイアウトオブジェクトのインスタンス化 260
ノードが選択されているかを判断するメソッド 261
CSS ルールの適用（Cascading） 263
指定値の決定（Defaulting） 264
ブロック／インライン要素の最終決定 267
ノードの位置／サイズ情報の更新 267
定数の設定ファイル 268

xvi

CONTENTS

サイズの計算...269
位置の計算...273

ユニットテストによるレイアウトの動作確認...276
LayoutObject 構造体に PartialEq トレイトの実装....................................276
テスト用の便利関数の作成...276
空文字のテスト...278
<body> タグのみのテスト..278
テキスト要素のテスト..279
body が display:none のテスト...280
複数の要素が hidden:none のテスト...280

GUI 描画のための準備..282
DisplayItem 列挙型の作成...283
LayoutObject ノードの描画..285
テキストを折り返す..286
DisplayItem の管理...287
Page 構造体にフィールドを追加する..287
receive_response メソッドを更新する...288
create_frame メソッドを更新する..289
set_layout_view メソッドを追加する...290
paint_tree メソッドを追加する..290
DisplayItem のベクタのゲッタメソッドを追加する.......................................291

第 **6** 章

GUI を実装する
ユーザーとのやりとり
293

GUI とは..294
GUI アプリケーションのウィンドウの作成..295
サブプロジェクトの作成..296
サブプロジェクトの Cargo.toml の変更..296
実装するファイルの作成...296
背景となる白い四角を描画する...297
ツールバーを描画する..299
定数を追加する..300
noli ライブラリの描画 API..300
ツールバーを描画する..300
UI を開始するメソッドを追加する..302
アプリケーションの開始時にウィンドウを描画する..303
Cargo.toml を変更する..303
main.rs を変更する...304
ユーザーの入力を取得...305
マウスの位置を取得する...306
マウスのクリックを取得する..308
文字を入力する..309
ツールバーをクリックして入力を開始する...310
InputMode 列挙型を作成する..310
URL の文字を保存する..311
URL の情報をツールバーに反映する...313
ツールバーをクリックして InputMode を変更する.....................................316
マウスを描画する..317
Cursor 構造体を追加する..318

xvii

目次

WasabiUI にマウスカーソルを追加する 319
マウスカーソルを描画する 320

アドレスバーからナビゲーション 321
Enter キーによってナビゲーションを開始する 321
コンテンツエリアをリセットする 323
ネットワークの実装を UI コンポーネントに渡す 323
関数ポインタ 324
クロージャ 324
handle_url の実装 324
handle_url 関数ポインタを渡す 327

ページの内容の描画 328
テキストを描画する 328
文字を出力する API を使用する 329
描画するための関数を実装する 329
文字の大きさの型変換を行う 330
update_ui メソッドを更新する 331
テキストリンクを描画する 332
文字を出力する API で下線を引く 332
update_ui メソッドを更新する 332
四角を描画する 334
WasabiOS の上で動かす 335

リンククリックでナビゲーション 336
handle_mouse_input メソッドを更新する 336
clicked 関数を追加する 337
DOM ツリーのノードの指定した属性の値を取得する 338
find_node_by_position メソッドを追加する 338
find_node_by_position_internal 関数を追加する 339
WasabiOS の上で動かす 340

第7章

JavaScript を動かす
ページの動的な変更

343

JavaScript とは 344
インタプリタ、JIT、コンパイラ言語 345
動的なページと静的なページ 345
サーバサイドレンダリングとクライアントサイドレンダリング 346
ブラウザ API 346
ECMAScript 347
JavaScript の加算／減算の実装 348
実装するディレクトリの作成 348
トークン列挙型の作成 349
JsLexer 構造体の作成 350
次のトークンを返す関数の実装 351
記号トークンを返す 351
数字トークンを返す 352
ユニットテストによるレキサーの動作確認 353
空文字のテスト 353
1 つの数字トークンのみのテスト 354
足し算のテスト 354
加算・減算の文法規則 355

xviii

CONTENTS

ECMAScript で定義されている文法規則 355
実装する文法規則 357
抽象構文木（AST）の構築 360
式と文 360
ノードの作成 360
JsParser 構造体の作成 362
Program 構造体の作成 362
AST を構築するメソッドの作成 363
SourceElement の解釈 364
Statement の解釈 364
AssignmentExpression の解釈 365
AdditiveExpression の解釈 365
LeftHandSideExpression の解釈 366
MemberExpression の解釈 367
PrimaryExpression の解釈 367
ユニットテストによるパーサの動作確認 368
空文字のテスト 368
1 つの数値だけのテスト 369
足し算のテスト 369
ランタイムの実装 370
JsRuntime 構造体の作成 370
AST の実行 371
各ノードを評価する eval メソッドの実装 371
RuntimeValue 列挙型の作成 373
RuntimeValue どうしの加算・減算 373
ユニットテストによるランタイムの動作確認 374
数値のみのテスト 374
足し算のテスト 374
引き算のテスト 375

JavaScript の変数の実装 376
変数、キーワード、文字列トークンの追加 376
next メソッドの変更 377
キーワードトークンを返す 377
変数トークンを返す 378
文字列トークンを返す 379
レキサーのユニットテストの追加 380
変数の定義のテスト 381
変数の呼び出しのテスト 381
実装する BNF の確認 382
ECMAScript での定義 382
実装する文法規則 383
AST の変更 384
ノードの追加 384
Statement の解釈の変更 385
VariableDeclaration の解釈 386
Identifier の解釈 387
Initialiser の解釈 388
AssignmentExpression の解釈の変更 388
PrimaryExpression の解釈の変更 389
パーサのユニットテストの追加 390
変数定義のテスト 391
変数呼び出しのテスト 391
ランタイムの変更 392
変数を扱う Environment 構造体の追加 393
変数の取得 394
変数の追加と更新 394
eval メソッドの変更 395
RuntimeValue に文字列の追加 398

xix

目次

ランタイムのユニットテストの追加..400
    変数定義のテスト..400
    変数呼び出しのテスト..400
    変数変更のテスト..401

JavaScript の関数呼び出しの実装..402

レキサーの変更..402
レキサーのテストの変更..402
実装する BNF の確認..403
    ECMAScript での定義..403
    実装する文法規則..404
ノードの追加..406
パーサの変更..407
    SourceElement の解釈の変更..407
    FunctionDeclaration の解釈..408
    FormalParameterList の解釈..408
    FunctionBody の解釈..409
    Statement の解釈の変更..410
    LeftHandSideExpression の解釈の変更..412
    Arguments の解釈..412
    MemberExpression の解釈の変更..413
AST のユニットテストの追加..414
    関数定義のテスト..414
    引数付き関数定義のテスト..415
    関数呼び出しのテスト..416
ランタイムの変更..418
    eval メソッドの変更..418
    Function 構造体の追加..420
ランタイムのユニットテストの追加..421
    関数定義／呼び出しのテスト..421
    引数付き関数定義／呼び出しのテスト..422
    ローカル変数のテスト..423

ブラウザ API の追加..424

getElementById メソッドのサポート..424
    MemberExpression の解釈の変更..424
    ブラウザ API を呼び出すメソッドの追加..426
    特定の ID の要素を取得する便利関数..427
    RuntimeValue に HtmlElement を追加する..428
    ランタイムに DOM ツリーを渡す..429
    ブラウザ API を呼び出す..430
textContent による DOM ノードの操作..431
    MemberExpression の解釈の変更..432
    AssignmentExpression の解釈の変更..433

WasabiOS 上で動かす..435

HTTP レスポンスを受け取ったときに JavaScript を実行する..435
    ＜script＞ タグのコンテンツを取得する便利関数..436
テストページの追加..437
ローカルサーバの構築..438

おわりに..439

索引..440

xx

第1章
ブラウザを知る
Webサイトを表示するアプリケーション

第1章　ブラウザを知る —— Web サイトを表示するアプリケーション

　WWW（World Wide Web）、通称 Web が 1989 年に欧州原子核研究機構（CERN）で開発されて以来、インターネットを通じて情報を得ることは私たちの日常から切り離せないものになりました。Web ブラウザ、または単にブラウザは、私たちがインターネットとやりとりするときの窓口の役割を担ってくれます。世界中のさまざまな情報にアクセスするために、ブラウザは時間とともに機能をどんどん増やし、今では一人の人間がブラウザを完全に理解するのは困難なくらい大規模なプログラムになってしまいました。はたしてブラウザとは、いったい全体何なのでしょうか？

　筆者は、ブラウザにはコアとなる役割が 3 つあると考えています。

❶インターネットを通してサーバと通信するクライアント
❷ HTML と CSS を描画するレンダリングエンジン
❸ JavaScript を実行する JavaScript エンジン

　そして、そのコアとなる役割を支えるために、ブラウザはストレージとしてデータを保存したり、ユーザーの使い勝手が良くなるような UI も提供したりします。すべての機能においてセキュリティを担保することも忘れてはいけません。

　さらに、現代のブラウザでは、これらを実装する設計アプローチとして、マルチプロセスアーキテクチャを採用しています。

　本章では、コアとなる 3 つの機能とそれらを支えるさまざまな機能、それらを実装するマルチプロセスアーキテクチャ、そしてセキュリティ機構について解説します。

ブラウザの役割❶
—— Web クライアントとしてのブラウザ

　私たちが情報をブラウザで閲覧するために関わってくる要素は、大きく分けて以下の 3 つあります。

- Web クライアント
- Web サーバ
- インターネット

　Web クライアントは、ユーザーと実際にやりとりするソフトウェアで、本書では Web クライアントとブラウザを同等のものとして扱います。ブラウザ以外

のWebクライアントとしてはcURLというターミナルのコマンドラインから使用できるソフトウェアなどがあります。

Webサーバは、情報を格納しているソフトウェア、ハードウェアです。私たちがブラウザを使用して見ている情報はWebサーバ内に存在します。情報とは、たとえば、HTML、CSS、JavaScriptなどのファイルとそれらに存在する文字列を指します。それぞれの役割については本章の「Webサイトの構成」で後述します。

ブラウザのコアとなる役割の1つ目がWebクライアントです。ブラウザは、どのページの情報が欲しいかのリクエストをWebサーバに送って、その返事をもらうことで情報を得ます。そのときの通り道がインターネットです。

クライアント／サーバモデル

情報を提供するサーバと、インターネットを通じてそれにアクセスして利用するクライアントから成り立つソフトウェアの構成をクライアント／サーバモデルと言います。サーバとクライアントは異なる目的を持って運用されていることが特徴で、サーバが中心的な役割を担っていて負荷が高いのに対し、クライアントは利用者がサーバにアクセスするための限定的な役割のみを行うため、クライアントの負荷は低いことが多いです。

WebクライアントとWebサーバは、クライアント／サーバモデルのWebに特化したシステムになります（**図1-1**）。

図1-1 クライアント／サーバモデル

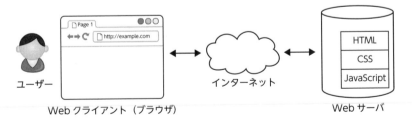

クライアント／サーバモデルではないソフトウェアの構成としては、ピア・ツー・ピアモデルなどがあります。これはすべてのコンピュータが同等の機能を有しており、中心的な存在はありません。

第1章 ブラウザを知る──Webサイトを表示するアプリケーション

■ **Webクライアント**

　Webクライアントとは、Webサーバに対して、どんな情報が欲しいのかを記述したHTTPを送信し、その返事として受信したリソースを解釈してユーザーに見やすく表示したりするソフトウェアのことを指します。厳密に言えばブラウザ以外のWebクライアントも存在するので、Webクライアントとブラウザは同じ意味を表す用語ではないですが、前述したように、本書ではWebクライアントとはブラウザのことを指すことにします。

■ **Webサーバ**

　Webサーバとは、Webクライアントに対して、HTMLや画像などを提供するソフトウェア、およびそのソフトウェアが動くハードウェアのことを指します。本書では、ソフトウェアとしてのWebサーバのみを取り扱います。

　Webサーバが動くハードウェアは、基本的には高性能なことが多いです。なぜならクライアント/サーバモデルでは、クライアントが多数いるのに対し、サーバ側は圧倒的に少ない数で対応していることが多いからです（**図1-2**）。

図1-2 複数のクライアントとサーバの例

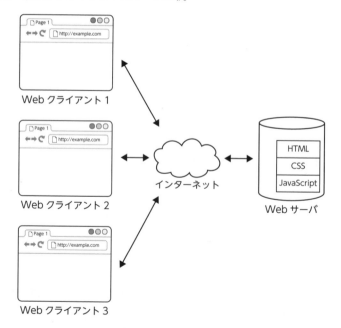

ブラウザの役割❶ —— Web クライアントとしてのブラウザ

　たくさんの Web クライアントから接続があったときに、より効率良く情報を提供できるようにするさまざまな手法が存在します。

　たとえば、複数のサーバに負荷を均等に分散するロードバランサというしくみが存在します。これによりサーバへの負荷を分散できます。また、障害時には自動的にトラフィックを別のサーバに転送することも可能です。

　また、CDN（*Contents Delivery Network*）は、複数の地理的に分散されたサーバを使用してコンテンツを配信するネットワークです。CDN は、画像、HTML、CSS、JavaScript ファイルなどのコンテンツをキャッシュし、クライアントからのリクエストに対して最も近いサーバからコンテンツを提供することで、レスポンス時間を短縮します。

　ほかにも手法はあるのですが、本書ではこれ以上のサーバ側の解説は行いません。

インターネットと Web

　上記で紹介した Web クライアントと Web サーバの情報のやりとりを支えるのがインターネットです。本書ではこれまで Web（WWW）とインターネットを同様のものとして書いていましたが、本来は少し異なるものです。

　インターネットは、コンピュータがつながり相互に通信しているネットワークのことを指します。TCP/IP と呼ばれる通信プロトコルを用いて、さまざまな機器やサービスが相互接続されています。インターネット上では、メールの送受信、ファイルの共有、オンラインゲームや動画配信など、さまざまな活動が行われています。

　対して Web は、インターネット上で提供されている情報共有システムの名前です。HTML で記述されるハイパーテキストと呼ばれる文書形式とハイパーリンクと呼ばれるしくみを用いて Web ページ間をつなぎ、ユーザーがさまざまな情報に簡単にアクセスできるようにしています。Web サイトを閲覧するときにはインターネット上の Web のシステムを利用していることになります。技術的には、HTTP というプロトコルを用いてインターネット上でやりとりするシステムのみを Web と呼びます。最近では、より安全に通信を行えるように、HTTP の内容に暗号化を行って内容を秘匿することのできる HTTPS というプロトコルのほうが主流です。

5

インターネット上でやり取りするが Web ではないものの例として、電子メールの送受信やファイルの転送などがあります。電子メールは SMTP、POP3、IMAP などのプロトコルを用いて、ファイル転送は FTP や SFTP などのプロトコルを用いて通信を行うためです。

■ 通信プロトコル

インターネット上の通信はプロトコルに従って行われます。プロトコルとは人間でいう言語のようなもので、やりとりをする際の手順や規則を定めている規格です。プロトコルは複数の層から成り立つ多層構造になっており、それぞれの層で異なる役割を持ちます。この多層構造を表現するモデルが TCP/IP モデルや OSI 参照モデルです。

TCP/IP は、IETF[注1] という組織によって策定され、プロトコルを 4 層に分割しています。物理的な現象から遠い層、つまり、ユーザーに近い層から、以下のように分けられています。

❶アプリケーション層
❷トランスポート層
❸インターネット層
❹リンク層

OSI 参照モデルは、国際標準化機構（ISO）[注2] という組織によって策定され、プロトコルを 7 層に分割しています。物理的な現象から遠い層、つまり、ユーザーに近い層から、以下のように分けられています。

❶アプリケーション層
❷プレゼンテーション層
❸セッション層
❹トランスポート層
❺ネットワーク層
❻データリンク層
❼物理層

注 1　https://www.ietf.org/
注 2　https://www.iso.org/home.html

本書では TCP/IP の分け方に準拠することにします。

Web サイトを表示するためには、アプリケーション層からリンク層までのすべてのプロトコルを使用します。具体的には、アプリケーション層では HTTP、トランスポート層では TCP や UDP、インターネット層では IP、リンク層では ARP を使用します（**図 1-3**）。

図 1-3 TCP/IP モデル・OSI 参照モデル

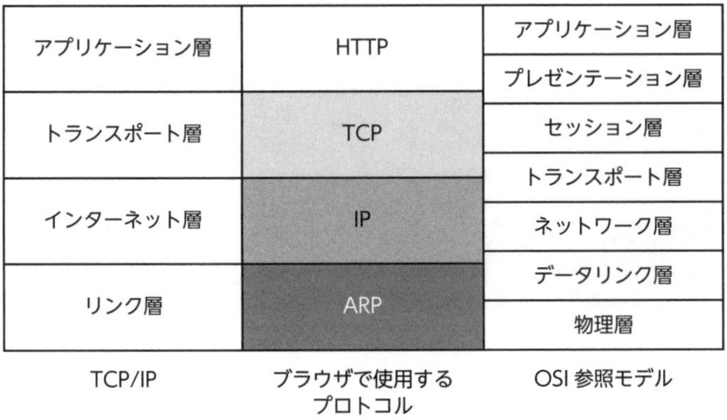

TCP/IP	ブラウザで使用する プロトコル	OSI 参照モデル
アプリケーション層	HTTP	アプリケーション層
		プレゼンテーション層
トランスポート層	TCP	セッション層
		トランスポート層
インターネット層	IP	ネットワーク層
リンク層	ARP	データリンク層
		物理層

アプリケーション層より下の階層にあるプロトコルは OS によって管理されています。関連書の『[作って学ぶ] OS のしくみ』にてトランスポート層以下のプロトコルについても解説と実装をしているので、そちらを参照してください。

■HTTP

TCP/IP と OSI 参照モデルのアプリケーション層に位置する、Web 上の情報をやりとりする際に使用するプロトコルが HTTP です。ハイパーテキスト転送プロトコル（*Hypertext Transfer Protocol*）の略です。ハイパーテキストとは複数の文書を相互に関連付けるしくみで、HTML を使用して作成できます。HTTP はハイパーテキストを Web クライアントと Web サーバ間で送受信するためのプロトコルです。

プロトコルはテキストで情報が表現されているテキストベースのものと、0 と 1 の 2 進数で情報が表現されているバイナリベースの 2 種類があります。HTTP はテキストベースのプロトコルなので、人間が簡単に読むことができます。

HTTP はブラウザがどのようなリソースを取得したいのかを記述した HTTP

第1章 ブラウザを知る──Webサイトを表示するアプリケーション

リクエストを Web サーバに送信し、Web サーバがそのリクエストに対しての返信となる HTTP レスポンスを返すことでやりとりします。

たとえば、Mac 上の Chrome ブラウザを使用して、http://example.com にアクセスしたときの HTTP リクエストは以下のようになります。

```
GET / HTTP/1.1
Host: example.com
Accept: text/html,application/xhtml+xml,application/xml;q=0.9,image/avif,image/webp,image/apng,*/*;q=0.8,application/signed-exchange;v=b3;q=0.9
Accept-Encoding: gzip, deflate
Accept-Language: en-US,en;q=0.9,ja-JP;q=0.8,ja;q=0.7
Cache-Control: max-age=0
Connection: keep-alive
If-Modified-Since: Thu, 17 Oct 2019 07:18:26 GMT
If-None-Match: "3147526947+gzip"
Upgrade-Insecure-Requests: 1
User-Agent: Mozilla/5.0 (Macintosh; Intel Mac OS X 10_15_7) AppleWebKit/537.36 (KHTML, like Gecko) Chrome/97.0.4692.71 Safari/537.36
```

送受信する HTTP の情報はブラウザ上で確認もできます（**図1-4**）。

図1-4 ブラウザで確認できる HTTP リクエストのヘッダ

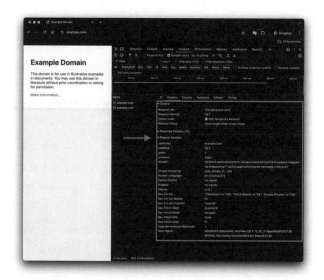

このHTTPリクエストに対するWebサーバからのHTTPレスポンスは以下のようになります。一部のヘッダは省略してあります。空白行のあとに、<!doctype>から始まるHTMLの情報が見えますね。

```
HTTP/1.1 200 OK
Age: 268965
Cache-Control: max-age=604800
Content-Type: text/html; charset=UTF-8
(省略)
Vary: Accept-Encoding
X-Cache: HIT
Content-Length: 1256

<!doctype html>
<html>
<head>
    <title>Example Domain</title>
(省略、以下 HTML が続く)
```

HTTPの詳しい解説と実装は第3章の「HTTPを実装する」で行います。

■ URL によるリソースの指定

ブラウザでは、ユーザーが入力するURL（*Uniform Resource Locator*）をもとに、HTTPリクエストを構築します。URLはWeb上にあるリソースがどこにあるかを示す識別子で、ブラウザを使用してどのWebサイトを閲覧したいかを指定するために使用します。たいていの場合、ブラウザの上部または下部にあるツールバーでURLを入力したり、現在のURLを確認したりできます。

URLは、リソースがどこにあるかと、そのリソースにどのようにアクセスするかを示します。通常、URLにはプロトコル（http://やhttps://）、ホスト、パスなどが含まれます。

本章で扱う部分のURLの構文は以下のとおりです。

```
<scheme>::://<host>:<port>/<path>?<searchpart>
```

それぞれの要素は以下のような意味を持ちます。

- scheme
  プロトコルの名前。http、httpsなど

第**1**章 / ブラウザを知る──Web サイトを表示するアプリケーション

- host
  ホスト。ネットワークに接続された機器を識別するための名前。example.com など

- port
  ポート番号。80、8888 など

- path
  サーバ内の階層化されたリソースを指定するパス。/、/index.html、/foo/bar/index.html など

- searchpart
  Web サイトに提供するキーと値のペアで表される追加の情報。a=123、a=123&b=456 など

　たとえば、ユーザーが http://example.com/test.html の URL をブラウザに入力したとします。ブラウザはこの URL を以下のようにそれぞれの要素に分解します。

- scheme → http
- host → example.com
- port →該当なし
- path → /test.html
- searchpart →該当なし

　まず、scheme が http であるため、HTTP で通信する準備をします。そして host の値を見て、HTTP リクエストを作成します。
　URL の詳しい解説と実装は第 2 章の「URL を分解する」で行います。

■DNS

　DNS（*Domain Name System*）とは、ドメイン名と IP アドレスの対応付けを行うシステムです。DNS の情報を管理する DNS サーバはインターネット上に存在しており、ユーザーが Web サイトにアクセスする直前に使用されます。
　たとえば、ユーザーが example.com のサイトにアクセスしたいとき、example.com の情報だけでは Web サーバを特定できません。Web サーバにアクセスするためには、そのサーバの IP アドレスを知る必要があります。DNS サーバは、example.com などの文字列で表されるドメイン名と IP アドレスの対応を管理しており、DNS サーバに対して問い合わせをすることで IP アドレスを知

ることができます。この IP アドレスを知る工程のことを名前解決と呼びます。そしてその IP アドレスの情報のおかげで、どこに HTTP リクエストを送信すればよいのかがわかります（**図 1-5**）。

図 1-5 ブラウザと DNS と Web サーバの関係

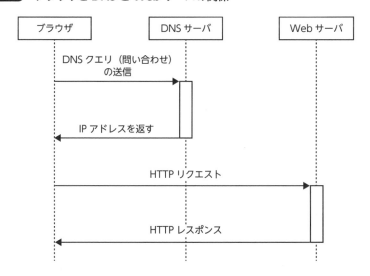

　本書では DNS の詳しい説明と実装は行いませんが、『[作って学ぶ] OS のしくみ』で紹介を行っているのでぜひ参照してみてください。本書での実装は、OS が提供する DNS の API を使用することで名前解決を行います。

ブラウザの役割❷ ——レンダリングエンジンとしてのブラウザ

　レンダリングとは、コンピュータのプログラムを用いて画像や映像などを生成することを指します。ブラウザの文脈でレンダリングという言葉を使う際は、HTML、CSS、および画像などのリソースを解釈して描画する、という意味として使われます。

　ブラウザのコアとなる役割の 2 つ目がレンダリングを行うことです。レンダリングを行うソフトウェアのことをレンダリングエンジンと呼びます。

第1章 ブラウザを知る──Webサイトを表示するアプリケーション

Webサイトの構成

　ブラウザのレンダリングによって描画されるものがWebサイトです。Webサイトは、Webサーバが提供する情報によって構成されています。具体的には、HTML、CSS、JavaScriptと呼ばれる言語で記述されている文字列や、PNG、JPEGのような画像などです。

　たとえば、図1-6のページで「Hello World!」やボタンを記述しているのがHTMLで、「Hello」の色を変更しているのがCSSです。そして、JavaScriptはボタンをクリックするなどのユーザーの行動によってWebサイトの内容を動的に書き換えることができます。

図1-6 Webサイトの例

HTML

　HTMLはWebサイトを記述するために使用されるマークアップ言語の一つです。山括弧（<>）で囲まれたタグによって成り立ち、見出しや段落といった文書の構造を表現できます。また、HTMLのハイパーリンクのためのタグを使用することで、文書間を行き来することもできます。

　HTMLが記述されたファイルの拡張子には.htmlが使用されます。たとえば、以下のような文章がHTMLです。

ブラウザの役割❷ ──レンダリングエンジンとしてのブラウザ

```
sample.html
<html>
  <body>
    <h1>Hello World</h1>
    <div>
        <p>This is a sample paragraph.</p>
        <ul>
            <li>List 1</li>
            <li>List 2</li>
            <li>List 3</li>
        </ul>
    </div>
  </body>
</html>
```

この HTML は**図 1-7** のように描画されます。

図 1-7 sample.html によるページの例

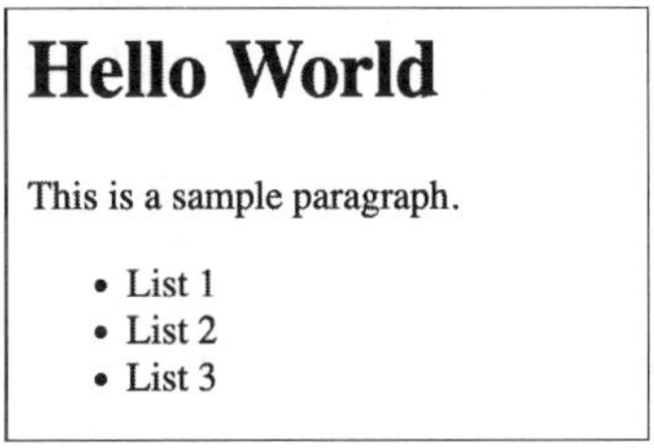

Hello World

This is a sample paragraph.

- List 1
- List 2
- List 3

■ **HTML トークン**

HTML は、文字列であるソースコードから、いくつかの手順を踏んでデータ構造を変化させながらブラウザによって解析されます（**図 1-8**）。

図 1-8 HTML のデータ構造の変化

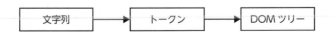

まず、文字列からトークンへと分割されます。トークンとは記号・象徴を意味する一般的な英単語ですが、ここでは、HTML を細かく区切ったときに意味の

ある文字列の最小単位を表します。

HTMLのトークンには以下の6つの種類があります。

- DOCTYPE
  文書がどのバージョンのHTMLを使用するのかを表す。<!DOCTYPE html>
- 開始タグ
  終了タグをともに使用され、ある要素の開始を表す。<p>など
- 終了タグ
  開始タグをともに使用され、ある要素の終了を表す。</p>など
- コメント
  文書の結果に影響はしないコメントを残すことができる
- 文字列
  タグを含まない純粋な文字列
- EOF（*End Of File*）
  ファイルの終了を表す

たとえば、以下のようなHTMLの文字列をトークンに分割すると、**図1-9**のようになります。

```
<html>
  <body>
    <h1>Hello World</h1>
  </body>
</html>
```

図1-9 HTMLトークンの例

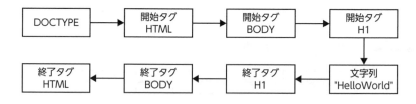

■ DOMツリー

トークンに分割されたHTMLのデータは、次にDOMツリーと呼ばれる木構

造に変換されます。DOM とは Document Object Model の略で、HTML 文
書の構造とコンテンツを表すデータ構造です。これにより JavaScript などのス
クリプト言語から HTML 文書を操作／利用することが可能になります。

　DOM ツリーは、ノードによって構成されています。ノードは Node イン
タフェース[注3]を実装するオブジェクトです。ノードの定義は DOM Living
Standard の仕様書で IDL（*Interface Description Language*）によって記述されてい
ます。IDL とは、オブジェクトが持つデータや提供する関数を定義する言語です。

```
[Exposed=Window]
interface Node : EventTarget {
  const unsigned short ELEMENT_NODE = 1;
  (省略)
  readonly attribute Node? firstChild;
  readonly attribute Node? lastChild;
  readonly attribute Node? previousSibling;
  readonly attribute Node? nextSibling;
  (省略)
  [CEReactions] Node appendChild(Node node);
  [CEReactions] Node replaceChild(Node node, Node child);
  [CEReactions] Node removeChild(Node child);
}
```

　インタフェースを実装したオブジェクトでは、インタフェースで定義されてい
るデータにアクセスしたり、操作を行ったりできます。たとえば、Node インタ
フェースでは firstChild のフィールドが存在するので、DOM ツリーのすべて
のノードは firstChild メンバを持ちます。また、appendChild という操作によっ
て、現在のノードの配下に新しいノード（子ノード）を追加できます。

　インタフェースは継承できます。たとえば、インタフェース A がインタフェー
ス B を継承したとすると、インタフェース A は B の定義をすべて引き継ぎます。
さらに、A に独自の定義を追加することも可能です。これにより IDL の定義の
再利用と構造化を行うことができます。

　ノードの種類、つまり、Node インタフェースを継承するインタフェースは
2024 年の現時点で以下の 9 種類があります。

注 3　https://dom.spec.whatwg.org/#interface-node

第1章 ブラウザを知る──Webサイトを表示するアプリケーション

- Element[注4]
- Attr[注5]
- Text[注6]
- CATASection[注7]
- ProcessingInstruction[注8]
- Comment[注9]
- Document[注10]
- DocumentType[注11]
- DocumentFragment[注12]

今回私たちが実装するブラウザで特に重要なのが Element インタフェースです。それぞれのタグに対応したインタフェースがこの Element インタフェースを継承される形で実装されます。たとえば、`<a>` タグで表されるほかのページへのリンクは図 1-10 のように Node、Element、HTMLElement インタフェースを継承した HTMLAnchorElement を実装します。

図 1-10 HTMLAnchorElement

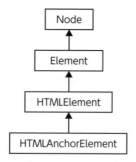

注4　https://dom.spec.whatwg.org/#element
注5　https://dom.spec.whatwg.org/#attr
注6　https://dom.spec.whatwg.org/#interface-text
注7　https://dom.spec.whatwg.org/#interface-cdatasection
注8　https://dom.spec.whatwg.org/#interface-processinginstruction
注9　https://dom.spec.whatwg.org/#interface-comment
注10　https://dom.spec.whatwg.org/#document
注11　https://dom.spec.whatwg.org/#documenttype
注12　https://dom.spec.whatwg.org/#documentfragment

HTMLトークンのときと同様のHTMLページをDOMツリーに変換すると図1-11のようになります。

```
<html>
  <body>
    <h1>Hello World</h1>
  </body>
</html>
```

図1-11 簡単なDOMツリーの例

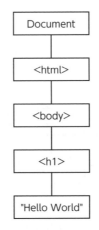

次はもう少し複雑な例です（図1-12）。

```
<html>
  <body>
    <h1>Hello World</h1>
    <div>
        <p>This is a sample paragraph.</p>
        <ul>
            <li>List 1</li>
            <li>List 2</li>
            <li>List 3</li>
        </ul>
    </div>
  </body>
</html>
```

第1章　ブラウザを知る —— Web サイトを表示するアプリケーション

図1-12　複雑な DOM ツリーの例

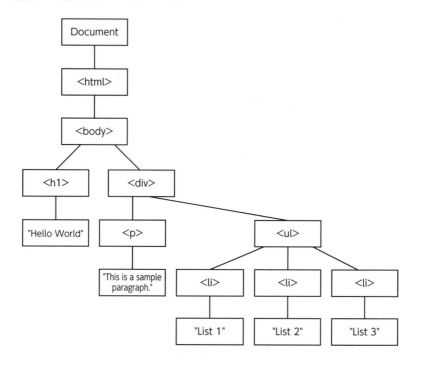

HTML の詳しい解説と実装は第 4 章の「HTML を解析する」で行います。

CSS

CSS（*Cascading Style Sheets*）は、HTML などの文書に装飾を加えるための言語です。たとえば、以下のような CSS は、HTML の段落要素に対し、文字の色を指定しています。

```
p {
  color: red;
}
```

CSS は、文字列をトークンに分割し、そのトークン列から CSSOM という木構造を作成することで解釈されます。

■ CSS トークン

CSS も、HTML と同じくまずは文字列からトークンへと分割されます。HTML と同様に、CSS を細かく区切ったときに意味のある文字列の最小単位を表します。HTMLとの混同を避けるために明示的にCSSトークンと呼ぶことにします。

CSS Syntax Module Level 3[注13] で定義されている CSS トークンは 24 種類あります。本書ではそのうちの特に重要なものを紹介します。

- ident-token
  変数などの識別子を表すトークン

- number-token
  数字を表すトークン

- hash-token
  ハッシュ記号を表すトークン

- delim-token
  区切り文字を表すトークン

- colon-token
  コロン（:）を表すトークン

- semicolon-token
  セミコロン（;）を表すトークン

- {-token
  始め波括弧を表すトークン

- }-token
  終わり波括弧を表すトークン

たとえば、以下の CSS をトークンに分割すると**図 1-13** のようになります。

```css
.class {
  background-color: red;
}

p {
  color: blue;
}
```

注 13　https://www.w3.org/TR/css-syntax-3/#tokenization

図1-13 CSSのトークン例

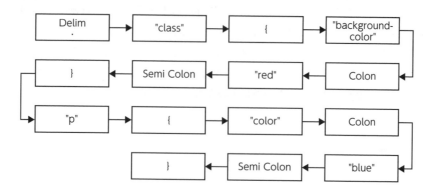

■ CSSOM

　CSSトークンに分割されたCSSの文字列は、次にCSSOM（*CSS Object Model*）と呼ばれる木構造に変換されます。CSSOMは、ブラウザがCSSの情報を解析しツリーの形で表現したデータ構造です。CSSOMの情報に基づいて、DOMツリーの各ノードにスタイルを適用したり、各ノードの大きさや位置を決定したりします。

　CSSOMもDOMツリーのようにノードによって構成されています。しかし、すべてのノードがNodeインタフェースを実装していたDOMツリーのときとは異なり、CSSOMにはさまざまの種類のノードが存在します。

　たとえば、一つのCSS文書のルートノードを表すCSSStyleSheetインタフェース[注14]は以下のようなIDLで定義されます。CSSRuleListはどのセレクタに対してどのようなスタイルを適用するかを表すCSSルールのリストで、cssRulesによってアクセスできます。

```
[Exposed=Window]
interface CSSStyleSheet : StyleSheet {
  constructor(optional CSSStyleSheetInit options = {});

  readonly attribute CSSRule? ownerRule;
  [SameObject] readonly attribute CSSRuleList cssRules;
  unsigned long insertRule(CSSOMString rule, optional unsigned long index = 0);
  undefined deleteRule(unsigned long index);
```

注14　https://www.w3.org/TR/cssom-1/#the-cssstylesheet-interface

```
Promise<CSSStyleSheet> replace(USVString text);
undefined replaceSync(USVString text);
};
```

また、一つの CSS ルールのノードを表す CSSStyleRule インタフェース[注15] で
は、セレクタを表す selectorText と各プロパティに対する値を保持する style
を持ちます。

```
[Exposed=Window]
interface CSSStyleRule : CSSRule {
  attribute CSSOMString selectorText;
  [SameObject, PutForwards=cssText] readonly attribute CSSStyleDeclaration style;
};
```

また先ほどと同じ CSS の例を見てみましょう。この CSS には 2 つのルールが
存在し、各ルールは .class セレクタと p セレクタを持ちます。これを CSSOM
で表すと**図 1-14** のようになります。

```
.class {
  background-color: red;
}

p {
  color: blue;
}
```

■ レイアウトツリー／レンダーツリー

レイアウトツリーまたはレンダーツリーとは、ブラウザが Web ページを表示す
るために、HTML と CSS をもとに作成する内部的なデータ構造です。名称はブラ
ウザの実装によって異なりますが、本書ではレイアウトツリーの表記を使用します。

レイアウトツリーは、DOM ツリーと CSSOM の情報を使用して作成されます。
レイアウトツリーは、各要素が画面上のどこに配置されるか、各要素の幅や高さ、
どの要素がほかの要素の子要素であるか、兄弟要素であるかなどを決定します。

注 15　https://www.w3.org/TR/cssom-1/#the-cssstylerule-interface

図 1-14 CSSOM の例

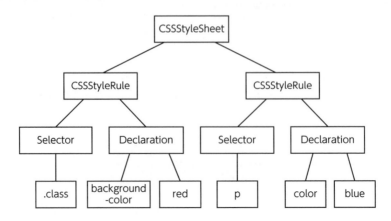

　たとえば、以下のような CSS を含む HTML だと、**図 1-15** のようなレイアウトツリーになります。レイアウトツリーは描画のためのデータ構造のため、`display: none;` で指定された描画されない要素は含まないことに注意してください。

```html
<html>
  <style>
    h1 {
      color: red;
    }
    .foo {
      display: none;
    }
  </style>
  <body>
    <h1>Hello World</h1>
    <p class="foo">This is sample text.</p>
  </body>
</html>
```

　CSS とレイアウトツリーの詳しい解説と実装は第 5 章の「CSS で装飾する」で行います。

図 1-15 レイアウトツリーの例

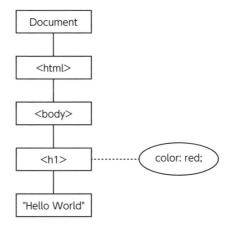

ブラウザの役割❸
── JavaScript エンジンとしてのブラウザ

JavaScript は、ブラウザ上で動かすことができるプログラミング言語です。ブラウザ以外でも動かすことができるのですが、ブラウザは JavaScript を動かすための主要な実行環境（ランタイム）の一つです。

ブラウザのコアとなる最後の役割が JavaScript の解釈と実行を行うことです。JavaScript の解釈と実行を行うソフトウェアのことを JavaScript エンジンと呼びます。

JavaScript

JavaScript は、一般的なプログラミング言語と同じく、四則演算、変数の定義、ループ文、if 文などの実行の制御、関数の定義と呼び出しなどが可能です。たとえば、変数を定義するのは以下のように書くことができます。

```
var a = "foo";
```

JavaScript の仕様書である ECMAScript 2024 Language Specification で

は、これは VariableStatement [注16] と定義されており、日本語では変数宣言文と呼びます。var というキーワードで始まり、変数宣言のリストがあり、セミコロン（;）で終了します。

```
VariableStatement : var VariableDeclarationList ;
```

　JavaScript も、HTML や CSS と同じく、文字列をトークン列に分割し、抽象構文木（AST）と呼ばれる木構造を作成することによって解釈します。

■ JavaScript トークン

　JavaScript でも、HTML や CSS と同じく、まず文字列からトークンへと分割します。HTML や CSS と同様に、トークンは、JavaScript を細かく区切ったときに意味のある文字列の最小単位を表します。HTML や CSS との混同を避けるために JavaScript トークンと明示的に呼ぶことにします。トークンについて説明するのはもう 3 回目なので、慣れてきましたね。

　2024 年の現時点で最新の JavaScript の仕様書である ECMAScript 2024 Language Specification では、12 ECMAScript Language: Lexical Grammar [注17] でさまざまなトークンを定義しています。本書ではそのうちの特に重要なものを紹介します。

- IdentifierName
  変数などの識別子を表すトークン

- ReservedWord
  await、var、const などの予約語を表すトークン

- Punctuator
  記号を表すトークン

- NumericLiteral
  数字を表すトークン

- StringLiteral
  文字列を表すトークン

注 16　https://262.ecma-international.org/#prod-VariableStatement
注 17　https://262.ecma-international.org/#sec-ecmascript-language-lexical-grammar

以下のような JavaScript のプログラムを JavaScript トークンに分割すると**図 1-16** のようになります。

```
var a = "foo";
```

図 1-16 JavaScript トークンの例

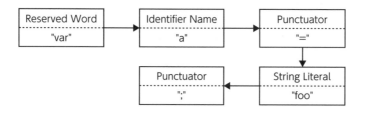

■抽象構文木 (AST)

JavaScript トークンに分割された JavaScript のデータは、次に AST (*Abstract Syntax Tree*、抽象構文木) と呼ばれる木構造の形に変換されます。AST はプログラミング言語において一般的に使用される用語で、JavaScript 以外でも使用されます。

JavaScript の AST も、ノードによって構成されており、CSSOM のようにさまざまの種類のノードが存在します。

たとえば、足し算または引き算のノードを表す AdditiveExpression[注18] は以下のような BNF で定義されます。BNF とはバッカス・ナウア記法 (*Backus-Naur Form*) の略で、プログラミング言語の構文や文法を定義するために使用されます[注19]。AdditiveExpression は MultiplicativeExpression、または AdditiveExpression と MultiplicativeExpression をプラス記号またはマイナス記号によってつなげたものと置換できます。

```
AdditiveExpression :
  MultiplicativeExpression
  AdditiveExpression + MultiplicativeExpression
  AdditiveExpression - MultiplicativeExpression
```

注18　https://262.ecma-international.org/#prod-AdditiveExpression
注19　厳密には、BNF を独自に拡張した EBNF を使用しています。

また、変数宣言のノードを表す VariableDeclaration[20] は、変数の名前を表す BindingIdentifier または var [a, b] = [1, 2]; のようなパターンによる複数への変数を表す BindingPattern と初期化式によって構成されます。

```
VariableDeclaration :
  BindingIdentifier Initializer
  BindingPattern Initializer
```

以下のような JavaScript のプログラムの AST は、**図 1-17** のようになります。

```
var a = 1+2;
```

図 1-17 AST の例

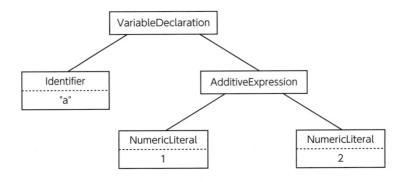

本書の実装では、ノードの種類が簡略化されているため、仕様書の名称とは少し異なります。詳しくは第 7 章で解説します。

ブラウザ API

JavaScript がブラウザ上でしか行えないことの一つとして、HTML や CSS の操作があります。たとえば、JavaScript によって、HTML で記述されている文字列を動的に変更することが可能です。この機能は DOM を操作するための API、DOM API と呼ばれます。DOM API の仕様は、JavaScript 言語自体の

注 20 https://262.ecma-international.org/#prod-VariableDeclaration

仕様とは無関係のため、独立して存在します。

たとえば、JavaScript で特定のタグのノードを取得したいとき、以下のように書くことができます。

```
var nodes = document.getElementsByTagName("h1");
```

これは W3C が管理する DOM Living Standard の Document インタフェース[注21]で定義されています。タグの名前を意味する qualifiedName を引数にとり、戻り値としてノードのコレクションである HTMLCollection を返します。

```
[Exposed=Window]
interface Document : Node {
  （省略）
  HTMLCollection getElementsByTagName(DOMString qualifiedName);
  （省略）
}
```

DOM API のほかにも、ネットワークからリソースを取得する fetch 関数を定義する Fetch API など、さまざまな API がブラウザ内には存在します。これらの API を総称してブラウザ API と呼びます。

JavaScript の詳しい解説と実装は第 7 章の「JavaScript を動かす」で行います。

コアの役割を支えるためのさらなる機能

現代のブラウザには、今まで紹介した本来ブラウザが担うコアの役割に加え、ユーザーが使いやすくなるような機能がたくさん含まれています。すべてを紹介することは難しいので、そのうちのいくつかを紹介します。これらの機能は本書で実装するブラウザではサポートしません。

ストレージとキャッシュ

ブラウザは、ストレージやキャッシュとしての機能も持ちます。ユーザーのデー

注 21　https://dom.spec.whatwg.org/#interface-document

タを保存したり、Webサイトの読み込み速度を速くしたりするためなどに使用
されます。

　ストレージとキャッシュはどちらもデータを保存する機能を持ちますが、それ
ぞれ異なる目的で使用されます。ストレージは、Webアプリケーションが明示
的に管理する必要があり、長期的にデータを保存することが多いです。キャッシュ
はHTTPヘッダによって制御され、ブラウザが自動的に管理し、期限が切れる
と削除されます。

■ストレージ

　Cookieはユーザーの認証情報やサイトの設定などを保存するために使用され
ます。ブラウザが保存できるCookieの数とサイズにはある程度の制限があり
ますが、RFC 6265[注22]では、ブラウザが提供するべきCookieの数とサイズに
関する最低限の要件が書かれています。ブラウザは、1つのドメインで少なくと
も50個のCookieを保存でき、少なくとも合計で3,000個のCookieを保存
できるようにするべきです。また、各Cookieは少なくとも4KB（4,096バイ
ト)以上保存できるべきです。実際の制約はブラウザの実装によって異なります。
Cookieは、サーバとクライアント間で自動的に送受信され、主にセッション管
理、ユーザーの設定の保持、トラッキングに使用されます。

　ローカルストレージ（Local Storage）は、ブラウザに永続的にキー／バリュー
形式でデータを保存し、ブラウザを閉じてもデータを保持し続けます。データ
は、同一オリジン（プロトコル、ホスト、ポートが同じ）のすべてのページで共
有されます。オリジンについては後述します。Local StorageはWeb Storage
API[注23]の一部として定義されています。

　セッションストレージ（Session Storage）はLocal Storageと同じく、
Web Storage API[注24]の一部として定義されているストレージです。Session
StorageもLocal Storageと同じくキー／バリュー形式でデータを保存します。
ただ、Local Storageと異なり、ウィンドウやタブが閉じられるとデータが削除

注22　https://datatracker.ietf.org/doc/html/rfc6265#section-6.1

注23　https://html.spec.whatwg.org/multipage/webstorage.html#the-localstorage-
　　　attribute

注24　https://html.spec.whatwg.org/multipage/webstorage.html#the-sessionstorage-
　　　attribute

コアの役割を支えるためのさらなる機能

されます。同一オリジン内の同一タブのすべてのページで共有されますが、異なるタブやウィンドウでは共有されません。

■ キャッシュ

ブラウザのキャッシュは、HTML、CSS、JavaScript、画像、動画などのリソースをキャッシュします。リソースが再度リクエストされた際、キャッシュに保存されている場合はブラウザから提供され、ネットワーク経由のダウンロードが省略されます。これにより、Web サイトの読み込み速度が向上します。HTTP ヘッダ（Cache-Control、Expires、ETag、Last-Modified など）によってキャッシュの制御が可能です。キャッシュに保存されるデータは有効期限が切れると削除されます。

拡張機能

拡張機能は誰でも開発でき、その機能を公開することでさまざまな人にブラウザに追加の機能やカスタマイズを提供できます。たとえば、Chrome ブラウザでは Chrome Web Store[25] で、Firefox では Firefox Add-ons[26] で、世界中のデベロッパーが開発した拡張機能を選ぶことができます。ユーザーはこれをインストールすることで、ブラウザの使い勝手を向上させたり、自分のニーズに合わせてブラウザをカスタマイズしたりできます。

PWA

HTML、CSS、JavaScript などの Web の技術を使用して、Android や iOS で提供されるモバイルアプリケーションのような体験を提供できるのが PWA（*Progressive Web App*）です。モバイルアプリのようにスマートフォンのホーム画面に追加できます。

PWA を支える重要な技術が Service Worker[27] です。Service Worker は、JavaScript によって制御され、Web サーバへのリクエストをキャプチャし、リ

注 25　https://chromewebstore.google.com/
注 26　https://addons.mozilla.org/
注 27　https://w3c.github.io/ServiceWorker/

第1章 ブラウザを知る——Web サイトを表示するアプリケーション

クエストに対する返事をキャッシュから提供するか、ネットワークから取得するか
を決定できます。Service Worker によって、ネットワーク接続がない場合でもリ
ソースをキャッシュから提供することで、オフラインの状況でもアプリを動かし、
モバイルアプリケーションのような体験をユーザーに提供することが可能です。

UI にまつわる機能

ブラウザの UI (*User Interface*) にまつわる機能は列挙したらキリがないでしょ
う。たとえば、タブのグループ化、タブのピン留め、ブックマーク、履歴、プッ
シュ通知、音声検索・音声操作、シークレットモード、パスワードの管理などが
あります。

マルチプロセスアーキテクチャ

今まで紹介した役割や機能は、現代のブラウザでは、複数のプロセス上で動い
ていることが多いです。このようなブラウザの設計方法をマルチプロセスアーキ
テクチャと呼びます。

本書で実装するブラウザはとてもシンプルなため、プロセスやスレッドを複数
使用することはありませんが、現代のブラウザを支える重要な技術であるため紹
介します。

プロセス

プロセスとは、実行中のプログラムのインスタンスのことです。実行可能なプ
ログラムのコード、プログラム中で使用されている変数、Program Counter(PC)
や Instruction Pointer (IP) と呼ばれる実行に関する状態、CPU が内蔵する
記憶回路であるレジスタなどによって構成されています。

プロセスは、メモリ内で独立した領域を持ち、ほかのプロセスのメモリにア
クセスすることはできません。プロセス間で情報をやりとりしたい場合は、IPC
(*Inter-Process Communication*、プロセス間通信) によって行います。

30

マルチプロセスアーキテクチャ

■ ブラウザプロセス／レンダラプロセス

　仕様などで決められているわけではないのですが、ブラウザでは主にブラウザプロセスとレンダラプロセスという最低でも 2 種類のプロセスが存在します。

　ブラウザプロセスは、大切なデータの保管やネットワークの通信などの重要な機能を扱うためのプロセスです。レンダラプロセスは、Web サイトのコアとなる HTML、CSS、JavaScript を解釈し、描画するためのプロセスです。

　ブラウザのアプリケーションを開くと、まずブラウザプロセスが起動します。そしてブラウザの 1 つのタブにざっくりと 1 つのレンダラプロセスが作成されます。つまり、ユーザーがブラウザ上で 10 個のタブを開いているなら、1 つのブラウザプロセスと、少なくとも 10 個以上のレンダラプロセスが存在することになります。厳密には <iframe> のコンテンツも別のレンダラプロセスで実行されるなど、必ずしも 1 対 1 対応ではありません。

　なぜレンダラプロセスがブラウザプロセスから分離されているかというと、HTML、CSS、JavaScript などのリソースは誰が書いたものかわからないため、信用できないからです。プロセスが分離されているとメモリ空間も分離されます。もし悪意のある Web サイトにアクセスしてしまったとしても、攻撃者のコードはレンダラプロセスで動いているため、重要な情報を扱うブラウザプロセスのメモリにはアクセスできません。プロセスをたくさん使用するとメモリ使用量が増えるというデメリットがありますが、セキュリティを高めるためにプロセスを分けているのです。

スレッド

　プロセスに似た概念にスレッドというものも存在します。スレッドを使用すると、異なるコンピュータプログラムを擬似的に並行処理できます。プロセスとは異なり、メモリ空間を共有するため、異なるスレッド間で同じデータにアクセスできます。しかし、複数のスレッドで動くプログラムから同じデータにアクセスするときにはどのような順序でアクセスするかに気を遣わなければなりません。

　たとえば、とあるデータを初期化し、再度同じデータを読んで値を確認するプログラムがあるとします。そしてこのプログラムをスレッド A で実行したとします。しかし、異なるプログラムが異なるスレッド B で動いていたとして、スレッド B からデータを書き換えたとします。このデータの書き換えがスレッド

31

第1章 **ブラウザを知る**——Web サイトを表示するアプリケーション

A のデータの初期化と読み込みの間で起こっていたら、スレッド A のプログラムから見ればデータが勝手に書き換わっているように見えます。このような問題を ABA 問題と言います。

　複数のスレッドを扱うときは、ロックという機構を使って ABA 問題のような予期せぬ問題が起きないようにします。ロックは日本語で鍵を表す英語で、家に鍵をかけるような感覚で、触れてほしくないデータに対して「ロックを取る」というような使い方をします。先ほどの例では、スレッド A でデータを初期化した際にロックを取り、このデータにはほかのスレッドから変更できないようにします。そして、スレッド A 上で必要な実行を終えたときにロックを解除してほかのスレッドからも扱えるようにします。しかし、これもお互いがお互いのロックの解除を待つデッドロック問題などが起こり得るので、複数のスレッドを使用してプログラムを書くときには細心の注意が必要です。

■UI スレッド／メインスレッド

　ブラウザでは、複数のスレッドでプログラムが実行されていることが一般的です。これは仕様などで決められているわけではないため、各ブラウザベンダーの実装によって詳細は異なります。しかし一般的には UI スレッドまたはメインスレッドと呼ばれる、ユーザーとのインタラクションを扱ったり画面の描画を行ったりするコアとなるスレッドと、ネットワークの処理などを行う複数のバックグラウンドスレッドから成り立っていることが多いです。

■ ワーカースレッド

　ユーザーがコントロールできるスレッドでワーカースレッドというものがあります。ワーカースレッドとは、バックグラウンドで実行されるスレッドで、Web アプリケーションのパフォーマンスと応答性を向上させるために使用されます。重い計算や非同期処理をワーカースレッド上で実行することで、UI スレッドをブロックすることがなくなるためスムーズさを維持します。

　ワーカースレッドは JavaScript によって起動できます。

```
const worker = new Worker("worker.js");
```

　JavaScript の言語自体にはマルチスレッドの機能は存在しません。ワーカースレッドはブラウザによって提供されている機能です。

COLUMN

iOS 上でのブラウザアプリ

シングルプロセスのブラウザ

つい先ほどブラウザはマルチプロセスで動いていると説明しましたが、iOS で動くブラウザアプリは例外です。Apple の規約により、アプリストアに掲載できる iOS アプリはシングルプロセスで動かさなければいけません。

また、レンダリングエンジンも Apple が開発している WebKit を使用する必要があります。具体的には WKWebView[注1] という API を使用して、HTML や CSS の解釈と描画を行う必要があります。WKWebView の API は任意の JavaScript を動かすことができるため、ある程度の自由度はありますが、自分で 0 から HTML や CSS を解釈するよりは制限があります。

EU でのデジタル市場法（DMA）

2023 年、iOS アプリに大きな影響を与えるデジタル市場法（DMA）[注2] が欧州連合（*European Union*）によって施行されました。Google、Apple、Microsoft、Amazon などの会社がゲートキーパーとして指定され、市場支配力の乱用を防ぎ新規参入をしやすくするための規制です。

これにより、Apple によって iOS アプリで設けられていた制限が緩和されることになりました。しかし、EU だけにしか適用されないため、日本で使用される iOS のブラウザアプリは引き続き WKWebView を使い続ける必要があります。

注1　https://developer.apple.com/documentation/webkit/wkwebview
注2　https://ec.europa.eu/commission/presscorner/detail/en/ip_23_4328

ブラウザのセキュリティ対策

本書で作成するブラウザでは、セキュリティの対策は一切しません。しかしブラウザにとって適切なセキュリティ対策を行うことは、ユーザーのプライバシーやデータ保護、Web アプリケーションの安全性を確保するために非常に重要です。適切なセキュリティ対策を講じることで、個人情報の漏洩や不正アクセス、マルウェア感染といったリスクを最小限に抑え、安全に Web サイトをブラウジングできます。

第1章 ブラウザを知る──Webサイトを表示するアプリケーション

サイト分離 (*Site Isolation*)

　サイト分離は、ブラウザが異なる Web サイトのリソースを別々のプロセスで実行することで、異なるサイト間の攻撃を防ぐための機構です。プロセスの解説の節で話したように、異なるプロセスは独立したメモリ空間を持つため、異なるサイトで動くプログラムが互いに干渉することはできません。

　現代のブラウザでは、マルチプロセスアーキテクチャの設計において、サイトの単位によってプロセスを分離することが多いです。具体的には、HTTP などのスキームと有効なトップレベルドメイン（.com、.jp など）とその 1 つ上のドメイン（eTLD+1）が同じであれば同サイトとし、同じプロセスで実行されます（**表 1-1**）。同じサイトのことを Same-site、異なるサイトのことを Cross-site と呼びます。

表 1-1 Same-site と Cross-site の例

URL1	URL2	同じサイトかどうか
https://www.example.com:443	https://www.evil.com:443	Cross-site (eTLD+1 が異なる)
https://www.example.com:443	https://abc.example.com:443	Same-site ("abc" は eTLD+2 なので関係ない)
https://www.example.com:443	http://www.example.com:443	Cross-site (スキームが異なる)
https://www.example.com:443	https://www.example.com:80	Same-site (ポート番号は関係ない)

　サイト分離は、Spectre と Meltdown の脆弱性が見つかってから急激に重要性が高まりました。Spectre と Meltdown は、2018 年初頭に発表されたプロセッサのセキュリティ脆弱性で、現代のほぼすべての CPU に影響を及ぼす可能性があります。

　Spectre は、CPU の予測実行機能を悪用して、サイドチャネル攻撃によって機密データを漏洩させる攻撃です。CPU は、プログラムの命令を実行するときに、将来の命令を予測して事前に実行できます。この予測が正しい場合にはパフォーマンスが向上しますが、予測が外れた場合には、キャッシュに不正に保存されたデータを攻撃者が利用できます。

　Meltdown は、CPU の保護機構をバイパスし、カーネルメモリにアクセスできる脆弱性です。通常、アプリケーションは OS のカーネルメモリにアクセスできないように保護されていますが、Meltdown はこれを回避してカーネルメモ

リを直接読み取ることができます。

同一生成元ポリシー (*Same Origin Policy*)

同一生成元ポリシーは、異なるオリジン間のリソースへのアクセスを制限するセキュリティ機構です。スキーム、ホスト、そしてポート番号が同じ場合、オリジンは同じだとされます（**表1-2**）。同じオリジンのことを Same-origin、異なるオリジンのことを Cross-origin と呼びます。異なるオリジンからのリソースへのアクセスを制限することにより、クロスサイトスクリプティング（XSS）やクロスサイトリクエストフォージェリ（CSRF）などの攻撃を軽減する、または防ぐことができます。

表1-2 Same-origin と Cross-origin の例

URL1	URL2	同じ Origin かどうか
https://www.example.com:443	https://www.evil.com:443	Cross-origin（ドメイン名が異なる）
https://www.example.com:443	https://abc.example.com:443	Cross-origin（サブドメインが異なる）
https://www.example.com:443	http://www.example.com:443	Cross-origin（スキームが異なる）
https://www.example.com:443	https://www.example.com:80	Cross-origin（ポート番号が異なる）
https://www.example.com:443	https://www.example.com:443	Same-origin

`window.opener` のような JavaScript の API を使用して、異なるオリジンの情報を参照しようとすると、特定の情報にはアクセスできなかったり書き込みができなかったりする制限が存在します。また、異なるオリジン間で `XMLHttpRequest` や `<img>` によって、ネットワーク越しにデータを読み書きする際は、以下のようなカテゴリに分けられます。

- 異なるオリジンへの書き込みは許可される。たとえば、リンクやフォームの送信などがある
- 異なるオリジンの埋め込みは許可される。たとえば、`<iframe>`、`<script>`、`<link>` などのタグによって異なるオリジンのリソースを自身の Web サイトに埋め込むことができる
- 異なるオリジンからの読み込みは一般に許可されない。もし異なるオリジンのリ

第**1**章 / ブラウザを知る——Web サイトを表示するアプリケーション

ソースを読み込みたいとき、後述する CORS で明示的に許可する必要がある

ただ、これらはあくまでも同一生成元ポリシーによる制約であって、そのほか
のしくみによって許可したり、許可されなくすることも可能です。

■オリジン間リソース共有 (*CORS*)

CORS（*Cross-Origin Resource Sharing*）とは、ブラウザが異なるオリジン間でリ
ソースを共有するためのしくみです。CORS は、同一生成元ポリシーによって
制限されるクロスオリジンへのリクエストをホワイトリスト形式で許可します。
HTTP ヘッダを使用して、サーバがどのオリジンからのリクエストを許可する
かを指定します。

CORS に関する HTTP レスポンスで使用できるヘッダは以下のようなものが
あります。

- Access-Control-Allow-Origin
  特定のオリジンまたはアスタリスク（*）を指定して、どのオリジンからのリクエスト
  を許可するかを示す

- Access-Control-Allow-Methods
  許可される HTTP メソッド（例：GET、POST、PUT、DELETE）を指定する

- Access-Control-Allow-Headers
  許可されるカスタム HTTP ヘッダを指定する

- Access-Control-Allow-Credentials
  認証情報（Cookie など）を含むリクエストを許可するかを示す

対して、CORS に関する HTTP リクエストで使用できるヘッダは Origin が
あります。

- Origin
  リクエスト元のオリジンを示す

コンテンツセキュリティポリシー (*CSP*)

CSP（*Content Security Policy*）は、Web ページがロードするリソースのソース

を制御するためのセキュリティポリシーです。CSP を使用すると、ブラウザは Web ページが許可されたドメインからのリソースのみを読み込むように強制され、クロスサイトスクリプティング（XSS）やインジェクション攻撃などのセキュリティリスクを軽減できます。

CSP は HTTP レスポンスヘッダまたは HTML のメタタグを使用して定義されます。HTTP レスポンスヘッダでは、Content-Security-Policy で定義できます。たとえば、以下のようなレスポンスヘッダがあるとします。

```
Content-Security-Policy: default-src 'self'; img-src *; script-src https://↵
trusted.cdn.com
```

こちらは以下のような意味を持ちます。

- **default-src 'self'**
  すべてのタイプのリソースに対して、同一オリジンからのみコンテンツを読み込むことができる

- **img-src ***
  画像はどのオリジンからも読み込むことができる

- **script-src https://trusted.cdn.com**
  JavaScript のスクリプトは https://trusted.cdn.com からのみ読み込むことができる

本書のゴール・注意点

次章から作っていくブラウザのサンプルアプリケーションは、ネットワークのやりとり、レンダリングエンジン、JavaScript エンジン、そして UI を実装します。しかし、マルチプロセスアーキテクチャによるプロセス分離や、そのほかのセキュリティに関する対策は一切実装しません。

あくまでもブラウザの基本動作を理解するためのシンプルなアプリケーションなので、自分の作ったアプリケーションを使用する際には十分に気を付けてください。

第2章
URLを分解する
リソースを指定する住所

第2章 URL を分解する——リソースを指定する住所

本章では、インターネット上に存在するどのリソースにアクセスするかを指定できる URL について解説し、URL の解釈をするためのプログラムを実装します。本章を終えると `http://example.com`、`http://example.com:8888/index.html` のような URL を分解するプログラムと、その挙動が正しいかを確かめるためのユニットテストを書くことができます。

　本章で書かれているコードは sababook/ch2/saba[注1] のリポジトリに掲載されています。

URL とは

　URL とは、第1章でも解説したとおり、インターネット上にある特定のリソースにアクセスするための識別子です。ブラウザを使用してどの Web サイトを閲覧したいかを指定するために使用します。

　URL は、RFC（*Request for Comments*）と呼ばれるインターネットの標準化を行うための文書によって定義されています。RFC は、IETF（*Internet Engineering Task Force*）[注2] によって策定され、定期的に改訂されています。

　RFC 1738[注3] は、1994 年に作成された初期の仕様書です。この RFC では、URL の構文や使用法に関する基本的な情報が提供されています。しかし、この RFC では限られたスキームの URL しか定義していません。具体的には、FTP、HTTP、MAILTO、TELNET、FILE などの 10 種類のスキームがセクション 3 で定義されています。

　本章では HTTP しかサポートしないため、基本的な構文である RFC 1738 のセクション 3.3 で定められている HTTP URL スキームのみを実装することにします。

```
http://<host>:<port>/<path>?<searchpart>
```

注1　https://github.com/d0iasm/sababook/tree/main/ch2/saba
注2　https://www.ietf.org/
注3　https://datatracker.ietf.org/doc/html/rfc1738

スキーム (*scheme*)

URL のスキームとは、リソースにアクセスするために使用されるプロトコルの名前を指します。スキームは URL の最初の部分にあたり、コロン（:）と 2 つのスラッシュ（//）がそのあとに続きます。よく使用されるスキームとして HTTP、HTTPS、FTP、FILE、DATA などがありますが、本書では HTTP だけを扱うためスキームは常に HTTP です。

ホスト (*host*)

RFC 1738 のセクション 3.1[注4] におけるホストの説明は以下のとおりです。

The fully qualified domain name of a network host, or its IP address as a set of four decimal digit groups separated by ".".

—— https://datatracker.ietf.org/doc/html/rfc1738#section-3.1

つまり、ホストとは FQDN（*Fully Qualified Domain Name*、完全修飾ドメイン名）、または、IP アドレスのことです。完全修飾ドメイン名とは、ネットワークに接続された機器を識別するための完全なドメイン名のことです。各ドメイン名は「.」によって区切られています。たとえば、www.example.com などが完全修飾ドメイン名、つまりホストにあたります。現実世界で例えると、住所が近いかもしれません。東京都や渋谷区はそれぞれドメイン名ですが、それだけでは住所を特定できません。何番地などの情報を含み、場所を一意に特定できる住所が完全修飾ドメイン名です。ネットワークにつながっている特定のコンピュータのことを指してホスト名とも言ったりしますが、このホスト名とは少し異なるので注意してください。本書では RFC の説明に従い完全修飾ドメイン名を URL のホストと呼ぶことにします。

ポート番号 (*port*)

URL のポート番号とは、サーバの特定のサービスやアプリケーションにアク

注4　https://datatracker.ietf.org/doc/html/rfc1738#section-3.1

セスするために使用される番号です。同じIPアドレスを持つサーバ上で複数の
サービスが動作している可能性があります。ポート番号はサーバのどのサービス
に接続するかを特定するために使用されます。

　ポート番号は省略可能です。その場合、デフォルトのポート番号が使用され
ます。HTTPのデフォルトの番号は80です。ほかのプロトコルのデフォルト
ポート番号はIANA（*Internet Assigned Numbers Authority*）によって管理されてい
るService Name and Transport Protocol Port Number Registry[注5]に一覧が
あります。たとえば、HTTPSプロトコルのデフォルトポート番号は443です。

　ポートに関しても、RFC 1738のセクション3.1に説明があります。

パス（*path*）

　URLのパスとは、サーバ内の階層化されたリソースを指定するために使用さ
れます。パスは階層構造を反映し、各階層がスラッシュ（/）で区切られます。
これにより、Webサーバ上のファイルやディレクトリの位置を示すことができ
ます。

　パスは省略できます。省略された場合、サーバの設定によって指定されたデ
フォルトのファイルが指定されることになります。一般的には「index.html」
や「index.php」のようなファイルがデフォルトのファイル名として指定されて
いることが多いです。

クエリパラメータ（*searchpart*）

　URLのクエリパラメータは、キー＝値という形式で表現されるキーと値のペ
アで表現されます。複数のクエリパラメータがある場合は、キーと値のペアはア
ンパサンド（&）で区切られます。クエリパラメータも省略できます。

　これらの情報は、Webサーバに対して要求する際に追加の情報を提供するた
めに使用されます。たとえば、category=books&sort=ascのクエリパラメータ
を使用すると、サーバに対してカテゴリ（category）が本（books）を昇順（asc）

注5　https://www.iana.org/assignments/service-names-port-numbers/service-
names-port-numbers.xhtml

で表示させる、などの情報を送ることができます。サーバはこれらのクエリパラメータを解析し、適切な応答を生成できます。

　パスもクエリパラメータも URL 内に存在しない場合は、パスの直前のスラッシュ（/）を省略します。パスとクエリパラメータ内では、「/」「;」「?」の記号は予約語として登録されているため、使用できません。

URL の構文解析の実装

　URL に関する実装は、url.rs に実装することにします。まだ Rust のプロジェクトを作成していない場合は、まず第 0 章の「プロジェクトの作成」を参考にしてプロジェクトを作成してください。

ライブラリクレートの作成

　第 0 章の「プロジェクトの作成」で作成したプロジェクトのディレクトリの配下で、cargo new コマンドを使用して、新しいライブラリクレートを作成しましょう。クレートとは、Rust におけるコンパイルの単位で、バイナリクレートとライブラリクレートの 2 種類が存在します。バイナリクレートは、実行可能なバイナリを提供します。ライブラリクレートは、再利用可能なコードのコレクションで、モジュール化したコードをほかのプログラムやクレートに提供できます。cargo new --lib コマンドによってライブラリクレートを作成でき、src/lib.rs ファイルが自動的に生成されます。このファイルに、ほかのプログラムやクレートが使用できる関数や構造体を記述します。ライブラリクレート単体では実行できないので、必ずほかのプログラムの依存関係として使用する必要があります。

```
$ cargo new saba_core --lib
```

　今回作成する saba_core クレートは、ブラウザのコアの機能を実装するライブラリクレートです。のちほど実装するネットワークや UI はどの環境で動かすかによって実装が変わってくるのですが、saba_core クレート内の実装は環境に依存しません。

第2章 URL を分解する——リソースを指定する住所

cargo new コマンドを実行すると、自動的に workspace にメンバーが追加されます[注6]。

```
workspace = { members = ["saba_core"] }

[package]
（省略）
```

ワークスペースとは、一つのディレクトリ以下に複数の関連するRustプロジェクトをまとめて管理する機能です。members = [] にプロジェクトの名前を追加することで、ワークスペースにメンバーを追加できます。Cargo はプロジェクトの依存関係を自動的に解決し、さらにワークスペースの異なるメンバー間でライブラリを共有することもできます。ただ、ワークスペースは入れ子関係にはできないため、ワークスペースの中に異なるワークスペースを定義することはできません。

実装するファイルの追加

saba_core クレート内に url.rs ファイルを追加しましょう。

```
$ touch saba_core/src/url.rs
```

cargo new によって自動で作成される lib.rs を変更して、url モジュールを外部のクレートから使用できるようにしましょう。

```
saba_core/src/lib.rs
#![no_std]

extern crate alloc;

pub mod url;
```

現在のディレクトリの構造は以下のとおりです。target/ ディレクトリや run_ohn_wasabi.sh スクリプトによって作成される build/ ディレクトリなどの重要ではないファイルは省略しています。

注6　Cargo のバージョンによって、メンバーが自動で追加されないケースもあります。

44

URL の構文解析の実装

```
$ tree -L 3
.
├── Cargo.toml
├── saba_core
│   ├── Cargo.toml
│   └── src
│       ├── lib.rs
│       └── url.rs
├── run_on_wasabi.sh
└── src
    └── main.rs
```

Url 構造体の作成

まずは、URL のデータを保持するための Url 構造体を作成します。

Rust における構造体（*struct*）は、関連するフィールドの集合を持つデータ型です。構造体はデータの構造を定義し、関連する情報をまとめるために使用されます。構造体は struct キーワードを使用して定義され、フィールドはその内部に定義されます。各フィールドは名前と型を持ちます。

Url 構造体の内容は以下のとおりです。1 行目に書かれている use キーワードは、alloc::string モジュールで定義されている String を現在のファイルで使用することを表します。モジュールとはコードをグループ化し再利用性を上げるための機能で、個々の要素の可視性も制御できます。可視性の制御とは、とあるモジュールで書かれたコードがそのモジュールの外部から使えるかどうかを制限するということです。

saba_core/src/url.rs

```rust
use alloc::string::String;

#[derive(Debug, Clone, PartialEq)]
pub struct Url {
    url: String,
    host: String,
    port: String,
    path: String,
    searchpart: String,
}
```

第2章 / URLを分解する——リソースを指定する住所

構造体の上にある derive 属性は、Rust の構造体や列挙型に対して自動的にデバッグ表示やクローンメソッド、等価性比較を提供するためのものです。Url 構造体では、Debug トレイト、Clone トレイト、PartialEq トレイトを自動的に実装するように指定しています。これにより、構造体や列挙型をデバッグ表示したり、コピーしたり、値どうしを比較したりする際に便利なメソッドや振る舞いが提供されます。

Url 構造体のインスタンスを作成するための new 関数を追加しましょう。これはコンストラクタと呼ばれます。コンストラクタでは、まず入力された URL を url フォールドに保存し、ほかのフィールドは空文字を持つことにします。

```
saba_core/src/url.rs
use alloc::string::ToString;

impl Url {
    pub fn new(url: String) -> Self {
        Self {
            url,
            host: "".to_string(),
            port: "".to_string(),
            path: "".to_string(),
            searchpart: "".to_string(),
        }
    }
}
```

parse メソッドの作成

構造体は、データをまとめるだけでなく、構造体に関連する関数を実装することもできます。構造体のインスタンスに紐付いた関数をメソッドと呼びます。メソッドは、第 1 引数に必ず自分自身を表す &self または &mut self を持ちます。これにより、特定の構造体のインスタンスに対する振る舞いを定義できます。構造体のインスタンスは、先ほど作成した new 関数やフィールドに直接値を指定するなどの方法で作成されます。

実際に URL を解析するのは parse メソッドで行います。この parse メソッドでは、Result<Self, String> を返すことにします。Result 型は、メソッドや操作の結果を表現するために使用される列挙型です。Result は、成功した場合

46

には Ok と結果の値を、エラーが発生した場合には Err とそのエラーの値を保持します。

　メソッドの定義の前に付いている pub キーワードは、parse メソッドが外部からも呼び出し可能なことを表します。

```
saba_core/src/url.rs
impl Url {
    pub fn parse(&mut self) -> Result<Self, String> {
        // 次のセクション以降で実装
    }
}
```

　Result<Self, String> によって、メソッドの中でエラーが発生した場合にエラー情報を返すことができ、呼び出し元がエラーを適切に処理できます。parse メソッドでは、入力された URL の文字列が不正だった場合にエラーを返し、呼び出し元にその旨を通知できます。これにより、不正な URL の文字列を検出できます。

　parse メソッドの引数である &mut self は、メソッドが可変な参照経由でオブジェクト自体にアクセスすることを示します。self はメソッドが呼び出されたオブジェクト自体を指し、&mut は可変な参照を表します。これにより、コンストラクタで作成した空文字のフィールドを parse メソッド内で変更できます。

URL の分割の実装

　parse メソッドの中身を実装していきましょう。

　プログラミングを経験したことある人なら「正規表現（*regular expression*）を使って実装すればよいのでは？」と思う人もいるかもしれません。Rust にも標準ライブラリには含まれていませんが、regex[注7] というライブラリが存在します。ただ、本書のプロジェクトは標準ライブラリに依存しない no_std 環境であることと、Rust 自体の学習のために、saba_core ディレクトリに存在する実装は外部のライブラリを一切頼らないことにします。

注7　https://docs.rs/regex/latest/regex/

第2章 URLを分解する──リソースを指定する住所

■ **スキームの確認**

ユーザーが入力した URL からまずはスキームを分離します。今回サポートする
スキームは http だけなので、URL は常に http:// から始まることを想定します。

実際のブラウザでは、http://example.com の http:// を省略して example.
com だけを入力して Web サイトにアクセスすることが可能です。実は、今回参
考にしている RFC 1738 には、スキームの省略に関して具体的に書かれている
セクションはありません。そのため、スキームが省略された場合の実装は、標準
化された振る舞いではなくブラウザの実装に依存しています。したがって、正確
な振る舞いを保証するためには、常にスキームを含む完全な URL を使用するこ
とが推奨されています。

今回私たちが実装するブラウザでは、URL には必ず http:// とスキームを付
けることにしましょう。よって、スキームが省略されている場合はエラーを返す
ことにします（❶）。

```
saba_core/src/url.rs
impl Url {
    pub fn parse(&mut self) -> Result<Self, String> {
        if !self.is_http() {
            return Err("Only HTTP scheme is supported.".to_string()); ── ❶
        }
        // 次のセクション以降で実装
    }
}
```

is_http メソッドは URL が "http://" 文字列を含んでいないときに false を
返します（❶）。

```
saba_core/src/url.rs
impl Url {
    fn is_http(&self) -> bool {
        if self.url.contains("http://") {
            return true;
        }
        false ── ❶
    }
}
```

URL の構文解析の実装

■ ホストの取得

次に URL からホストを取得します。extract_host メソッドはメソッドが呼び出されたオブジェクト自体（&self）を引数に取り、戻り値としてはホストを文字列として返します（❶）。

```rust
saba_core/src/url.rs
use alloc::vec::Vec;

impl Url {
    fn extract_host(&self) -> String {  ── ❶
        let url_parts: Vec<&str> = self
            .url
            .trim_start_matches("http://")  ── ❷
            .splitn(2, "/")  ── ❸
            .collect();

        if let Some(index) = url_parts[0].find(':') {  ── ❹
            url_parts[0][..index].to_string()  ── ❺
        } else {
            url_parts[0].to_string()  ── ❻
        }
    }
}
```

まず、与えられた URL を「http://」で始まる部分を取り除き（❷）、最初のスラッシュ（/）までの部分を分割して（❸）、文字列スライスのベクタとして取得します。もし、最初のスラッシュが存在しない場合、つまり URL のパスとクエリパラメータが存在しない場合は、url_parts のベクタの長さは 1 になります。

そして、Rust の組込みメソッドの一つである find メソッドを使って、ホスト部分にポート番号が含まれているかどうかを判定しています（❹）。find メソッドは、与えられた文字が最初に現れる位置のインデックスを返します。このインデックスを使用して、ホスト部分の先頭からポート番号の直前までの部分を取得し、新しい String オブジェクトをホストとして返します（❺）。

ポート番号が見つからなかった場合、単純に url_parts[0] がホストになるので、そのまま返します（❻）。

■ ポート番号の取得

次に、ポート番号を取得するメソッドを作成します。extract_port メソッド

第2章 URL を分解する──リソースを指定する住所

は &self を引数に取り、戻り値としてポート番号を文字列として返します（**❶**）。

```
saba_core/src/url.rs
impl Url {
    fn extract_port(&self) -> String {  ─── ❶
        let url_parts: Vec<&str> = self
            .url
            .trim_start_matches("http://")
            .splitn(2, "/")
            .collect();

        if let Some(index) = url_parts[0].find(':') {  ─── ❷
            url_parts[0][index + 1..].to_string()  ─── ❸
        } else {
            "80".to_string()  ─── ❹
        }
    }
}
```

extract_host メソッドで行ったときと同様に、まずは http:// 文字列を取り除き、最初のスラッシュ（/）までの部分を分割します。そして、次に Rust の組込みメソッドの一つである find メソッドを使って、ホスト部分にポート番号が含まれているかどうかを判定しています（**❷**）。このインデックスの次の文字列から末尾までがポート番号になります（**❸**）。

ポート番号は省略できるため、コロン（:）は存在しない場合があります。ポート番号が存在しない場合、デフォルトのポート番号を指定することにします。HTTP のデフォルトポート番号は 80 であるため、if 文の else 以下で 80 を指定しています（**❹**）。

■ パス名の取得

次にパス名を取得します。extract_path メソッドは、&self を引数に取り、戻り値としてパスを文字列として返します。

```
saba_core/src/url.rs
impl Url {
    fn extract_path(&self) -> String {
        let url_parts: Vec<&str> = self
            .url
            .trim_start_matches("http://")
```

50

```
            .splitn(2, "/")
            .collect();

        if url_parts.len() < 2 { ── ❶
            return "".to_string();
        }

        let path_and_searchpart: Vec<&str> = url_parts[1]. splitn(2, "?").↵
collect(); ── ❷
        path_and_searchpart[0].to_string() ── ❸
    }
}
```

　ホストを取得したときと同様に、Rust のライブラリに実装されている splitn
メソッドを使用して、URL を / で 2 つの要素に分割します。以下の 2 つのケー
スを考えることができます。

❶パスが存在しない（example.com など）
❷パスが存在する（example.com/foo/bar/index.html など）

　2 つのケースに対応するために、分割した結果（url_parts）の長さを確認し
ます。長さが 2 であればパスが存在し、長さが 1 であればパスが存在しないので、
その 2 つのケースを if 文で書き分けます（❶）。

　また、パスが存在する場合、パスの直後にはクエスチョンマーク（?）から
始まるクエリパラメータが続く可能性があるので、Rust の組込みメソッドの
splitn を使用して ? の部分で分割します（❷）。その分割した結果（path_and_
searchpart）の前半部分がパス名になります（❸）。

■ クエリパラメータの取得

　最後にクエリパラメータを取得します。extract_searchpart メソッドは、
&self を引数に取り、戻り値としてクエリパラメータを文字列として返します。

```
saba_core/src/url.rs
impl Url {
    fn extract_searchpart(&self) -> String {
        let url_parts: Vec<&str> = self
            .url
            .trim_start_matches("http://")
            .splitn(2, "/") ── ❶
```

第2章 URLを分解する──リソースを指定する住所

```
            .collect();

        if url_parts.len() < 2 {
            return "".to_string(); ── ❷
        }

        let path_and_searchpart: Vec<&str> = url_parts[1]. splitn(2, "?").↵
collect(); ── ❸
        if path_and_searchpart.len() < 2 {
            "".to_string()
        } else {
            path_and_searchpart[1].to_string() ── ❹
        }
    }
}
```

　ホストを取得したときと同様に、Rust の組込みメソッドの一つである splitn
メソッドを使用して、URL を / で2つの要素に分割します（❶）。

　url_parts の要素数が2以下の場合、URL にパスもクエリも存在しないため、
空の文字列を返します（❷）。

　url_parts の長さが2の場合、url_parts の2つ目の要素には、パスとク
エリパラメータの文字列が入っています。これを Rust の組込みメソッドの
splitn を使用して ? の部分で分割します（❸）。その分割した結果（path_and_
searchpart）の後半部分がクエリになります（❹）。

parse メソッドの完成

　今まで実装してきたメソッドを使って parse メソッドを完成させましょう。
スキームが HTTP ではないときにはエラーを返し、それ以外の場合には URL
から必要な要素を分割して Url 構造体を完成させます。

```
saba_core/src/url.rs
impl Url {
    pub fn parse(&mut self) -> Result<Self, String> {
        if !self.is_http() {
            return Err("Only HTTP scheme is supported.".to_string());
        }

        self.host = self.extract_host();
        self.port = self.extract_port();
```

URL の構文解析の実装

```
        self.path = self.extract_path();
        self.searchpart = self.extract_searchpart();

        Ok(self.clone())
    }
}
```

ゲッタメソッドの追加

Rust では、構造体のフィールドはデフォルトでプライベートです。よって、ほかのファイルからはフィールドにアクセスできません。分解した host や path の要素にアクセスできるように、フィールドを公開するメソッド、いわゆるゲッタ（getter）メソッドを追加しましょう。

```
saba_core/src/url.rs
impl Url {
    pub fn host(&self) -> String {
        self.host.clone()
    }

    pub fn port(&self) -> String {
        self.port.clone()
    }

    pub fn path(&self) -> String {
        self.path.clone()
    }

    pub fn searchpart(&self) -> String {
        self.searchpart.clone()
    }
}
```

ゲッタメソッドに対して、フィールドを外部から書き換えるためのメソッドをセッタ（setter）メソッドと呼びます。今回実装した Url 構造体には必要ありません。

53

第2章 URLを分解する──リソースを指定する住所

COLUMN

clone() はなぜ必要？

Rust の所有権

Rust では、すべての値には所有者がいます。所有者は、その値を管理しその値がスコープを抜けるときにメモリを解放します。Rust では、変数の値を別の変数に代入すると、元の変数の所有権が新しい変数に移動します。これにより、2つの変数が同時に同じメモリを指さないことが保証されます。

clone メソッドを使用すると、ディープコピーが作成され、元のデータの所有者とは別の新しい所有者が生成されます。

Rust は所有権システムにより、メモリリークやデータ競合の問題をコンパイル時に検出し、安全なプログラムを実行できます。

String と str の違い

Rust では、文字列に関する型が2つ存在します。

String は、可変の、所有権を持つ文字列データ型です。文字列データはヒープに格納され、その所有権は String のインスタンスにあります。文字列の動的な操作や変更が可能であり、必要に応じてサイズを変更できます。文字列の追加、削除、変更などの操作が可能です。

対して str は、不変の、スライス型の文字列データ型です。文字列データはスタックに格納され、静的に不変であり、メモリ上の特定の場所を参照するスライスです。str 型は文字列リテラルやほかの String 型からのスライスなどとして使われます。

String は所有権を持つため、clone メソッドを使用しないと所有権が移動してしまいます。たとえば以下のコードの2行目以降でs変数にアクセスしようとしたとします。

```
let s = String::from("hello");
let s11 = s; // s の所有権が s11 に移動するので、s は無効になる
let s12 = s11.clone(); // s11 のデータをクローンして s12 に所有権
を持たせる
println!("s11: {} s12: {}", s11, s12);   // s11 も s12 も有効

let s21 = "hello";
let s22 = s21; // 所有権を持たない型のコピー
println!("s21: {} s22: {}", s21, s22);   // s21 も s22 も有効
```

そうすると、以下のようなエラーが発生します。

```
> value borrowed here after move
```

ユニットテストによる動作確認

ユニットテストによる動作確認

　実装した URL のパースのコードが正しく動くかどうかをユニットテスト（*Unit Test*）で確かめてみましょう。ユニットテストとは、実装したコードの一部が正しい挙動をしているかどうかを確かめるためのコードです。Rust では cargo test というコマンドから起動できます。

　テストのコードは tests モジュールの中に書くことが一般的です。#[cfg(test)] アトリビュートを使用することで、Rust コンパイラにテストの存在を教えることができます。また、tests モジュール内の各ユニットテストを記述するメソッドの上には #[test] アトリビュートが必要です。

　たとえば、function メソッドが戻り値として 42 を返すかどうかをテストするユニットテストは以下のようになります。

```
#[cfg(test)]
mod tests {
    #[test]
    fn test1() {
        assert_eq!(function(), 42);
    }
}
```

成功ケース

　ユニットテストで大切なのは、考えられる状況を網羅的にカバーすることです。まずは成功するべきケースについて考えてみましょう。

　今回実装した Url 構造体には、host、port、path、searchpart の 4 つのフィールドが存在します。特に、port、path、searchpart は省略可能なので、これらが存在するケースと存在しないケースでテストを書いてみましょう。

```
saba_core/src/url.rs
#[cfg(test)]
mod tests {
    use super::*;

    #[test]
```

55

第2章 URLを分解する——リソースを指定する住所

```rust
fn test_url_host() {
    let url = "http://example.com".to_string();
    let expected = Ok(Url {
        url: url.clone(),
        host: "example.com".to_string(),
        port: "80".to_string(),
        path: "".to_string(),
        searchpart: "".to_string(),
    });
    assert_eq!(expected, Url::new(url).parse());
}

#[test]
fn test_url_host_port() {
    let url = "http://example.com:8888".to_string();
    let expected = Ok(Url {
        url: url.clone(),
        host: "example.com".to_string(),
        port: "8888".to_string(),
        path: "".to_string(),
        searchpart: "".to_string(),
    });
    assert_eq!(expected, Url::new(url).parse());
}

#[test]
fn test_url_host_port_path() {
    let url = "http://example.com:8888/index.html".to_string();
    let expected = Ok(Url {
        url: url.clone(),
        host: "example.com".to_string(),
        port: "8888".to_string(),
        path: "index.html".to_string(),
        searchpart: "".to_string(),
    });
    assert_eq!(expected, Url::new(url).parse());
}

#[test]
fn test_url_host_path() {
    let url = "http://example.com/index.html".to_string();
    let expected = Ok(Url {
        url: url.clone(),
        host: "example.com".to_string(),
        port: "80".to_string(),
        path: "index.html".to_string(),
```

ユニットテストによる動作確認

```
            searchpart: "".to_string(),
        });
        assert_eq!(expected, Url::new(url).parse());
    }

    #[test]
    fn test_url_host_port_path_searchquery() {
        let url = "http://example.com:8888/index.html?a=123&b=456".to_string();
        let expected = Ok(Url {
            url: url.clone(),
            host: "example.com".to_string(),
            port: "8888".to_string(),
            path: "index.html".to_string(),
            searchpart: "a=123&b=456".to_string(),
        });
        assert_eq!(expected, Url::new(url).parse());
    }
}
```

　assert_eq! は、Rust によって提供されているマクロ関数です。Rust では、エクストラメーションマーク（!）が付いている関数呼び出しはマクロ呼び出しとして扱われます。assert_eq! では、第 1 引数と第 2 引数の値が同じであることを確かめます。

失敗ケース

　次に失敗するべきケースについて考えてみましょう。今回実装した parse メソッドで失敗する可能性があるのは、スキームが正しくないときです。具体的にはスキームが存在しないとき、または HTTP 以外のスキームが指定されたときに parse メソッドはエラーを返します。この 2 パターンのテストを書いてみましょう。

`saba_core/src/url.rs`
```
#[cfg(test)]
mod tests {
    #[test]
    fn test_no_scheme() {
        let url = "example.com".to_string();
        let expected = Err("Only HTTP scheme is supported.".to_string());
```

57

第2章 URLを分解する——リソースを指定する住所

```rust
        assert_eq!(expected, Url::new(url).parse());
    }

    #[test]
    fn test_unsupported_scheme() {
        let url = "https://example.com:8888/index.html".to_string();
        let expected = Err("Only HTTP scheme is supported.".to_string());
        assert_eq!(expected, Url::new(url).parse());
    }
}
```

テストの実行

テストを書き終わったら saba_core ディレクトリに移動し、cargo test コマンドを使用してテストを実行します。以下のように ok の文字列が現れたら、テストが成功したという意味です。

```
$ cd saba_core
$ cargo test

running 7 tests
test url::tests::test_no_scheme ... ok
test url::tests::test_url_host_port_path ... ok
test url::tests::test_url_host_port_path_searchpart ... ok
test url::tests::test_unsupported_scheme ... ok
test url::tests::test_url_host_port ... ok
test url::tests::test_url_host_path ... ok
test url::tests::test_url_host ... ok
```

第3章
HTTPを実装する
ネットワーク通信を支える約束事

第3章 HTTPを実装する──ネットワーク通信を支える約束事

本章では、HTTPについて解説し、簡単なHTTPクライアントを実装します。本章を終えると、URLを指定するとHTTPレスポンスが返ってくるプログラムと、その挙動を確かめるための簡単なアプリケーションをWasabiOSで動かすことができます。

本章で書かれているコードはsababook/ch3/saba[注1]のリポジトリに掲載されています。

HTTPとは

HTTPは、第1章で説明したように、TCP/IPにおけるアプリケーション層に位置しています。ユーザーに一番近いプロトコルの一つということもあり、Webアプリケーションを書いたことある人ならすでにHTTPに馴染みがあるかもしれません。本章では、HTTPを送受信するプログラムを書くことによって、インターネット上での情報のやりとりの理解を深めることが目的です。

HTTPの基本的な仕事は、クライアントとサーバの間でテキスト形式のリクエストとレスポンスを交換することです（**図3-1**）。まずクライアント側である

図3-1 ブラウザとDNSとWebサーバの関係（再掲）

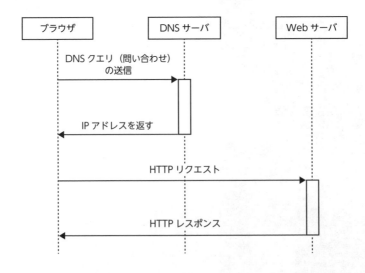

注1　https://github.com/d0iasm/sababook/tree/main/ch3/saba

ブラウザが Web サーバにリクエストを送信します。リクエストというのは、要求したい Web サイトやファイルなどのリソースに関する情報を含みます。たとえば、URL、メソッド（GET、POST など）、ヘッダ（リクエストに関する追加情報）などが含まれます。

サーバはリクエストに対するレスポンスを生成します。レスポンスには、ステータスコード、ヘッダ、および本文が含まれます。たとえば、Web ページの HTML コードや画像ファイルなどがレスポンスの本文として含まれます。

そしてクライアントは、サーバが生成したレスポンスを受信して解釈します。この一連の流れによってクライアントとサーバ間で情報のやりとりをします。

HTTP のバージョンの違い

HTTP は、Web と同時期である 1991 年に HTTP/0.9 がドキュメント化[注2]されて以来、HTTP/1.0、HTTP/1.1、HTTP/2、HTTP/3 のバージョンが作成されています。本章での説明は、RFC 7230[注3] から RFC 7235[注4] の 6 つの RFC で定義されているプロトコルを参考に実装を行います。

今回、私たちのブラウザでは、HTTP/1.1 の仕様書をベースにプロトコルを実装します。HTTP/1.1 は、長い間 Web のデファクトスタンダードとして使用されていました。現在では HTTP/2 や HTTP/3 の新しいバージョンに徐々に置き換えられています。CDN などを提供する Cloudflare 社のレポートによると、2023 年 5 月の時点で Cloudflare に対するトラフィックのうち 60％を超えるトラフィックが HTTP/2 で行われているのに対し、HTTP/1.1 は 10％程度だそうです[注5]。それでもなお HTTP/1.1 は HTTP の基礎を培ってきた大切なバージョンであるため、今回は HTTP/1.1 の仕様群を参照します。

しかし、HTTP/1.1 は巨大な仕様群であるため、すべてを実装するわけではありません。本書のブラウザでは、HTTP の GET リクエストを作成／送信し、受信したレスポンスを解析することしか行いません。

注2　https://www.w3.org/Protocols/HTTP/AsImplemented.html
注3　https://tools.ietf.org/html/rfc7230
注4　https://tools.ietf.org/html/rfc7235
注5　https://blog.cloudflare.com/ja-jp/http3-usage-one-year-on/

第3章 HTTPを実装する──ネットワーク通信を支える約束事

■**HTTP/1.1の特徴**

HTTPの最初の標準バージョンであるHTTP/1.1は、1997年にRFC 2068[注6]の初版が公開されました。HTTP/1.1の前身であるHTTP/1.0は、基本的には、1つのTCP接続で1つのリクエストと1つのレスポンスのみを処理していました。TCPでは、HTTPのデータを送る前に3回のやりとり（3ウェイハンドシェイク）を行うことで接続を確立するため、たくさんのTCP接続を確立するのはパフォーマンスの低下につながります。

RFC 2068では、持続的接続（*Keep-Alive*）が導入されました。これにより1つのTCP接続を再利用して、複数のリクエストとレスポンスを処理することが可能になりました。これにより、1つのページに存在する画像やJavaScriptやCSSのリソースを取得するために、複数のTCP接続を確立する必要がなくなります（**図3-2**）。

図3-2 非Keep-AliveとKeep-Aliveのサーバとクライアント

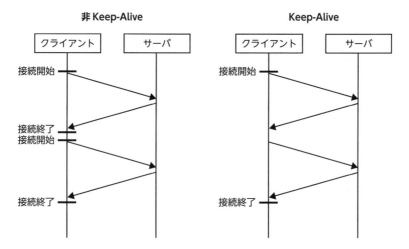

また、RFC 2068では、パイプライン化（*Pipelining*）[注7]も導入され、単一のTCP接続上でレスポンスを待たずに複数のリクエストを送信できるようになりました。パイプラインを使用するときは、リクエストとレスポンスの順序が大切

注6　https://datatracker.ietf.org/doc/html/rfc2068
注7　https://datatracker.ietf.org/doc/html/rfc2068#section-8.1.2.2

で、サーバはリクエストを受信した順序と同じ順序で応答を送信する必要があります。しかし、もし1つのレスポンスが遅延または紛失してしまったとき、それ以降のレスポンスを使用することが不可能になります。これをヘッドオブラインブロッキング（HOLブロッキング）と呼びます。また、一部のサーバやプロキシはパイプラインをサポートしていないこともあり、この機能は現在ではあまり使用されていません（図 3-3）。

図 3-3 非パイプラインとパイプラインのサーバとクライアント

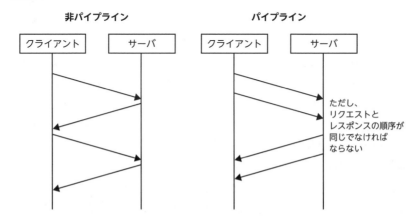

初期の HTTP/1.1 の RFC は、2014 年に RFC 7230 から RFC 7235 の新しいバージョンによって改訂されています。2022 年にはさらに新しい RFC 9110 によって改訂されています。

■ HTTP/2 の特徴

RFC 7540[注8]では、HTTP/2 に追加されたマルチプレクシング、ヘッダ圧縮、サーバプッシュ、優先度付け、フロー制御などが導入されました。

マルチプレクシング（*Multiplexing*）では、1 つの TCP 接続上にストリームと呼ばれる仮想的な接続を複数作成することで、複数のリクエストとレスポンスを同時に処理できます。これにより、リクエストの待ち時間や TCP 接続の数を減らし、ページの読み込み速度を向上させます。この機能により HTTP/1.1 で導

注 8　https://datatracker.ietf.org/doc/html/rfc7540

入されたパイプラインが代替されるようになりました。

ヘッダ圧縮（*Header Compression*）では、HPACK と呼ばれる手法で HTTP ヘッダの圧縮が導入され、通信量を削減できます。

サーバプッシュ（*Server Push*）では、サーバがクライアントに対して必要なリソースを自動的にプッシュできます。これにより、クライアントがリソースを要求する前に必要なリソースを送信でき、ページの読み込み速度を向上させます。ただ、2022 年には、Chrome ブラウザは HTTP/2 のサーバプッシュのサポートを終了しました[9]。複雑な実装とオーバーヘッドが大きいため、使用率が 1% 未満とあまり活用されていなかったそうです。また、悪意のあるサイトによる攻撃に悪用される可能性がありました。たとえば、攻撃者はサーバプッシュを使ってユーザーの知らないうちに大量のリソースを押し付け、ブラウザやデバイスに負荷をかけることができました。サーバプッシュの代替案として、103 Early Hints という HTTP ステータスコードの一つを使用することが提案されています。これはサーバがクライアントに送信するレスポンスにおいて、リソースのヒントのみをブラウザに伝えます。

優先度付け（*Prioritization*）では、リクエストに優先度を付けることができます。たとえば、ブラウザが Web サイトを描画するうえで必須の要素である HTML や CSS、ユーザーが真っ先に見たいテキストや画像の優先順位を高くし、その他の必ずしも必要ではないリソースの優先順位を低くします。これにより、見たいコンテンツが表示されるまでユーザーが長い時間待ち続けることを回避できます。

フロー制御（*Flow Control*）では、受信側のキャパシティに合わせて送信側のデータ量を調整できます。フロー制御のしくみは TCP にも存在しますが、HTTP のレイヤで行うことで、多重化されたストリームに対し独立した制御を行うことができます。

初期の HTTP/2 の RFC は、2022 年に RFC 9113 によって改訂されています。

■HTTP/3 の特徴

RFC 9114[10] で定義された HTTP/3 は、QUIC（*Quick UDP Internet Connections*）プロトコル[11] をベースにしています。QUIC は UDP 上で通信を行うため、従

注9　https://developer.chrome.com/blog/removing-push
注10　https://datatracker.ietf.org/doc/html/rfc9114
注11　https://datatracker.ietf.org/doc/html/rfc9000

来の TCP よりも高速な通信を実現します。TCP（*Transmission Control Protocol*）は信頼性が高く、順序付けが重要なデータ転送に適していますが、UDP（*User Datagram Protocol*）は速度やリアルタイム性が重要な場合に適しています。ただ UDP は、データが損失しても再送を行わなかったり送受信されたデータの順序を保証しなかったりするため、信頼性が高くありません。

QUIC では、UDP を使用しながらも TCP と同等もしくはより高い信頼性を担保するために、パケットが損失した場合再送を行ったり、シーケンス番号によるデータの順序の保証を行ったりしています。

HTTP/2 では TCP の制約による遅延やブロッキングが発生する可能性がありますが、HTTP/3 では QUIC を使用することでこれらの制約を回避します。TCP でも、HTTP/1.1 のパイプラインで発生したようなヘッドオブラインブロッキングと呼ばれる送信側が受信側の確認応答を受信するまで次のデータを送信できないという問題が発生します。QUIC では、複数のストリームを独立して処理することで、ヘッドオブラインブロッキングを回避します。パケットロスが発生した場合は、影響を受けた特定のストリームだけを再送することで、通信の遅延を最小限に抑えます。

HTTP の構成

HTTP/1.1 はテキストベースのプロトコルです。なので、HTTP リクエストもレスポンスも人間にとって読みやすい形式です。

HTTP メッセージは、大きく分けて 3 つの要素に分けることができます。1 行目のスタートライン、次に続くヘッダ、そしてボディです。また、スタートラインはメッセージがリクエストかレスポンスかによってリクエストラインとステータスラインの 2 種類に分けることができます。

- スタートライン
  - ・リクエストライン（HTTP リクエストのみ）
  - ・ステータスライン（HTTP レスポンスのみ）
- ヘッダ
- ボディ

第3章 HTTPを実装する——ネットワーク通信を支える約束事

■ リクエストラインとは

HTTPリクエストの1行目の部分がリクエストラインです。リクエストラインが含んでいる情報は、どんな方法でリソースにアクセスするか、どのリソースにアクセスするか、そしてHTTPのどのバージョンを使うかの3種類です。各情報は空白文字によって区切られています。

RFC 7230 3.1.1. Request Line[注12] では、以下のように定義されています。SPはスペース1文字、CRLFは改行文字を表します。

```
request-line = method SP request-target SP HTTP-version CRLF
```

たとえば、`http://example.com/index.html` のWebサイトにアクセスしたいとき、クライアント側から送信されるリクエストラインは以下のようになります。

```
GET /index.html HTTP/1.1
```

リクエストラインの始めの `GET` はメソッド（method）と呼ばれ、クライアントがどのような方法でサーバにアクセスしたいのかを示しています。RFC 7231 4. Request Methods[注13] に定義されているメソッドは8種類存在しますが、今回はよく使用されている以下の4種類のみを紹介します。ターゲットとなるリソースとは、上記の例において `index.html` のことを指します。

- GET
  ターゲットとなるリソースの取得

- POST
  子リソースの作成、ターゲットとなるリソースへのデータの追加など

- PUT
  ターゲットとなるリソースの更新、または作成

- DELETE
  ターゲットとなるリソースの削除

POSTとPUTはどちらもサーバへデータを送信し、リソースの更新や作成を行えるメソッドです。両者の違いは冪等性の有無にあります。PUTメソッド

注12 https://datatracker.ietf.org/doc/html/rfc7230#section-3.1.1
注13 https://tools.ietf.org/html/rfc7231#section-4

は冪等であるため、同じ内容のリクエストを複数回呼んでも同じ結果になることが期待されています。しかしPOSTリクエストを複数回呼ぶと、毎回異なる結果になる可能性があります。たとえば、ユーザーの一覧のページ（test.com/users）と各ユーザーのページ（/users/1、/users/2、……）を持つWebサイトが存在するとします。ユーザーの一覧のページにPOSTリクエストを送ると、リクエストのたびに新規ページ（/users/3、/users/4、……）を作成します。対して、ユーザーの一覧のページにPUTリクエストを送ると、そのページの内容が変更されます。または、各ユーザーのページにPUTリクエストを送って、ページの内容を更新することも可能です[注14]。

■ ステータスラインとは

HTTPレスポンスの1行目の部分がステータスラインです。ステータスラインが含んでいる情報は、HTTPのどのバージョンを使うか、アクセスの結果、そして結果の説明の3種類です。各情報は空白文字によって区切られています。

RFC 7230 3.1.2. Status Line[注15]では、以下のように定義されています。リクエストラインのときと同じく、SPはスペース1文字、CRLFは改行文字を表します。

```
status-line = HTTP-version SP status-code SP reason-phrase CRLF
```

再びhttp://example.com/index.html のWebサイトにアクセスし、成功したときのことを考えてみましょう。そのときサーバ側から送信されるステータスラインは以下のようになります。

```
HTTP/1.1 200 OK
```

200の部分はステータスコードと呼ばれ、リクエストがどのように処理されたかの結果を端的に示しています。ステータスコードは3桁の数字で表され、以下のように100の位の値によってレスポンスの種類が大まかに判断できます。

- 1xx
  リクエストは受信されたが、まだ処理を続けている

注14　ただ、実際の挙動はサーバ側の実装次第になります。
注15　https://datatracker.ietf.org/doc/html/rfc7230#section-3.1.2

- 2xx
  リクエストは正常に処理された

- 3xx
  リクエストを完了するためにリダイレクトの処理を行う必要がある

- 4xx
  リクエストが間違っているなど、クライアント側に問題がある

- 5xx
  サーバ側でエラーが発生した

ステータスコードはRFC 7231 6. Response Status Codes[注16]で41種類定義されていますが、今回はよく使用される以下の3つのステータスコードのみを紹介します。

- 200
  リクエストが成功した

- 404
  ターゲットのリソースが存在しない

- 500
  リクエストの処理中にサーバが予期しない状態になり要求を実行できなかった

先ほどのステータスラインをもう一度見てみましょう。

```
HTTP/1.1 200 OK
```

OKの部分は理由フレーズ（reason-phrase）と呼ばれ、テキスト形式での説明を行ってくれます。ただし、RFC 7230 3.1.2. Status Line で以下のように書かれているとおり、クライアントは理由フレーズによって挙動を変えてはいけません。

A client SHOULD ignore the reason-phrase content.
—— https://datatracker.ietf.org/doc/html/rfc7230#section-3.1.2

たとえば、以下のようなステータスラインが返ってきた場合、ステータスコードである 200 を解釈し、Not Found は無視する必要があります。

```
HTTP/1.1 200 Not Found
```

注16　https://tools.ietf.org/html/rfc7231#section-6

■ヘッダとは

リクエストとレスポンスの2行目以降、改行だけの行までの部分がヘッダです。1つのヘッダは、コロン（:）で区切られたキーとバリューのセットで構成されています。

RFC 7230 3.2. Header Fields[注17]では、以下のように定義されています。OWS（*Optional Whitespace*）は任意の空白文字を表します。

```
header-field = field-name ":" OWS field-value OWS
```

ヘッダは任意の項目ですが、HTTP/1.1からはHostヘッダ[注18]をリクエストに含める必要があります。1つのIPアドレスとポート番号で複数のWebサイトを運用している場合、Hostヘッダの値によってアクセスしたいWebサイトを判断するためです。

ヘッダの順番に関しては特に決まりはありません。しかし、RFC 7230の3.2.2. Field Order[注19]では、サーバ側の実装がメッセージを処理しない時期をできるだけ早く決定できるように、HTTPリクエストにおけるHostやHTTPレスポンスにおけるDateなどの制御データを含むヘッダフィールドを最初に送信することをお勧めしています。

http://example.com/index.html のWebサイトにアクセスしたいとき、クライアント側から送信されるリクエストは以下のようになります。

```
GET /index.html HTTP/1.1
Host: example.com
```

■ボディとは

リクエストとレスポンスのヘッダ後の改行以降がボディ[注20]です。

GETリクエストのボディの形式はRFCで定められていないため、空であることがほとんどです。POSTとPUTリクエストのボディには更新内容が含まれています。

GETレスポンスのボディには、以下のようなHTMLなどのリソースの内容が含まれています。

注17　https://datatracker.ietf.org/doc/html/rfc7230#section-3.2
注18　https://tools.ietf.org/html/rfc7230#section-5.4
注19　https://datatracker.ietf.org/doc/html/rfc7230#section-3.2.2
注20　https://datatracker.ietf.org/doc/html/rfc7230#section-3.3

第3章 HTTPを実装する──ネットワーク通信を支える約束事

```
HTTP/1.1 200 OK
(ヘッダ省略)

<!doctype html>
<html>
(以下、HTMLが続く)
```

HTTPクライアントの実装

以下のような簡単なリクエストを送信し、サーバからのレスポンスを受け取ることができるHTTPクライアントを実装します。

```
GET / HTTP/1.1
Host: example.com
```

標準ライブラリの存在しない自作OSで動かす制約上、既存の標準ライブラリを使わずに、自作のライブラリを使用します。ネットワークに関するライブラリは、WasabiOSリポジトリのnoli[注21]ディレクトリ以下に存在します。

サブプロジェクトの作成

実装はnetディレクトリ以下で行います。netディレクトリ以下で、cargo newコマンドを使用して新しくwasabiプロジェクトを作成します。このときに--libオプションを付けて、ライブラリクレートとして作成することに注意してください。

```
$ mkdir net
$ cd net
$ cargo new wasabi --lib
```

今まで作業してきたsaba_core/ディレクトリと分かれている理由は、動かす

注21 https://github.com/hikalium/wasabi/tree/main/noli

70

HTTP クライアントの実装

対象のプラットフォームによって実装を変えたいからです。WasabiOS の上で動かしたいときには net/wasabi のプロジェクトを使用し、標準ライブラリの存在する Linux や Mac の上で動かしたいときには新しいプロジェクトを追加できます。参考実装である saba プロジェクトでは、Linux や Mac のプラットフォームで動かしたいときは net/std[注22] の実装を使用できます。

■ サブプロジェクトの Cargo.toml の変更

net/wasabi サブプロジェクトの Cargo.toml を変更して、第 2 章で実装した core プロジェクトと WasabiOS に実装されている noli ライブラリを依存先として追加します。

パッケージの名前（name）を変更することを忘れないでください。デフォルトでは wasabi という名前が自動的に付けられているはずです。

```
net/wasabi/Cargo.toml
[package]
name = "net_wasabi" # 忘れずにこの名前を変更すること
version = "0.1.0"
edition = "2021"

[dependencies]
saba_core = { path = "../../saba_core" }
noli = { git = "https://github.com/hikalium/wasabi.git", branch = "for_saba" }
```

■ ルートディレクトリの Cargo.toml の変更

次に、ルートディレクトリの Cargo.toml を変更して、サブプロジェクトを依存関係に追加します。

```
Cargo.toml
workspace = { members = ["saba_core", "net/wasabi"] }

[package]
authors = ["<your-name>"]
name = "saba"
version = "0.1.0"
edition = "2021"
default-run = "saba"
```

注 22　https://github.com/d0iasm/saba/tree/main/net/std

第3章／HTTP を実装する──ネットワーク通信を支える約束事

```
[features] ── ❶
default = ["wasabi"] ── ❷
wasabi = ["dep:net_wasabi", "dep:noli"] ── ❸

[[bin]] ── ❹
name = "saba"
path = "src/main.rs" ── ❺
required-features = ["wasabi"] ── ❻

[dependencies]
saba_core = { path = "./saba_core" }
net_wasabi = { path = "./net/wasabi", optional = true }
noli = { git = "https://github.com/hikalium/wasabi.git", branch = "for_saba",
optional = true }
```

■ **Features**

先ほどの Cargo.toml に記述されている [features] は、Cargo の Features
機能注23 を表します（❶）。これは、Rust プロジェクトで条件付きコンパイルや
依存関係の切り替えを行うためのメカニズムです。

このプロジェクトでは、wasabi という Feature が定義されています（❸）。
そして cargo コマンドを使うときに --features=wasabi のように指定できます。
optional = true が指定されていて、かつ wasabi = ["dep:net_wasabi"] の
ように Feature が指定されている net_wasabi や noli などのライブラリは、
wasabi の Feature が指定されたときに使用される依存関係です。

また、default = ["wasabi"] という表記はデフォルトの Feature を表しま
す（❷）。よって、--features=wasabi の指定がなくても、cargo build とコ
マンドを使用したときにデフォルトで wasabi の機能が設定されます。

■ **バイナリターゲットの設定**

先ほどの Cargo.toml に記述されている [[bin]] セクションは（❹）、実行可
能なバイナリを定義できます。今回の設定では、saba という名前のバイナリファ
イルを作成し、メイン関数を含むファイルへのパスが src/main.rs です（❺）。
現時点では「本書を読む前の準備」の「プロジェクトの作成」で作成した src/

注23　https://doc.rust-lang.org/cargo/reference/features.html

HTTP クライアントの実装

main.rs がそのまま残っている想定です。

また、required-features によって（**❻**）、このバイナリは wasabiFeature が設定されているときにしか生成されません。

リクエストの構築

HTTP リクエストを扱うために、新しく http.rs ファイルを作成します。

```
$ touch net/wasabi/src/http.rs
```

lib.rs を変更して、pub mod http; を追加します。これにより http モジュールをほかのプロジェクトから利用できるようになります。

```
net/wasabi/src/lib.rs
#![no_std]

pub mod http;
```

■ HttpClient の作成

先ほど作成した http.rs ファイルに、HTTP リクエストと HTTP レスポンスを扱う HttpClient 構造体を定義します。この構造体はフィールドを何も持ちません。

```
net/wasabi/src/http.rs
pub struct HttpClient {}

impl HttpClient {
  pub fn new() -> Self {
    Self {}
  }
}
```

HttpClient は get メソッドを持ち、このメソッドの中で GET リクエストを送信します。get メソッドはホスト名を表す String と、ポート番号を表す u16 と、パス名を表す String を引数にとります。そして戻り値として HttpResponse の Result 型を返します。

saba_core クレートからインポートしている HttpResponse と Error はのち

ほど実装します。

```
net/wasabi/src/http.rs
extern crate alloc;
use alloc::string::String;
use saba_core::error::Error;
use saba_core::http::HttpResponse;

impl HttpClient {
  pub fn get(&self, host: String, port: u16, path: String) -> Result<HttpRe↩
sponse, Error> {
    // あとで実装する
  }
}
```

■ ホスト名から IP アドレスへの変換

第 1 章でも説明したように、DNS を使用してドメイン名から IP アドレスに変換することを名前解決と言います。特に、ドメイン名から IP アドレスへの変換は正引きと呼ばれ、IP アドレスからドメイン名への変換は逆引きと呼びます。

HTTP リクエストは、IP アドレスをもとに送り先を特定します。IP アドレスとは、インターネット上のネットワークでコンピュータやネットワーク機器が識別されるための一意の番号です。IPv4 のアドレスは、10 進数の 4 つの組（たとえば、192.0.2.1）で表現され、コンピュータ内では 32 ビットのデータとして保持されます。

DNS による正引きによって、URL に含まれているホストから IP アドレスを知ることができます。ホストと IP アドレスの対応は、DNS サーバによって提供されます。Web サイトや nslookup コマンドなどのツールを使うことによって、DNS サーバにアクセスし、IP アドレスを知ることができます。DNS は RFC 1035[注24] と RFC 1034[注25] の仕様に基づいて実装されています。

WasabiOS では、IP アドレスを知るために lookup_host という API を提供しています。ブラウザ側の実装では、単にこの API を使用するだけです。lookup_host 関数が何をしているのかさらに詳しく知りたい人は、『[作って学ぶ] OS のしくみ』や WasabiOS の実装を読んでみてください。

注 24　https://datatracker.ietf.org/doc/html/rfc1035
注 25　https://datatracker.ietf.org/doc/html/rfc1034

```
let ips = match lookup_host(&"example.com") {
    Ok(ips) => ips,
    Err(_) => return Err(Error::Network("Failed to find IP addresses".to_string())),
};
```

lookup_host 関数はドメイン名を引数にとり、戻り値として IP アドレスのベクタを返します。一つのドメイン名に対して複数の IP アドレスが見つかる可能性があるので、戻り値はベクタになっています。これは、特にロードバランサや複数のサーバが同じドメイン名に対して複数の IP アドレスを持つ場合に一般的です。

lookup_host 関数がエラーを返してきた場合、または IP アドレスが一つも見つからない場合は、エラーを返すことにします。

```
net/wasabi/src/http.rs
use alloc::format;
use alloc::string::ToString;
use noli::net::lookup_host;

impl HttpClient {
  pub fn get(&self, host: String, port: u16, path: String) -> Result<HttpRe↵
sponse, Error> {
    let ips = match lookup_host(&host) {
      Ok(ips) => ips,
      Err(e) => {
        return Err(Error::Network(format!(
          "Failed to find IP addresses: {:#?}",
          e
        )))
      }
    };

    if ips.len() < 1 {
      return Err(Error::Network("Failed to find IP addresses".to_string()));
    }
  }
}
```

■ ソケットアドレスの定義

ソケットアドレスとは、TCP/IP ネットワーク上で通信する際に、送信元や送信先を識別するために使用されるアドレスです。通常、IP アドレスとポート番号の組み合わせで表されます。たとえば、ブラウザが Web サーバに HTTP リクエストを送信する際、ソケットアドレスは、Web サーバの IP アドレスと

HTTP における標準ポート番号である 80 番ポートとなります。

TCP に関する RFC である RFC 793[注26]では、ソケットに関して以下のように説明しています。

> An address which specifically includes a port identifier, thatis, the concatenation of an Internet Address with a TCP port.
>
> —— https://datatracker.ietf.org/doc/html/rfc793

SocketAddr 構造体は noli ライブラリに定義されており、IPv4Addr 構造体と u16 で表されるポート番号をフィールドに持ちます。

1 つ目に見つかった IP アドレスと引数で渡される port を使用して、SocketAddr の変数を定義します。

```
net/wasabi/src/http.rs
use noli::net::SocketAddr;

impl HttpClient {
  pub fn get(&self, host: String, port: u16, path: String) -> Result<HttpRe↵
sponse, Error> {
    (省略)
    if ips.len() < 1 {
      return Err(Error::Network("Failed to find IP addresses".to_string()));
    }

    let socket_addr: SocketAddr = (ips[0], port).into();
  }
}
```

■ストリームの構築

TCP は、データをストリームとして扱います。ストリームとは連続したデータの流れを指します。データは小さなパケットに分割されますが、受信側では連続したデータとして復元されます。

TCP では、通信を開始する前に、送信側と受信側の間でコネクションを確立する必要があります。これにより高い信頼性を確保しています。

noli ライブラリは、TcpStream 構造体とデータを書き込みする API を提供しています。まずは connect メソッドを使ってコネクションを確立します。

注26　https://datatracker.ietf.org/doc/html/rfc793

connect メソッドは成功すれば TcpStream 構造体を返しますが、失敗すればエラーを返します。コネクション確立が失敗した場合、get メソッドからもエラーを返すことにします。

```
net/wasabi/src/http.rs
use noli::net::TcpStream;

impl HttpClient {
  pub fn get(&self, host: String, port: u16, path: String) -> Result<HttpRe↵
sponse, Error> {
    (省略)
    let socket_addr: SocketAddr = (ips[0], port).into();

    let mut stream = match TcpStream::connect(socket_addr) {
      Ok(stream) => stream,
      Err(_) => {
        return Err(Error::Network(
          "Failed to connect to TCP stream".to_string(),
        ))
      }
    };
  }
}
```

■ リクエストラインの構築

次に、TCP ストリームに送信するデータを構築していきます。HTTP のリクエストラインを作成しましょう。

リクエストラインはメソッド名とパス名と HTTP バージョンをホワイトスペースでつなげます。これは単純に String に push_str メソッドを使って文字列をつなぎ合わせることで実装します。

```
net/wasabi/src/http.rs
impl HttpClient {
  pub fn get(&self, host: String, port: u16, path: String) -> Result<HttpRe↵
sponse, Error> {
    (省略)
    let mut stream = match TcpStream::connect(socket_addr) {
      Ok(stream) => stream,
      Err(_) => {
        return Err(Error::Network(
          "Failed to connect to TCP stream".to_string(),
```

```
        ))
    }
  };

  let mut request = String::from("GET /");
  request.push_str(&path);
  request.push_str(" HTTP/1.1\n");
  }
}
```

■ ヘッダの構築

ヘッダには Host、Accept、Connection ヘッダを追加します。

Host ヘッダは、リクエスト先のホストとポート番号を指定するために使用されます。このヘッダは必須であり、省略することはできません（❶）。

Accept ヘッダは、クライアントが受け入れ可能な応答のコンテンツタイプを指定するために使用されます。このヘッダは省略可能であり、複数のコンテンツタイプを指定できます。今回は、HTML ドキュメントのみを受け入れ可能にしたいため、text/html という値を指定します（❷）。CSS や画像も受け入れ可能にしたい場合は、text/css, image/* の値を追加します。Accept ヘッダに記述可能なほかの値については、RFC 9110 の 12.5.1. Accept[注27] に定義されています。

Connection ヘッダは、クライアントとサーバ間の接続に関する情報を指定するために使用されます。このヘッダは省略可能であり、複数の値を指定できます。HTTP/1.1 で導入された Keep-Alive によって、複数の HTTP リクエストとレスポンスを 1 つの TCP 接続で行うことができるのですが、今回の実装では、リクエスト処理後に毎回接続を切断したいので、close の値を指定します（❸）。この値がないと TCP レスポンスをずっと待ち続けて実行がストップしてしまいます。

```
net/wasabi/src/http.rs
impl HttpClient {
  （省略）
  pub fn get(&self, host: String, port: u16, path: String) -> Result<HttpRe↵
sponse, Error> {
    （省略）
    let mut request = String::from("GET /");
    request.push_str(&path);
    request.push_str(" HTTP/1.1\n");
```

注 27　https://datatracker.ietf.org/doc/html/rfc9110#name-accept

HTTP クライアントの実装

```
  // ヘッダの追加
  request.push_str("Host: ");  ──── ❶
  request.push_str(&host);
  request.push('\n');
  request.push_str("Accept: text/html\n");  ──── ❷
  request.push_str("Connection: close\n");  ──── ❸
  request.push('\n');
  }
}
```

リクエストの送信

　サーバへのリクエストの送信は、TcpStream 構造体にある write メソッドで
行います。引数に先ほど作成した HTTP リクエストの文字列を渡します。

　write メソッドは、何バイト送ったかを戻り値として返します。戻り値を _
bytes_written という変数に保存していますが（❶）、Rust では、アンダース
コア（_）で始まる変数は、使う予定のない変数を表します。アンダースコアが
なくかつ定義した変数が使用されていないと、コンパイラが「unused variable
（＝使用していない変数)」があるよ、と警告を出します。

```
net/wasabi/src/http.rs
impl HttpClient {
  pub fn get(&self, host: String, port: u16, path: String) -> Result<HttpRe↵
sponse, Error> {
    (省略)
    request.push_str("Host: ");
    request.push_str(&host);
    request.push('\n');
    request.push_str("Accept: text/html\n");
    request.push_str("Connection: close\n");
    request.push('\n');

    let _bytes_written = match stream.write(request.as_bytes()) {  ──── ❶
      Ok(bytes) => bytes,
      Err(_) => {
          return Err(Error::Network(
              "Failed to send a request to TCP stream".to_string(),
          ))
      }
    };
```

79

第**3**章 　HTTP を実装する──ネットワーク通信を支える約束事

```
    }
}
```

レスポンスの受信

　サーバからのレスポンスの受信は、TcpStream 構造体にある read メソッドで
行います。引数に HTTP レスポンスを格納するためのバッファを渡します（❶）。

　read メソッドは何バイト読み込んだかを戻り値として返します。この値は、
buf 配列のどこまでデータが格納されているかを知るために使用します。もし
レスポンスがとても長い場合、read メソッドはレスポンスをいくつかに分割し
て返します。よってもうストリームから読み込むバイトがなくなるまで（❷）、
ループ文を回します。分割されたレスポンスは Rust に実装されている extend_
from_slice メソッドによってつなぎ合わせます（❸）。

`net/wasabi/src/http.rs`

```
use alloc::vec::Vec;

impl HttpClient {
  pub fn get(&self, host: String, port: u16, path: String) -> Result<HttpRe↵
sponse, Error> {
    （省略）
    let _bytes_written = match stream.write(request.as_bytes()) {
        Ok(bytes) => bytes,
        Err(_) => {
            return Err(Error::Network(
                "Failed to send a request to TCP stream".to_string(),
            ))
        }
    };

    let mut received = Vec::new();
    loop {
      let mut buf = [0u8; 4096];
      let bytes_read = match stream.read(&mut buf) { ── ❶
        Ok(bytes) => bytes,
        Err(_) => {
          return Err(Error::Network(
            "Failed to receive a request from TCP stream".to_string(),
          ))
        }
```

80

HTTP クライアントの実装

```
    };
    if bytes_read == 0 {  ──── ❷
      break;
    }
    received.extend_from_slice(&buf[..bytes_read]);  ──── ❸
  }
 }
}
```

HTTP レスポンスの構築

　レスポンスのデータは UTF-8 のバイト列なので、from_utf8 関数を使用して
str 型の文字列に変換します。この文字列から HttpResponse 構造体を構築し、
メソッドの戻り値として返します。

```
net/wasabi/src/http.rs
impl HttpClient {
  pub fn get(&self, host: String, port: u16, path: String) -> Result<HttpResponse,↵
Error> {
    (省略)
    loop {
      (省略)
      received.extend_from_slice(&buf[..bytes_read]);
    }

    match core::str::from_utf8(&received) {
      Ok(response) => HttpResponse::new(response.to_string()),
      Err(e) => Err(Error::Network(format!("Invalid received response: {}", e))),
    }
  }
}
```

■ HttpResponse 構造体の作成

　HttpResponse 構造体はどのプラットフォームでも共通で使用できるので、
saba_core ディレクトリ以下に定義することにします。新しく http.rs ファイ
ルを saba_core ディレクトリ以下に追加しましょう。

```
$ touch saba_core/src/http.rs
```

　忘れずに saba_core/src/lib.rs を更新してほかのプロジェクトから利用で

第3章 **HTTP を実装する**──ネットワーク通信を支える約束事

きるようにするのも忘れないでください。

```
saba_core/src/lib.rs
#![no_std]

extern crate alloc;

pub mod http;
pub mod url;
```

HttpResponse はバージョン番号を表す文字列、ステータスコードを表す u32 の数値、HTTP ステータスコードの説明や意味を表す理由フレーズ、ヘッダのベクタ、そしてボディの文字列をフィールドに含みます。

```
saba_core/src/http.rs
use alloc::string::String;
use alloc::vec::Vec;

#[derive(Debug, Clone)]
pub struct HttpResponse {
    version: String,
    status_code: u32,
    reason: String,
    headers: Vec<Header>,
    body: String,
}
```

■Header 構造体の作成

Header 構造体はヘッダの名前とそれに対応する値をフィールドに持ちます。

```
saba_core/src/http.rs
#[derive(Debug, Clone)]
pub struct Header {
    name: String,
    value: String,
}

impl Header {
    pub fn new(name: String, value: String) -> Self {
        Self { name, value }
    }
}
```

HTTP クライアントの実装

■ エラー構造体の作成

HttpResponse 構造体のコンストラクタでは、受け取った HTTP レスポンスの文字列から HttpResponse を構築します。文字列が不正だった場合、エラーを返したいので、コンストラクタは Result 型を返します。文字列が適切な場合、HttpResponse 構造体を含む Ok 型を返し、エラーの場合、Error 列挙型を含む Err 型を返します。

```
saba_core/src/http.rs
impl HttpResponse {
  pub fn new(raw_response: String) -> Result<Self, Error> {
    // 後ほど実装
  }
}
```

Error 列挙型は、今後ブラウザの実装のさまざまなところで使用したいので、saba_core ディレクトリ以下に実装します。

```
$ touch saba_core/src/error.rs
```

lib.rs に error モジュールを追加することを忘れないでください。

```
saba_core/src/lib.rs
#![no_std]

extern crate alloc;

pub mod error;
pub mod http;
pub mod url;
```

Error 列挙型はエラーの種類を表します。これにより、エラーが起きたときに、デバッグしやすくします。

```
saba_core/src/error.rs
use alloc::string::String;

#[derive(Debug, Clone, PartialEq, Eq)]
pub enum Error {
    Network(String),
    UnexpectedInput(String),
```

83

第3章 HTTPを実装する——ネットワーク通信を支える約束事

```
    InvalidUI(String),
    Other(String),
}
```

■文字列の前処理

HttpResponseのnew関数で、TCPストリームから受け取った文字列から構造化されたHttpResponseオブジェクトを構築します。

まず、レスポンスの文字列を前処理して、文字列を扱いやすくしましょう。レスポンスの文字列から最初の文字が出てくるまでの空白文字を除去します。そして、キャリッジリターンと改行シーケンス（\r\n）を単一の改行（\n）に置き換えます。これにより、一貫した行末が保証されます。\r\n は Windows システムで使用されることが多く、現在は使用を避けたほうがよいです。

```
saba_core/src/http.rs
use crate::error::Error;

impl HttpResponse {
  pub fn new(raw_response: String) -> Result<Self, Error> {
    let preprocessed_response = raw_response.trim_start().replace("\r\n", "\n");
  }
}
```

■ステータスラインの分割

続いて、事前処理されたレスポンスを最初の改行（\n）で分割します。分割が成功した場合、分割前の部分と分割後の部分をそれぞれ status_line と remaining に割り当てます。改行が見つからない場合は、無効なレスポンス形式であることを示すメッセージとともに、エラーを返します。

```
saba_core/src/http.rs
use alloc::format;

impl HttpResponse {
  pub fn new(raw_response: String) -> Result<Self, Error> {
    let preprocessed_response = raw_response.trim_start().replace("\r\n", "\n");

    let (status_line, remaining) = match preprocessed_response.split_once('\n') {
      Some((s, r)) => (s, r),
      None => {
        return Err(Error::Network(format!(
          "invalid http response: {}",
```

84

HTTP クライアントの実装

```
      preprocessed_response
    )))
   }
 };
}
}
```

■ **ヘッダとボディの分割**

残りのレスポンス（remaining）を2つの連続した改行（\n\n）で分割しよ
うとします。分割が成功した場合、分割の前半部分と後半部分を処理して、それ
ぞれ headers と body に割り当てます。

2つの改行が見つからない場合は、ヘッダが存在しないものと仮定し、
headers を空のベクトルに設定し、body を残りの文字列に設定します。

```
saba_core/src/http.rs
impl HttpResponse {
  pub fn new(raw_response: String) -> Result<Self, Error> {
    (省略)
    let (status_line, remaining) = match preprocessed_response.split_once('\n') {
      (省略)
    };

    let (headers, body) = match remaining.split_once("\n\n") {
      Some((h, b)) => {
        let mut headers = Vec::new();
        for header in h.split('\n') {
          let splitted_header: Vec<&str> = header.splitn(2, ':').collect();
          headers.push(Header::new(
            String::from(splitted_header[0].trim()),
            String::from(splitted_header[1].trim()),
          ));
        }
        (headers, b)
      }
      None => (Vec::new(), remaining),
    };
  }
}
```

■ **HttpResponse 構造体を返す**

最後に、ステータスラインを空白で分割し、その1つ目をステータスコー
ドとして HttpResponse 構造体にセットします。今まで分割したデータも

85

第3章 / HTTP を実装する──ネットワーク通信を支える約束事

HttpResponse 構造体にセットして完了です。

```
saba_core/src/http.rs
use crate::alloc::string::ToString;

impl HttpResponse {
  pub fn new(raw_response: String) -> Result<Self, Error> {
    (省略)
    let (headers, body) = match remaining.split_once("\n\n") {
      (省略)
    };

    let statuses: Vec<&str> = status_line.split(' ').collect();

    Ok(Self {
      version: statuses[0].to_string(),
      status_code: statuses[1].parse().unwrap_or(404),
      reason: statuses[2].to_string(),
      headers,
      body: body.to_string(),
    })
  }
}
```

■ ゲッタメソッドを追加する

HttpResponse 構造体のフィールドはプライベートです。なのでほかのモジュールからはアクセスできません。なのでゲッタメソッドを追加してプライベートのフィールドの情報を取得できるようにします。

```
saba_core/src/http.rs
impl HttpResponse {
  pub fn version(&self) -> String {
    self.version.clone()
  }

  pub fn status_code(&self) -> u32 {
    self.status_code
  }

  pub fn reason(&self) -> String {
    self.reason.clone()
  }
```

86

```
  pub fn headers(&self) -> Vec<Header> {
    self.headers.clone()
  }

  pub fn body(&self) -> String {
    self.body.clone()
  }

  pub fn header_value(&self, name: &str) -> Result<String, String> {
    for h in &self.headers {
      if h.name == name {
        return Ok(h.value.clone());
      }
    }

    Err(format!("failed to find {} in headers", name))
  }
}
```

ユニットテストによる動作確認

　第2章で行ったようにユニットテストを書いて、HttpResponseが正しく構築できているかを検証してみましょう。

成功ケース

　ステータスラインだけのレスポンス、1つのヘッダのみのレスポンス、ヘッダが2つ存在するときのレスポンス、ボディも含むレスポンスの4つの場合をテストします。どれも正しくHttpResponse構造体が構築できていることを確かめましょう。

```
saba_core/src/http.rs
#[cfg(test)]
mod tests {
    use super::*;
    #[test]
    fn test_status_line_only() {
        let raw = "HTTP/1.1 200 OK\n\n".to_string();
```

第3章 HTTP を実装する──ネットワーク通信を支える約束事

```rust
        let res = HttpResponse::new(raw).expect("failed to parse http response");
        assert_eq!(res.version(), "HTTP/1.1");
        assert_eq!(res.status_code(), 200);
        assert_eq!(res.reason(), "OK");
    }

    #[test]
    fn test_one_header() {
        let raw = "HTTP/1.1 200 OK\nDate:xx xx xx\n\n".to_string();
        let res = HttpResponse::new(raw).expect("failed to parse http response");
        assert_eq!(res.version(), "HTTP/1.1");
        assert_eq!(res.status_code(), 200);
        assert_eq!(res.reason(), "OK");

        assert_eq!(res.header_value("Date"), Ok("xx xx xx".to_string()));
    }

    #[test]
    fn test_two_headers_with_white_space() {
        let raw = "HTTP/1.1 200 OK\nDate: xx xx xx\nContent-Length: 42\n\n".↵
to_string();
        let res = HttpResponse::new(raw).expect("failed to parse http response");
        assert_eq!(res.version(), "HTTP/1.1");
        assert_eq!(res.status_code(), 200);
        assert_eq!(res.reason(), "OK");

        assert_eq!(res.header_value("Date"), Ok("xx xx xx".to_string()));
        assert_eq!(res.header_value("Content-Length"), Ok("42".to_string()));
    }

    #[test]
    fn test_body() {
        let raw = "HTTP/1.1 200 OK\nDate: xx xx xx\n\nbody message".to_string();
        let res = HttpResponse::new(raw).expect("failed to parse http response");
        assert_eq!(res.version(), "HTTP/1.1");
        assert_eq!(res.status_code(), 200);
        assert_eq!(res.reason(), "OK");

        assert_eq!(res.header_value("Date"), Ok("xx xx xx".to_string()));

        assert_eq!(res.body(), "body message".to_string());
    }
}
```

失敗ケース

レスポンスの文字列が正しくないときのテストも行いましょう。ステータスラインだけで改行文字がない文字列は不正なので、HttpResponse::new 関数からはエラーが返ってくるはずです。これは is_err メソッドによって確かめることができます。

```
saba_core/src/http.rs
#[cfg(test)]
mod tests {
    use super::*;
    (省略)

    #[test]
    fn test_invalid() {
        let raw = "HTTP/1.1 200 OK".to_string();
        assert!(HttpResponse::new(raw).is_err());
    }
}
```

テストの実行

テストを追加したら今までどおり、saba_core ディレクトリで cargo test でテストを走らせてみましょう。すべてのテストケースに ok の文字列が現れたら、テストが成功したという意味です。

```
$ cd saba_core
$ cargo test
```

今回追加したテストケースのみを実行したい場合は、cargo test のあとに実行したいテストのモジュールを指定することも可能です。

```
$ cd saba_core
$ cargo test http

running 5 tests
test http::tests::test_invalid ... ok
test http::tests::test_body ... ok
test http::tests::test_two_headers_with_white_space ... ok
```

第3章 / HTTPを実装する──ネットワーク通信を支える約束事

```
test http::tests::test_status_line_only ... ok
test http::tests::test_one_header ... ok
```

WasabiOS 上で動かす

saba_core/ ディレクトリに実装されている HttpResponse 構造体は、ユニットテストで実行を確認できました。しかし net/wasabi/ ディレクトリで実装されている HttpClient 構造体は、WasabiOS が提供している noli ライブラリに依存しているため、WasabiOS 上で動かす必要があります。

HTTP クライアントのアプリケーションを作成して、WasabiOS で動かしてみましょう。

http://example.com へのアクセス

今まで実装した HTTP クライアントを使用して、http://example.com のページにアクセスしてみましょう。

■ メイン関数の実装

メイン関数で先ほど作成した HttpClient を使用して、example.com に HTTP リクエストを送信して、結果を出力してみましょう。

```
src/main.rs
#![no_std]
#![no_main]

extern crate alloc;

use crate::alloc::string::ToString;
use net_wasabi::http::HttpClient;
use noli::prelude::*;

fn main() -> u64 {
    let client = HttpClient::new();
    match client.get("example.com".to_string(), 80, "".to_string()) {
```

90

WasabiOS 上で動かす

```
        Ok(res) => {
            print!("response:\n{:#?}", res);
        }
        Err(e) => {
            print!("error:\n{:#?}", e);
        }
    }
    0
}

entry_point!(main);
```

■実行

WasabiOS にアプリケーションを追加するためのシェルスクリプトは事前に用意してあります。run_on_wasabi.sh[注28] を使用して、WasabiOS を実行しましょう。

```
$ ./run_on_wasabi.sh
```

QEMU で OS が動き始めたあとに、saba と OS 上で文字を入力し、Enter キーを入力しましょう（**図 3-4**）。

図 3-4 SaBA アプリケーションの実行

```
[INFO] os/src/executor.rs:147:  Task completed:
saba
```

すると、このような文字列が QEMU とターミナル上で見えるはずです。一部のヘッダの出力は省略してあります。body のフィールドを見ると、HTML の文字列が見えますね。

```
（省略）
response:
HttpResponse {
    version: "HTTP/1.1",
    status_code: 200,
    reason: "OK\r",
    headers: [
        Header {
```

注 28　https://github.com/d0iasm/saba/blob/main/run_on_wasabi.sh

```
                name: "Age",
                value: "508855",
        },
        Header {
                name: "Cache-Control",
                value: "max-age=604800",
        },
        Header {
                name: "Content-Type",
                value: "text/html; charset=UTF-8",
        },
        (省略)
        Header {
                name: "Content-Length",
                value: "1256",
        },
        Header {
                name: "Connection",
                value: "close",
        },
    ],
    body: "<!doctype html>\n<html>\n<head>\n    <title>Example Domain</
title>\n\n    <meta charset=\"utf-8\" />\n    <meta http-equiv=\"Content-
type\" content=\"text/html; charset=utf-8\" />\n    <meta name=\"viewport\"
content=\"width=device-width, initial-scale=1\" />\n    <style type=\"text/
css\">\n    body {\n        background-color: #f0f0f2;\n        margin:
0;\n        padding: 0;\n        font-family: -apple-system, system-
ui, BlinkMacSystemFont, \"Segoe UI\", \"Open Sans\", \"Helvetica
Neue\", Helvetica, Arial, sans-serif;\n        \n    }\n    div {\
n        width: 600px;\n        margin: 5em auto;\n        padding: 2em;
\n        background-color: #fdfdff;\n        border-radius: 0.5em;
\n        box-shadow: 2px 3px 7px 2px rgba(0,0,0,0.02);\n    }\n    a:link,
a:visited {\n        color: #38488f;\n        text-decoration: none;\
n    }\n    @media (max-width: 700px) {\n        div {\n            margin:
0 auto;\n        width: auto;\n        }\n    }\n    </style>    \n</
head>\n\n<body>\n<div>\n    <h1>Example Domain</h1>\n    <p>This domain is
for use in illustrative examples in documents. You may use this\n    domain
in literature without prior coordination or asking for permission.</p>\n
<p><a href=\"https://www.iana.org/domains/example\">More information...</
a></p>\n</div>\n</body>\n</html>\n",
}
```

テストサーバとのやりとり

今後簡単に動作を確認するために、ローカルサーバを構築して任意のコンテンツを返せるようにしましょう。

■ テストページの作成

まずはテストのために test.html という HTML をトップディレクトリに作成します。

```
test.html
<html>
<body>
  <h1>Test Page</h1>
  <p>Hello World!</p>
</body>
</html>
```

■ ローカルサーバの実行

サーバを立てるのにはいろいろな方法があるのですが、今回は Python を使用します。test.html と同じディレクトリで以下のコマンドを実行してください。すると、localhost:8000/test.html の URL から、テストページにアクセスできるようになります。

```
$ python3 -m http.server 8000
```

■ localhost

localhost とは、ネットワーク上の自分自身を指す特殊なホストです。ネットワークに接続されたデバイスが自分自身に対してリクエストや通信を行う場合、localhost というホストを使用することで、自分自身を指し示す特殊な IP アドレスを指すことができます。この特殊な IP アドレスのことをループバックアドレスと呼びます。IPv4 では 127.0.0.1、IPv6 では ::1 が使用されることが多いです。

たとえば、Web サーバがローカルマシンで実行されている場合、http://localhost という URL を使用して Web サーバにアクセスできます。先ほど実

第**3**章 / **HTTPを実装する**──ネットワーク通信を支える約束事

行したPythonのコマンドは現在のマシンで8000番のポートを使用してサーバを立てています。なので`http://localhost:8000`のURLからローカルサーバにアクセスできます。

■ メイン関数の変更

`httpclient`のアプリケーションを変更して、`host.test`のホスト、8000のポート番号、そして`test.html`のパス名にアクセスするようにしましょう。

なぜここで`localhost`ではなく`host.test`という名前のホストを使用するかというと、私たちのOSとアプリケーションはQEMU上で動いているからです。詳しくは『[作って学ぶ] OSのしくみ』で解説されていますが、テストページを動かしているPythonのサーバはQEMU外のOSで動いているのに対し、私たちのアプリケーションはQEMU内のOSで動いています。よって、厳密には同じ環境（＝ローカル）内での通信ではないため、`localhost`にそのままアクセスすることはできません。WasabiOSのサポートにより、`host.test`のホストにアクセスすると、QEMU外のOSの`localhost`にフォワーディングしてくれます。この機構により、先ほど作成した`test.html`にアクセスします。

```
src/main.rs
fn main() -> u64 {
    let client = HttpClient::new();
    // 次の行の get() の引数を変更する
    match client.get("host.test".to_string(), 8000, "test.html".to_string()) {
        (省略)
    }
    0
}
```

■ 実行

先ほどと同じように、`run_on_wasabi.sh`のスクリプトを使用して、WasabiOSを起動します。そしてOS上で`saba`のアプリケーションを起動しましょう。

```
$ ./run_on_wasabi.sh
```

すると、このような文字列がQEMUとターミナル上で見えるはずです。一部のヘッダの出力は省略してあります。`body`のフィールドを見ると、`test.html`のHTMLの文字列が見えます。私たちが実装したHTTPクライアントはロー

94

WasabiOS 上で動かす

カルサーバともうまく通信できているようですね。

```
(省略)
response:
HttpResponse {
    version: "HTTP/1.0",
    status_code: 200,
    reason: "OK\r",
    headers: [
        Header {
            name: "Server",
            value: "SimpleHTTP/0.6 Python/3.12.2",
        },
        (省略)
        Header {
            name: "Content-type",
            value: "text/html",
        },
        Header {
            name: "Content-Length",
            value: "73",
        },
    ],
    body: "<html>\n<body>\n  <h1>Test Page</h1>\n  <p>Hello World!</p>\n</
body>\n</html>\n",
}
```

第4章

HTMLを解析する

HTMLからDOMツリーへの変換

第4章 HTMLを解析する——HTMLからDOMツリーへの変換

本章では、HTMLの解説と実装を行います。HTMLの実装とは言っても、仕様書のすべてを実装するわけではありません。本章を終えると、以下のような簡単なHTMLが私たちのブラウザ上で動かせるようになります。ただ、まだGUIは実装していないので、HTMLの解析結果は文字列として現れます。

```
<html>
<body>
  <h1>Hello World!</h1>
  <p>This is a toy browser.</p>
  <a href="http://example.com">link text</a>
</body>
</html>
```

本章で書かれているコードはsababook/ch4/saba[注1]のリポジトリに掲載されています。

HTMLとは

HTMLとはHyperText Markup Languageの略で、Webサイトを作成するときに使用する基本的なマークアップ言語です。マークアップ言語とは、文書内の構成、フォーマット、要素間の関係性を表す言語です。HTML以外のマークアップ言語としては、XML、TeX、LaTeXなどがあります。

本書では、WHATWGが策定しているHTML Living Standard[注2]と、DOM Living Standard[注3]の仕様書を参考にして実装します。

HTMLの構成要素

HTMLは「タグとコンテンツからなる要素」と「属性」から成り立ちます。HTMLの要素は階層構造を持ち、親要素と子要素の関係で表現されます。要素はネスト（入れ子）でき、複数の要素を組み合わせて複雑なWebページの構造を作成できます。要素はそれぞれ固有の意味や機能を持ち、CSSやJavaScript

---

注1 https://github.com/d0iasm/sababook/tree/main/ch4/saba
注2 https://html.spec.whatwg.org/
注3 https://dom.spec.whatwg.org/

98

HTML とは

を使用してスタイルや動作を指定できます。

```
sample.html
<html>
  <body>
    <h1>Hello World</h1>
    <div>
       <p>This is a sample paragraph.</p>
       <ul>
           <li>List 1</li>
           <li>List 2</li>
           <li>List 3</li>
       </ul>
    </div>
  </body>
</html>
```

　たとえば、上記の sample.html では、<body>、<h1>、<div> などがタグにあたります。そして Hello World などの文字列がコンテンツです。タグとコンテンツを合わせたものが要素です（**図4-1**）。

図4-1　sample.html によるページの例（再掲）

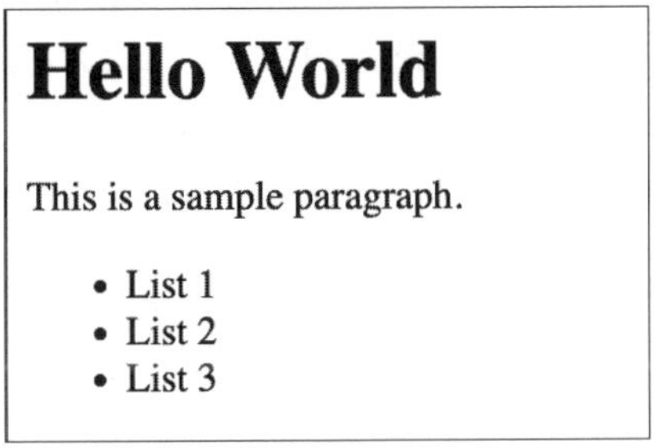

Hello World

This is a sample paragraph.

- List 1
- List 2
- List 3

■タグ

　HTML のタグは、HTML 文書内で要素やコンテンツを定義するためのマークアップ要素です。タグは角括弧で囲まれ、開始タグと終了タグのペアで表されます。たとえば、<p> タグは段落を表すタグであり、<p> が開始タグ、</p> が終了タグとなります。開始タグは要素の開始を示し、終了タグは要素の終了を示します。開始タグと終了タグの間には要素のコンテンツが記述されます。一部のタグには自己終了タグ（*self-closing tag*）と呼ばれる種類のタグもあります。このタ

99

第4章 HTMLを解析する —— HTMLからDOMツリーへの変換

グでは終了タグが必要ない代わりに、
のように開始タグの最後に/(スラッシュ)が入ります。

　HTMLのタグはテキストだけではなく、画像、リンク、見出し、段落など、Webサイトの構造や意味を定義するためにも使用されます。

■コンテンツ

　要素の内部に配置されたテキストやほかの要素をコンテンツと呼びます。コンテンツは要素の意味や機能を表現し、ブラウザによって解釈されて表示されます。テキスト、画像、動画、フォームなどさまざまな種類のコンテンツが存在します。

　たとえば、<p>タグは段落要素を表し、その開始タグと終了タグで囲まれたテキストがその要素のコンテンツとなります。以下のHTMLでは「これはテストテキストです。」と書かれたテキスト部分がコンテンツです。

```
<p> これはテストテキストです。</p>
```

■要素

　タグとその内部のコンテンツを含めたものを要素と呼びます。要素はHTML文書内の構造を定義し、ブラウザによって解釈されて表示されます。たとえば、以下のHTMLでは、開始タグ (<p>)、テキストコンテンツ (「これはテストテキストです。」)、終了タグ (</p>) の3つで構成されたものを要素と言います。

```
<p> これはテストテキストです。</p>
```

■属性

　要素には属性を追加できます。属性は要素に関連する追加情報や設定を提供します。たとえば、<img>タグにはsrc属性を指定して画像のURLを指定できます。

　ほかにもid属性やclass属性を指定できます。id属性は要素にユニークな名前を割り当てます。class属性は要素にクラス名を割り当てます。これにより、CSSで特定の要素に対してスタイルを指定できます。

```
<p id="id-name" class="class-name"> これはテストテキストです。</p>
```

DOM とは

　ブラウザは HTML 文書を DOM ツリーと呼ばれる木構造の形に変換します。DOM とは、HTML の要素と JavaScript などの HTML の外の世界とのインタフェースをオブジェクトで表現したものです。これにより JavaScript などのスクリプト言語から HTML 文書を操作、利用することが可能になっています。

```
<html>
  <body>
    <h1>Hello World</h1>
    <div>
        <p>This is a sample paragraph.</p>
        <ul>
            <li>List 1</li>
            <li>List 2</li>
            <li>List 3</li>
        </ul>
    </div>
  </body>
</html>
```

　上記の HTML は**図 4-2** のような DOM ツリーに変換されます。

■ DOM ツリーを構成するノード

　DOM ツリーを構築する一つ一つのノードは Node インタフェース[注4]を実装するオブジェクトです。DOM のインタフェースは、特定の種類のノードや要素に関連するプロパティやメソッドを提供します。インタフェースを実装したオブジェクトでは、インタフェースで定義されているデータにアクセスしたり操作を行ったりできます。たとえば、Node インタフェースでは firstChild のデータが存在するので、DOM ツリーのすべてのノードは firstChild メンバを持ちます。これらのインタフェースにより、HTML 文書内の要素やノードの作成、削除、変更などの操作を HTML 以外のプログラミング言語から可能にします。

注 4　https://dom.spec.whatwg.org/#interface-node

第4章 HTMLを解析する —— HTMLからDOMツリーへの変換

図 4-2 複雑な DOM ツリーの例（再掲）

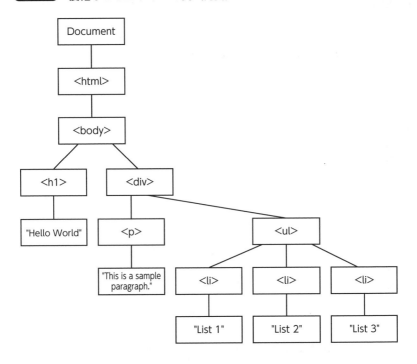

HTMLの字句解析 —— トークン列の生成

　HTMLをブラウザに実装するとは、具体的には、HTMLで書かれた文字列を解釈し、解釈した文字列を画面に描画するということです。文字列を解釈するというのは、まず文字列を小さな意味のある単位に分解し、その分解された要素の構造や階層関係を解析するということです。HTMLに限らず、ほかのプログラミング言語やマークアップ言語を実装する際にも、このプロセスは行われています。文字列を小さな意味のある単位に分解することを字句解析、分解された要素の構造や階層関係を解析することを構文解析と言います。

　まずはHTMLで書かれた文字列を分割する、字句解析を実装していきます。

字句解析とは

字句解析（または、トークナイズ）とは、ソースコードなどの文字列を1文字ずつ処理して意味のある最小単位であるトークンに分割することです。トークンは、文法や意味の解析において基本的な単位であり、通常はキーワード、識別子、演算子、文字列、区切り記号などのような要素を表します。字句解析を行うプログラムを字句解析器、またはトークナイザーと呼びます。本書では今後トークナイザーと呼ぶことにします。

トークン化アルゴリズム

HTMLの文字列を分割するためのアルゴリズムは、HTML Living Standardの13.2.5 Tokenization[注5]で決められています。アルゴリズムは、**図4-3**のようなステートマシン（*State Machine*）として表現されます。HTMLの文字列を1文字ずつ処理していき、現在の状態と次に処理をする1文字によって状態の更新とトークンの生成が行われます。

ステートマシンとは、特定の振る舞いや操作を表現するために使用されるモデルやアルゴリズムです。ステートマシンは、システムやプログラムが内部的に持つ状態の変化を表現し、それに応じて特定のアクションや動作を実行します。ステートマシンは、状態（*State*）と遷移（*Transition*）の2つの主要な要素から構成されます。状態はシステムの特定の状態を表し、遷移は状態間の変化や遷移条件を示します。ステートマシンは、現在の状態と次の入力に基づいて遷移をし、次の状態に移行します。

HTMLの文字列をトークン化するためのステートマシンでは、仕様で決められている状態は80種類も存在するのですが、今回は18の状態だけを実装します。このステートマシンは単純化されているためすべてのタグを処理することはできませんが、開始タグ、終了タグ、文字列などを処理できます。

注5　https://html.spec.whatwg.org/multipage/parsing.html#tokenization

第4章 HTMLを解析する —— HTMLからDOMツリーへの変換

図 4-3 ステートマシンの例

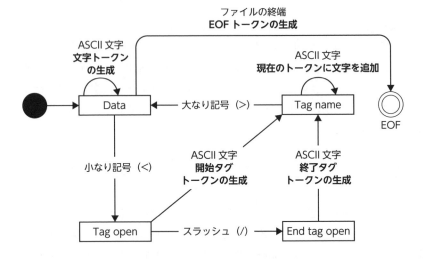

実装するディレクトリとファイルの作成

HTMLに関する実装を行うためのhtmlディレクトリを作成します。saba_coreディレクトリ以下にrendererディレクトリを追加し、その下にhtmlディレクトリを作成します。字句解析を行うためのコードをtoken.rsに実装することにします。それぞれのディレクトリでモジュールを管理するmod.rsを追加するのも忘れないでください。

```
$ mkdir saba_core/src/renderer
$ touch saba_core/src/renderer/mod.rs
$ mkdir saba_core/src/renderer/html
$ touch saba_core/src/renderer/html/mod.rs
$ touch saba_core/src/renderer/html/token.rs
```

lib.rsにrendererモジュールを追加します。

```
saba_core/src/lib.rs
#![no_std]

extern crate alloc;

pub mod error;
```

HTMLの字句解析 ——トークン列の生成

```
pub mod http;
pub mod renderer;
pub mod url;
```

rendererディレクトリのmod.rsにhtmlモジュールを追加します。

`saba_core/src/renderer/mod.rs`
```
pub mod html;
```

同様に、htmlディレクトリのmod.rsにparserモジュールとtokenモジュールを追加します。

`saba_core/src/renderer/html/mod.rs`
```
pub mod token;
```

現在のディレクトリの構造は以下のとおりです。便利スクリプトやbuildディレクトリなどは省略しています。

```
$ tree
.
├── Cargo.toml
├── net
│   └── (省略)
├── src
│   └── (省略)
└── saba_core
    ├── Cargo.toml
    └── src
        ├── lib.rs
        ├── error.rs
        ├── http.rs
        ├── url.rs
        └── renderer
            ├── mod.rs
            └── html
                ├── mod.rs
                └── token.rs
```

105

第4章 HTMLを解析する——HTMLからDOMツリーへの変換

HtmlTokenizer 構造体の作成

字句解析をするために必要な情報を保持する HtmlTokenizer 構造体を作成します。HtmlTokenizer 構造体ではステートマシンの状態（State）、HTMLの文字列（input）、現在処理している文字の位置（pos）などを管理します。

```
saba_core/src/renderer/html/token.rs
use alloc::string::String;
use alloc::vec::Vec;

#[derive(Debug, Clone, PartialEq, Eq)]
pub struct HtmlTokenizer {
    state: State,
    pos: usize,
    reconsume: bool,
    latest_token: Option<HtmlToken>,
    input: Vec<char>,
    buf: String,
}
```

HtmlTokenizer 構造体は HTML の文字列を初期化時に引数に取ります。入力された HTML の文字列は、HtmlTokenizer の input フィールドに保持されます。

```
saba_core/src/renderer/html/token.rs
impl HtmlTokenizer {
    pub fn new(html: String) -> Self {
        Self {
            state: State::Data,
            pos: 0,
            reconsume: false,
            latest_token: None,
            input: html.chars().collect(),
            buf: String::new(),
        }
    }
}
```

HtmlToken 列挙型の作成

文字列である HTML を扱いやすくするために、トークンに分割します。

106

トークンとは意味のある文字列の最小単位です。トークンの種類は 6 つあり、
DOCTYPE、開始タグ、終了タグ、コメント、文字列、EOF（*End Of File*）です。
本書では、コメントと DOCTYPE 以外の 4 種類を実装することにします。

トークンは HtmlToken 構造体で表します。今回は、タグの開始を表す
StartTag、タグの終了を表す EndTag、文字を表す Char、入力文字列の終了を
表す Eof の 4 種類のトークンを実装することにします。

```
saba_core/src/renderer/html/token.rs
use crate::renderer::html::attribute::Attribute;

#[derive(Debug, Clone, PartialEq, Eq)]
pub enum HtmlToken {
    // 開始タグ
    StartTag {
        tag: String,
        self_closing: bool,
        attributes: Vec<Attribute>,
    },
    // 終了タグ
    EndTag {
        tag: String,
    },
    // 文字
    Char(char),
    // ファイルの終了 (End Of File)
    Eof,
}
```

StartTag 要素は、タグの名前を表す文字列（tag）、タグが対応する終了タグ
を持たない自立したタグであることを示すフラグ（self_closing）、そしてタグ
の属性を表す可変長配列（attributes）を持ちます。

Attribute 構造体の実装

タグの属性を表す Attribute 構造体は専用のファイルを新規に作成してそこ
で実装することにしましょう。これは、今後この Attribute 構造体がさまざま
な場所から使われるためです。mod.rs を編集して、attribute モジュールを外
から使えるようにするのも忘れないでください。

第4章 HTMLを解析する──HTMLからDOMツリーへの変換

```
$ touch saba_core/src/renderer/html/attribute.rs
```

```
saba_core/src/renderer/html/mod.rs
pub mod attribute;
pub mod token;
```

Attribute構造体は、属性の名前を表すnameフィールドと、属性の値を表すvalueフィールドを持ちます。

```
saba_core/src/renderer/html/attribute.rs
use alloc::string::String;

#[derive(Debug, Clone, PartialEq, Eq)]
pub struct Attribute {
    name: String,
    value: String,
}
```

実装はとてもシンプルで、nameとvalueの値にアクセスするためのゲッタメソッド、そして、Attributeのフィールドの値を1文字ずつ追記していくためのadd_charメソッドです。

```
saba_core/src/renderer/html/attribute.rs
impl Attribute {
    pub fn new() -> Self {
        Self {
            name: String::new(),
            value: String::new(),
        }
    }

    pub fn add_char(&mut self, c: char, is_name: bool) {
        if is_name {
            self.name.push(c);
        } else {
            self.value.push(c);
        }
    }

    pub fn name(&self) -> String {
        self.name.clone()
    }
```

```rust
    pub fn value(&self) -> String {
        self.value.clone()
    }
}
```

ステートマシンの実装

13.2.5 Tokenization[注6] で定義されている状態は 80 種類あります。本書で実装するのは、このうちの 17 種類です。そして、仕様書には載っていないですが、実装を簡単にするために一時的なバッファを扱う TemporaryBuffer 状態も追加します。

今回実装する 18 種類の状態を State 列挙型で定義します。

```
saba_core/src/renderer/html/token.rs
#[derive(Debug, Clone, PartialEq, Eq)]
pub enum State {
    /// https://html.spec.whatwg.org/multipage/parsing.html#data-state
    Data,
    /// https://html.spec.whatwg.org/multipage/parsing.html#tag-open-state
    TagOpen,
    /// https://html.spec.whatwg.org/multipage/parsing.html#end-tag-open-state
    EndTagOpen,
    /// https://html.spec.whatwg.org/multipage/parsing.html#tag-name-state
    TagName,
    /// https://html.spec.whatwg.org/multipage/parsing.html#before-attribute-name
-state
    BeforeAttributeName,
    /// https://html.spec.whatwg.org/multipage/parsing.html#attribute-name-↵
state
    AttributeName,
    /// https://html.spec.whatwg.org/multipage/parsing.html#after-attribute-↵
name-state
    AfterAttributeName,
    /// https://html.spec.whatwg.org/multipage/parsing.html#before-attribute-↵
value-state
    BeforeAttributeValue,
    /// https://html.spec.whatwg.org/multipage/parsing.html#attribute-value-↵
(double-quoted)-state
    AttributeValueDoubleQuoted,
```

注6   https://html.spec.whatwg.org/multipage/parsing.html#tokenization

第4章 HTMLを解析する——HTMLからDOMツリーへの変換

```
    /// https://html.spec.whatwg.org/multipage/parsing.html#attribute-value-↵
(single-quoted)-state
    AttributeValueSingleQuoted,
    /// https://html.spec.whatwg.org/multipage/parsing.html#attribute-value-↵
(unquoted)-state
    AttributeValueUnquoted,
    /// https://html.spec.whatwg.org/multipage/parsing.html#after-attribute-↵
value-(quoted)-state
    AfterAttributeValueQuoted,
    /// https://html.spec.whatwg.org/multipage/parsing.html#self-closing-start-↵
tag-state
    SelfClosingStartTag,
    /// https://html.spec.whatwg.org/multipage/parsing.html#script-data-state
    ScriptData,
    /// https://html.spec.whatwg.org/multipage/parsing.html#script-data-less-↵
than-sign-state
    ScriptDataLessThanSign,
    /// https://html.spec.whatwg.org/multipage/parsing.html#script-data-end-↵
tag-open-state
    ScriptDataEndTagOpen,
    /// https://html.spec.whatwg.org/multipage/parsing.html#script-data-end-↵
tag-name-state
    ScriptDataEndTagName,
    /// https://html.spec.whatwg.org/multipage/parsing.html#temporary-buffer
    TemporaryBuffer,
}
```

　ステートマシンはまずデータ状態（Data state）から開始します。そして、ファイルの終端が現れるまで処理が行われます。

　たとえば、<body>の文字列から開始タグトークンを生成するときのことを考えてみましょう。**図4-4**は今回実装する18の状態のうち、4つの状態を表したステートマシン図です。まず小なり記号（<）が現れるのでタグ開始状態（Tag open state）に移行します。次に文字が現れるので名前が空の状態の開始タグトークンを作成し、タグ名前状態（Tag name state）に移行します。タグ名前状態では、ASCII（*American Standard Code for Information Interchange*）文字が続く限り先ほど作成した開始タグトークンに文字を追加します。そして大なり記号（>）が現れたらデータ状態に戻ります。

図4-4　ステートマシンの例（再掲）

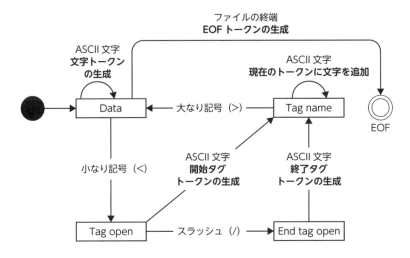

　ステートマシンはmatch文を使用して実装することにします。Rustのmatch文は、C言語のswitch文のように、パターンマッチングと呼ばれる機能を用いてさまざまな値に対して異なる処理を分岐させることができます。以下のサンプルプログラムでは、expressionの式を評価し、その結果がpattern1にマッチすればexpression1を実行し、pattern2にマッチすればexpression2を実行します。どのパターンにもマッチしなかった場合、デフォルトの式（default_expression）が実行されます。match文の各行をアームと呼びます。各アームは、パターンと対応する式から構成されます。

```
match expression {
    pattern1 => expression1,
    pattern2 => expression2,
    // ...
    _ => default_expression,
}
```

　match文で現在の状態を対象の値とし、各アームでそれぞれの状態で必要な実装を行います。各アームでの実装の詳細は後述します。

第4章 HTMLを解析する――HTMLからDOMツリーへの変換

```
saba_core/src/renderer/html/token.rs
match self.state {
    State::Data => { (省略) }
    State::TagOpen => { (省略) }
    State::EndTagOpen => { (省略) }
    State::TagName => { (省略) }
    (省略)
}
```

■Iteratorの実装

Rustの組込みトレイト（trait）の一つであるIterator[注7]を使用することで、トークンを1つずつ返すという挙動を実装します。

Rustのトレイトとは、異なる型に対し共通の動作を抽象的に定義したものです。トレイトを実装するためには、impl … for …の形で、実装したいトレイトの種類と実際に適用する型を指定します。Iteratorトレイトを実装するためには、nextメソッドを実装する必要があります。

今回は、nextメソッドの内部に状態を管理し次の状態へ遷移を行うステートマシンを実装し、その過程で生成されるトークンを戻り値として返すことにします。もし現在の位置（pos）が入力文字の長さより長い場合はNoneを返します。

```
saba_core/src/renderer/html/token.rs
impl Iterator for HtmlTokenizer {
    type Item = HtmlToken;

    fn next(&mut self) -> Option<Self::Item> {
        if self.pos >= self.input.len() {
            return None;
        }

        loop {
            match self.state {
                State::Data => { (省略) }
                (省略)
                _ => {}
            }
        }
    }
}
```

注7　https://doc.rust-lang.org/std/iter/trait.Iterator.html

112

HTML の字句解析 —— トークン列の生成

■ Data 状態の実装

Data 状態では、1 つの文字を消費し、その文字の種類によって次の行動を決定します。もし文字が小なり記号（<）であれば、ステートを次のステートである TagOpen に変更します。また、入力である文字列が最後に到達した場合、Eof トークンを返します。それ以外の場合、文字トークンを返します。

```
saba_core/src/renderer/html/token.rs
impl HtmlTokenizer {
    fn is_eof(&self) -> bool {
        self.pos > self.input.len()
    }
}

impl Iterator for HtmlTokenizer {
    （省略）
    fn next(&mut self) -> Option<Self::Item> {
        （省略）
        loop {
            let c = self.consume_next_input();

            match self.state {
                State::Data => {
                    if c == '<' {
                        self.state = State::TagOpen;
                        continue;
                    }

                    if self.is_eof() {
                        return Some(HtmlToken::Eof);
                    }

                    return Some(HtmlToken::Char(c));
                }
                （省略）
            }
        }
    }
}
```

consume_next_input メソッドでは、input の文字列から現在の位置（pos）の文字を 1 文字返します。読み込んだあとには pos の位置を 1 つ進めます。これにより、consume_next_input メソッドを呼び出すたびに入力の文字列を消費できます。

113

第4章 HTMLを解析する——HTMLからDOMツリーへの変換

```
saba_core/src/renderer/html/token.rs
impl HtmlTokenizer {
    fn consume_next_input(&mut self) -> char {
        let c = self.input[self.pos];
        self.pos += 1;
        c
    }
}
```

■ TagOpen 状態の実装

TagOpen 状態はその名のとおり、タグが開始しているときの状態です。1つの文字を消費し、もしその文字がスラッシュ記号（/）であれば（❶）、状態を次の状態である EndTagOpen 状態に変更します。文字がアルファベットであるとき（❷）、現在の文字を再度取り扱うため reconsume フラグを true にし、TagName 状態に変更し、create_tag メソッドによってタグを作成します。入力である文字列が最後に到達した場合（❸）、Eof トークンを返します。

それ以外の場合、現在の文字を再度取り扱うため、reconsume フラグを true にし Data 状態に戻ります。

```
saba_core/src/renderer/html/token.rs
impl Iterator for HtmlTokenizer {
    (省略)
    fn next(&mut self) -> Option<Self::Item> {
        (省略)
        loop {
            (省略)
            match self.state {
                (省略)
                State::TagOpen => {
                    if c == '/' {  ── ❶
                        self.state = State::EndTagOpen;
                        continue;
                    }

                    if c.is_ascii_alphabetic() {  ── ❷
                        self.reconsume = true;
                        self.state = State::TagName;
                        self.create_tag(true);
                        continue;
                    }
```

114

HTML の字句解析 ──トークン列の生成

```
                    if self.is_eof() { ── ❸
                        return Some(HtmlToken::Eof);
                    }

                    self.reconsume = true;
                    self.state = State::Data;
                }
                (省略)
            }
        }
    }
}
```

create_tag メソッドでは、StartTag または EndTag トークンを作成し、latest_token フィールドにセットします。

```
saba_core/src/renderer/html/token.rs
impl HtmlTokenizer {
    (省略)
    fn create_tag(&mut self, start_tag_token: bool) {
        if start_tag_token {
            self.latest_token = Some(HtmlToken::StartTag {
                tag: String::new(),
                self_closing: false,
                attributes: Vec::new(),
            });
        } else {
            self.latest_token = Some(HtmlToken::EndTag {
                tag: String::new()
            });
        }
    }
}
```

■文字の再利用

トークナイズの仕様書では、ところどころで「Reconsume」というワードが出てきます。これは、状態だけ更新し、使用した文字をもう一度再使用するということです。

先ほど実装した TagOpen 状態を扱うアームでは、reconsume フラグを true にしました。

以下のように next メソッドのループ文の初めで reconsume フラグがもし

115

第4章 HTMLを解析する——HTMLからDOMツリーへの変換

true なら、consume_next_input メソッドではなく reconsume_input メソッドから次に扱う文字を取得しましょう。

```
saba_core/src/renderer/html/token.rs
impl Iterator for HtmlTokenizer {
    (省略)
    fn next(&mut self) -> Option<Self::Item> {
        (省略)
        loop {
            let c = match self.reconsume {
                true => self.reconsume_input(),
                false => self.consume_next_input(),
            };

            match self.state {
                (省略)
            }
        }
    }
}
```

reconsume_input メソッドは、現在の位置（pos）から1つ戻った位置の文字を返します。reconsume フラグを false に戻すことを忘れないでください。

```
saba_core/src/renderer/html/token.rs
impl HtmlTokenizer {
    (省略)
    fn reconsume_input(&mut self) -> char {
        self.reconsume = false;
        self.input[self.pos - 1]
    }
}
```

■EndTagOpen 状態の実装

EndTagOpen 状態は、終了タグを取り扱うための状態です。TagOpen 状態のときに次の入力文字がスラッシュ（/）の場合、EndTagOpen 状態に移動します。

EndTagOpen 状態では1つの文字を消費し、その文字がアルファベットであるとき、現在の文字を再度取り扱うため reconsume フラグを true にし、TagName 状態に変更し、create_tag メソッドによってタグを作成します。入力である文字列が最後に到達した場合、Eof トークンを返します。

HTML の字句解析 ──トークン列の生成

```
saba_core/src/renderer/html/token.rs
impl Iterator for HtmlTokenizer {
    (省略)
    fn next(&mut self) -> Option<Self::Item> {
        (省略)
        loop {
            (省略)
            match self.state {
                (省略)
                State::EndTagOpen => {
                    if self.is_eof() {
                        return Some(HtmlToken::Eof);
                    }

                    if c.is_ascii_alphabetic() {
                        self.reconsume = true;
                        self.state = State::TagName;
                        self.create_tag(false);
                        continue;
                    }
                }
                (省略)
            }
        }
    }
}
```

■TagName 状態の実装

TagName 状態は、その名のとおりタグの名前を扱うための状態です。

TagName 状態では、文字がホワイトスペースのとき（❶）、BeforeAttributeName
状態に移動します。文字がスラッシュ（/）のとき（❷）、SelfClosingStartTag
状態に移動します。文字が大なり記号（>）のとき（❸）、Data 状態に移動し、
create_tag メソッドによって作成した latest_token を返します。次の文字が
アルファベットのとき（❹）、現在のタグに文字をタグの名前として追加します。
入力である文字列が最後に到達した場合（❺）、Eof トークンを返します。

```
saba_core/src/renderer/html/token.rs
impl Iterator for HtmlTokenizer {
    (省略)
    fn next(&mut self) -> Option<Self::Item> {
        (省略)
        loop {
```

第4章 HTMLを解析する——HTMLからDOMツリーへの変換

```
(省略)
        match self.state {
            (省略)
            State::TagName => {
                if c == ' ' {  ——— ❶
                    self.state = State::BeforeAttributeName;
                    continue;
                }

                if c == '/' {  ——— ❷
                    self.state = State::SelfClosingStartTag;
                    continue;
                }

                if c == '>' {  ——— ❸
                    self.state = State::Data;
                    return self.take_latest_token();
                }

                if c.is_ascii_uppercase() {  ——— ❹
                    self.append_tag_name(c.to_ascii_lowercase());
                    continue;
                }

                if self.is_eof() {  ——— ❺
                    return Some(HtmlToken::Eof);
                }

                self.append_tag_name(c);
            }
            (省略)
        }
    }
  }
}
```

append_tag_name メソッドは、create_tag メソッドによって作られた最後
のトークン（latest_token）に対して、1文字をそのトークンのタグの名前と
して追加します。

saba_core/src/renderer/html/token.rs
```
impl HtmlTokenizer {
    fn append_tag_name(&mut self, c: char) {
        assert!(self.latest_token.is_some());
```

HTML の字句解析 —— トークン列の生成

```
        if let Some(t) = self.latest_token.as_mut() {
            match t {
                HtmlToken::StartTag {
                    ref mut tag,
                    self_closing: _,
                    attributes: _,
                }
                | HtmlToken::EndTag { ref mut tag } => tag.push(c),
                _ => panic!("`latest_token` should be either StartTag or EndTag"),
            }
        }
    }
}
```

take_latest_token メソッドは、create_tag メソッドによって作られた最
後のトークン（latest_token）を返します。latest_token はこのメソッドによっ
てリセットされます。

```
saba_core/src/renderer/html/token.rs
impl HtmlTokenizer {
    fn take_latest_token(&mut self) -> Option<HtmlToken> {
        assert!(self.latest_token.is_some());

        let t = self.latest_token.as_ref().cloned();
        self.latest_token = None;
        assert!(self.latest_token.is_none());

        t
    }
}
```

■ BeforeAttributeName 状態の実装

BeforeAttributeName 状態は、タグの属性の名前を処理する前の状態です。

BeforeAttributeName 状態では、文字がスラッシュ（/）、大なり記号
（>）またはファイルの終了のとき（❶）、reconsume フラグを true にし、
AfterAttributeName 状態に移動します。それ以外のとき、reconsume フラグ
を true にし、AttributeName 状態に移動し、start_new_attribute メソッド
を呼びます。

119

第4章 HTML を解析する——HTMLからDOMツリーへの変換

```
saba_core/src/renderer/html/token.rs
impl Iterator for HtmlTokenizer {
    (省略)
    fn next(&mut self) -> Option<Self::Item> {
        (省略)
        loop {
            (省略)
            match self.state {
                (省略)
                State::BeforeAttributeName => {
                    if c == '/' || c == '>' || self.is_eof() {  ──① 
                        self.reconsume = true;
                        self.state = State::AfterAttributeName;
                        continue;
                    }

                    self.reconsume = true;
                    self.state = State::AttributeName;
                    self.start_new_attribute();
                }
                (省略)
            }
        }
    }
}
```

start_new_attribute メソッドは、create_tag メソッドによって作られた最後のトークン（latest_token）に属性（Attribute）を追加します。

```
saba_core/src/renderer/html/token.rs
impl HtmlTokenizer {
    (省略)
    fn start_new_attribute(&mut self) {
        assert!(self.latest_token.is_some());

        if let Some(t) = self.latest_token.as_mut() {
            match t {
                HtmlToken::StartTag {
                    tag: _,
                    self_closing: _,
                    ref mut attributes,
                } => {
                    attributes.push(Attribute::new());
                }
                _ => panic!("`latest_token` should be either StartTag"),
```

120

HTML の字句解析 ——トークン列の生成

```
            }
        }
    }
}
```

■ AttributeName 状態の実装

AttributeName 状態は、タグの属性の名前を処理している状態です。

AttributeName 状態では、次の文字が空白文字、スラッシュ（/）、大なり記号（>）またはファイルの終了のとき（❶）、reconsume フラグを true にし、AfterAttributeName 状態に移動します。次の文字がイコール（=）のとき（❷）、BeforeAttributeValue 状態に移動します。それ以外のとき、append_attribute メソッドを呼びます。

```
saba_core/src/renderer/html/token.rs
impl Iterator for HtmlTokenizer {
    (省略)
    fn next(&mut self) -> Option<Self::Item> {
        (省略)
        loop {
            (省略)
            match self.state {
                (省略)
                State::AttributeName => {
                    if c == ' ' || c == '/' || c == '>' || self.is_eof() { ── ❶
                        self.reconsume = true;
                        self.state = State::AfterAttributeName;
                        continue;
                    }

                    if c == '=' { ── ❷
                        self.state = State::BeforeAttributeValue;
                        continue;
                    }

                    if c.is_ascii_uppercase() {
                        self.append_attribute(c.to_ascii_lowercase(),↵
                                        /*is_name*/ true);
                        continue;
                    }

                    self.append_attribute(c, /*is_name*/ true);
                }
```

121

第4章 HTMLを解析する——HTMLからDOMツリーへの変換

```
            (省略)
            }
        }
    }
}
```

append_attribute メソッドは、create_tag メソッドによって作られた最後
のトークン（latest_token）に属性の文字を追加します。

```
saba_core/src/renderer/html/token.rs
impl HtmlTokenizer {
    fn append_attribute(&mut self, c: char, is_name: bool) {
        assert!(self.latest_token.is_some());

        if let Some(t) = self.latest_token.as_mut() {
            match t {
                HtmlToken::StartTag {
                    tag: _,
                    self_closing: _,
                    ref mut attributes,
                } => {
                    let len = attributes.len();
                    assert!(len > 0);

                    attributes[len - 1].add_char(c, is_name);
                }
                _ => panic!("`latest_token` should be either StartTag"),
            }
        }
    }
}
```

■ AfterAttributeName 状態の実装

AfterAttributeName 状態は、タグの属性の名前を処理している状態です。

AfterAttributeName 状態では、次の文字がスラッシュ（/）のとき（❶）、
SelfClosingStartTag 状態に移動します。次の文字がイコール（=）のとき（❷）、
BeforeAttributeValue 状態に移動します。次の文字が大なり記号（>）のとき
（❸）、Data 状態に移動し、create_tag メソッドによって作られた最後のトー
クン（latest_token）を返します。入力である文字列が最後に到達した場合
（❹）、Eof トークンを返します。それ以外のとき、reconsume フラグを true にし、

122

HTML の字句解析 ──トークン列の生成

AttributeName 状態に移動し、start_new_attribute メソッドを呼びます。

```rust
saba_core/src/renderer/html/token.rs
impl Iterator for HtmlTokenizer {
    (省略)
    fn next(&mut self) -> Option<Self::Item> {
        (省略)
        loop {
            (省略)
            match self.state {
                (省略)
                State::AfterAttributeName => {
                    if c == ' ' {
                        // 空白文字は無視する
                        continue;
                    }

                    if c == '/' {  ── ❶
                        self.state = State::SelfClosingStartTag;
                        continue;
                    }

                    if c == '=' {  ── ❷
                        self.state = State::BeforeAttributeValue;
                        continue;
                    }

                    if c == '>' {  ── ❸
                        self.state = State::Data;
                        return self.take_latest_token();
                    }

                    if self.is_eof() {  ── ❹
                        return Some(HtmlToken::Eof);
                    }

                    self.reconsume = true;
                    self.state = State::AttributeName;
                    self.start_new_attribute();
                }
                (省略)
            }
        }
    }
}
```

123

第4章 HTML を解析する—— HTML から DOM ツリーへの変換

■ BeforeAttributeValue 状態の実装

BeforeAttributeValue 状態は、タグの属性の値を処理する前の状態です。

BeforeAttributeValue 状態では、次の文字がダブルクオート (") のとき (❶)、AttributeValueDoubleQuoted 状態に移動します。次の文字がシングルクオート (') のとき (❷)、AttributeValueSingleQuoted 状態に移動します。それ以外のとき、reconsume フラグを true にし、AttributeValueUnquoted 状態に移動します。

```
saba_core/src/renderer/html/token.rs
impl Iterator for HtmlTokenizer {
    (省略)
    fn next(&mut self) -> Option<Self::Item> {
        (省略)
        loop {
            (省略)
            match self.state {
                (省略)
                State::BeforeAttributeValue => {
                    if c == ' ' {
                        // 空白文字は無視する
                        continue;
                    }

                    if c == '"' { ── ❶
                        self.state = State::AttributeValueDoubleQuoted;
                        continue;
                    }

                    if c == '\'' { ── ❷
                        self.state = State::AttributeValueSingleQuoted;
                        continue;
                    }

                    self.reconsume = true;
                    self.state = State::AttributeValueUnquoted;
                }
                (省略)
            }
        }
    }
}
```

124

HTML の字句解析 ——トークン列の生成

■ AttributeValueDoubleQuoted 状態の実装

AttributeValueDoubleQuoted 状態は、ダブルクオートで囲まれたタグの属性の値を処理する状態です。

AttributeValueDoubleQuoted 状態では、次の文字がダブルクオート（"）のとき（❶）、AfterAttributeValueQuoted 状態に移動します。ファイルの終了のとき（❷）、HtmlToken::Eof トークンを返します。それ以外のとき、append_attribute メソッドを呼んで、属性に文字を追加します。

```
saba_core/src/renderer/html/token.rs
impl Iterator for HtmlTokenizer {
    (省略)
    fn next(&mut self) -> Option<Self::Item> {
        (省略)
        loop {
            (省略)
            match self.state {
                (省略)
                State::AttributeValueDoubleQuoted => {
                    if c == '"' {  ─── ❶
                        self.state = State::AfterAttributeValueQuoted;
                        continue;
                    }

                    if self.is_eof() {  ─── ❷
                        return Some(HtmlToken::Eof);
                    }

                    self.append_attribute(c, /*is_name*/ false);
                }
                (省略)
            }
        }
    }
}
```

■ AttributeValueSingleQuoted 状態の実装

AttributeValueSingleQuoted 状態は、シングルクオートで囲まれたタグの属性の値を処理する状態です。

AttributeValueSingleQuoted 状態では、次の文字がシングルクオート（'）のとき（❶）、AfterAttributeValueQuoted 状態に移動します。ファイルの

125

第**4**章 / HTMLを解析する――HTMLからDOMツリーへの変換

終了のとき（❷）、HtmlToken::Eofトークンを返します。それ以外のとき、append_attributeメソッドを呼んで、属性に文字を追加します。

```
saba_core/src/renderer/html/token.rs
impl Iterator for HtmlTokenizer {
    (省略)
    fn next(&mut self) -> Option<Self::Item> {
        (省略)
        loop {
            (省略)
            match self.state {
                (省略)
                State::AttributeValueSingleQuoted => {
                    if c == '\'' {  ── ❶
                        self.state = State::AfterAttributeValueQuoted;
                        continue;
                    }

                    if self.is_eof() {  ── ❷
                        return Some(HtmlToken::Eof);
                    }

                    self.append_attribute(c, /*is_name*/ false);
                }
                (省略)
            }
        }
    }
}
```

■ AttributeValueUnquoted 状態の実装

AttributeValueUnquoted状態は、クオートで囲まれていないタグの属性の値を処理する状態です。

AttributeValueUnquoted状態では、次の文字が空白のとき（❶）、BeforeAttributeName状態に移動します。次の文字が大なり記号(>)のとき（❷）、Data状態に移動し、create_tagメソッドによって作られた最後のトークン(latest_token)を返します。ファイルの終了のとき（❸）、HtmlToken::Eofトークンを返します。それ以外のとき、append_attributeメソッドを呼んで、属性に文字を追加します。

126

HTML の字句解析 ──トークン列の生成

```
saba_core/src/renderer/html/token.rs
impl Iterator for HtmlTokenizer {
    (省略)
    fn next(&mut self) -> Option<Self::Item> {
        (省略)
        loop {
            (省略)
            match self.state {
                (省略)
                State::AttributeValueUnquoted => {
                    if c == ' ' {  ── ❶
                        self.state = State::BeforeAttributeName;
                        continue;
                    }

                    if c == '>' {  ── ❷
                        self.state = State::Data;
                        return self.take_latest_token();
                    }

                    if self.is_eof() {  ── ❸
                        return Some(HtmlToken::Eof);
                    }

                    self.append_attribute(c, /*is_name*/ false);
                }
                (省略)
            }
        }
    }
}
```

■ AfterAttributeValueQuoted 状態の実装

AfterAttributeValueQuoted 状態は、属性の値を処理したあとの状態です。

AfterAttributeValueQuoted 状態では、次の文字が空白のとき（❶）、
BeforeAttributeName 状態に移動します。次の文字がスラッシュ（/）のと
き（❷）、SelfClosingStartTag 状態に移動します。次の文字が大なり記号
（>）のとき（❸）、Data 状態に移動し、create_tag メソッドによって作られ
た最後のトークン（latest_token）を返します。ファイルの終了のとき（❹）、
HtmlToken::Eof トークンを返します。それ以外のとき、reconsume フラグを
true にし、BeforeAttributeName 状態に移動します。

127

第4章 HTMLを解析する——HTMLからDOMツリーへの変換

```
saba_core/src/renderer/html/token.rs
impl Iterator for HtmlTokenizer {
    (省略)
    fn next(&mut self) -> Option<Self::Item> {
        (省略)
        loop {
            (省略)
            match self.state {
                (省略)
                State::AfterAttributeValueQuoted => {
                    if c == ' ' { ―― ❶
                        self.state = State::BeforeAttributeName;
                        continue;
                    }

                    if c == '/' { ―― ❷
                        self.state = State::SelfClosingStartTag;
                        continue;
                    }

                    if c == '>' { ―― ❸
                        self.state = State::Data;
                        return self.take_latest_token();
                    }

                    if self.is_eof() { ―― ❹
                        return Some(HtmlToken::Eof);
                    }

                    self.reconsume = true;
                    self.state = State::BeforeAttributeName;
                }
                (省略)
            }
        }
    }
}
```

■ SelfClosingStartTag 状態の実装

SelfClosingStartTag 状態は、自己終了タグを処理する状態です。

SelfClosingStartTag 状態では、次の文字が大なり記号（>）のとき（❶）、set_self_closing_flag メソッドを呼び、Data 状態に移動します。さらに、create_tag メソッドによって作られた最後のトークン（latest_token）を返

します。ファイルの終了のとき（❷）、HtmlToken::Eof トークンを返します。

```
saba_core/src/renderer/html/token.rs
impl Iterator for HtmlTokenizer {
    (省略)
    fn next(&mut self) -> Option<Self::Item> {
        (省略)
        loop {
            (省略)
            match self.state {
                (省略)
                State::SelfClosingStartTag => {
                    if c == '>' {  ──── ❶
                        self.set_self_closing_flag();
                        self.state = State::Data;
                        return self.take_latest_token();
                    }

                    if self.is_eof() {  ──── ❷
                        // invalid parse error.
                        return Some(HtmlToken::Eof);
                    }
                }
                (省略)
            }
        }
    }
}
```

set_self_closing_flag メソッドでは、create_tag メソッドによって作られた最後のトークン（latest_token）が開始タグの場合、self_closing フラグを true にします。

```
saba_core/src/renderer/html/token.rs
impl HtmlTokenizer {
    fn set_self_closing_flag(&mut self) {
        assert!(self.latest_token.is_some());

        if let Some(t) = self.latest_token.as_mut() {
            match t {
                HtmlToken::StartTag {
                    tag: _,
                    ref mut self_closing,
```

第4章 HTMLを解析する——HTMLからDOMツリーへの変換

```
                    attributes: _,
                } => *self_closing = true,
                _ => panic!("`latest_token` should be either StartTag"),
            }
        }
    }
}
```

■ScriptData 状態の実装

ScriptData 状態は、<script> タグの中に書かれている JavaScript を処理する状態です。

ScriptData 状 態 で は、 次 の 文 字 が 小 な り 記 号（<） の と き（❶）、ScriptDataLessThanSign 状態に移動します。ファイルの終了のとき（❷）、HtmlToken::Eof トークンを返します。それ以外のとき、文字トークン（HtmlToken::Char）を返します。

```
saba_core/src/renderer/html/token.rs
impl Iterator for HtmlTokenizer {
    (省略)
    fn next(&mut self) -> Option<Self::Item> {
        (省略)
        loop {
            (省略)
            match self.state {
                (省略)
                State::ScriptData => {
                    if c == '<' {  —— ❶
                        self.state = State::ScriptDataLessThanSign;
                        continue;
                    }

                    if self.is_eof() {  —— ❷
                        return Some(HtmlToken::Eof);
                    }

                    return Some(HtmlToken::Char(c));
                }
                (省略)
            }
        }
    }
}
```

130

HTML の字句解析 ——トークン列の生成

■ ScriptDataLessThanSign 状態の実装

ScriptDataLessThanSign 状態は、<script> 開始タグの中で小なり記号
(<) が出てきたときの状態です。この状態では、次の文字がタグの終了 (</
script>) を示すのか、それとも単なる文字リテラルなのかを判断します。

ScriptDataLessThanSign 状態では、次の文字がスラッシュ (/) のとき（❶）、
一時的なバッファ (buf) をリセットし、ScriptDataEndTagOpen 状態に移動し
ます。それ以外のとき、reconsume フラグを true にし、ScriptData 状態に移
動します。さらに、文字トークン (HtmlToken::Char) を返します。

```
saba_core/src/renderer/html/token.rs
impl Iterator for HtmlTokenizer {
    (省略)
    fn next(&mut self) -> Option<Self::Item> {
        (省略)
        loop {
            (省略)
            match self.state {
                (省略)
                State::ScriptDataLessThanSign => {
                    if c == '/' {  ——— ❶
                        // 一時的なバッファを空文字でリセットする
                        self.buf = String::new();
                        self.state = State::ScriptDataEndTagOpen;
                        continue;
                    }

                    self.reconsume = true;
                    self.state = State::ScriptData;
                    return Some(HtmlToken::Char('<'));
                }
                (省略)
            }
        }
    }
}
```

■ ScriptDataEndTagOpen 状態の実装

ScriptDataEndTagOpen 状態は、JavaScript の終了を表す </script> 終了タ
グを処理する前の状態です。

ScriptDataEndTagOpen 状態では、次の文字がアルファベットのとき（❶）、

131

第4章 HTMLを解析する──HTMLからDOMツリーへの変換

reconsumeフラグをtrueにし、ScriptDataEndTagName状態に移動します。さ
らに、create_tagメソッドを呼んで、終了タグを作成します。それ以外のとき、
reconsumeフラグをtrueにし、ScriptData状態に移動します。そして文字トー
クン（HtmlToken::Char）を返します。

```rust
saba_core/src/renderer/html/token.rs
impl Iterator for HtmlTokenizer {
    (省略)
    fn next(&mut self) -> Option<Self::Item> {
        (省略)
        loop {
            (省略)
            match self.state {
                (省略)
                State::ScriptDataEndTagOpen => {
                    if c.is_ascii_alphabetic() {  ── ❶
                        self.reconsume = true;
                        self.state = State::ScriptDataEndTagName;
                        self.create_tag(false);
                        continue;
                    }

                    self.reconsume = true;
                    self.state = State::ScriptData;
                    // 仕様では、"<" と "/" の2つの文字トークンを返すと
                       なっているが、
                    // 私たちの実装ではnextメソッドからは一つのトークンしか
                       返せない
                    // ため、"<" のトークンのみを返す
                    return Some(HtmlToken::Char('<'));
                }
                (省略)
            }
        }
    }
}
```

■ScriptDataEndTagName状態の実装

ScriptDataEndTagName状態は、JavaScriptの終了を表す</script>終了タ
グのタグ名部分（script）を解析している状態です。

ScriptDataEndTagName状態では、次の文字が大なり記号（>）のとき（❶）、
Data状態に移動し、create_tagメソッドによって作成したlatest_tokenを

132

HTMLの字句解析 ——トークン列の生成

返します。次の文字がアルファベットのとき、reconsumeフラグをtrueにし、一時的なバッファ（buf）に文字を追加し、append_tag_nameメソッドを呼んで文字をトークンに追加します。それ以外のとき、TemporaryBuffer状態に移動します。さらに一時的なバッファ（buf）に</と現在の文字を追加します。

```
saba_core/src/renderer/html/token.rs
impl Iterator for HtmlTokenizer {
    (省略)
    fn next(&mut self) -> Option<Self::Item> {
        (省略)
        loop {
            (省略)
            match self.state {
                (省略)
                State::ScriptDataEndTagName => {
                    if c == '>' { ── ❶
                        self.state = State::Data;
                        return self.take_latest_token();
                    }

                    if c.is_ascii_alphabetic() { ── ❷
                        self.buf.push(c);
                        self.append_tag_name(c.to_ascii_lowercase());
                        continue;
                    }

                    self.state = State::TemporaryBuffer;
                    self.buf = String::from("</") + &self.buf;
                    self.buf.push(c);
                    continue;
                }
                (省略)
            }
        }
    }
}
```

■一時的なバッファの管理

TemporaryBuffer状態は、一時的にデータを蓄えるための状態です。HtmlTokenizer構造体のフィールドにある一時的なバッファ（buf）にデータを蓄えます。

この状態は仕様書に載っているわけではありませんが、実装のしやすさのため

133

第4章 HTMLを解析する —— HTMLからDOMツリーへの変換

に追加しています。

```rust
saba_core/src/renderer/html/token.rs
impl Iterator for HtmlTokenizer {
    (省略)
    fn next(&mut self) -> Option<Self::Item> {
        loop {
            (省略)
            match self.state {
                (省略)
                State::TemporaryBuffer => {
                    self.reconsume = true;

                    if self.buf.chars().count() == 0 {
                        self.state = State::ScriptData;
                        continue;
                    }

                    // 最初の1文字を削除する
                    let c = self
                        .buf
                        .chars()
                        .nth(0)
                        .expect("self.buf should have at least 1 char");
                    self.buf.remove(0);
                    return Some(HtmlToken::Char(c));
                }
                // _ => {} // すべての状態を網羅したため、この行は削除する
            }
        }
    }
}
```

ユニットテストによる字句解析の動作確認

　実装したHTMLのトークナイザーのコードが正しく動くかどうかをユニットテストで確かめてみましょう。前の章で行ったように、saba_coreディレクトリ以下でcargo testによってテストを実行できます。

```
$ cd saba_core
$ cargo test
```

空文字のテスト

まずは何もない文字列が入力だった場合のケースを考えます。トークナイザーの next メソッドを呼んだら None が返ってくるのを確認します。

```
saba_core/src/renderer/html/token.rs
#[cfg(test)]
mod tests {
    use super::*;
    use crate::alloc::string::ToString;

    #[test]
    fn test_empty() {
        let html = "".to_string();
        let mut tokenizer = HtmlTokenizer::new(html);
        assert!(tokenizer.next().is_none());
    }
}
```

開始タグと終了タグのテスト

HTML の文字列が <body> の開始タグと終了タグだった場合のケースです。

```
saba_core/src/renderer/html/token.rs
#[cfg(test)]
mod tests {
    #[test]
    fn test_start_and_end_tag() {
        let html = "<body></body>".to_string();
        let mut tokenizer = HtmlTokenizer::new(html);
        let expected = [
            HtmlToken::StartTag {
                tag: "body".to_string(),
                self_closing: false,
                attributes: Vec::new(),
            },
            HtmlToken::EndTag {
                tag: "body".to_string(),
            },
        ];
        for e in expected {
            assert_eq!(Some(e), tokenizer.next());
```

第4章 / **HTML を解析する**—— HTML から DOM ツリーへの変換

```
        }
    }
}
```

属性のテスト

HTML の文字列が `<p>` の開始タグと終了タグだった場合のケースです。開始
タグはクラス名と ID 名と foo の属性を持ちます。

```
saba_core/src/renderer/html/token.rs
#[cfg(test)]
mod tests {
    (省略)
    use alloc::vec;

    (省略)
    #[test]
    fn test_attributes() {
        let html = "<p class=\"A\" id='B' foo=bar></p>".to_string();
        let mut tokenizer = HtmlTokenizer::new(html);
        let mut attr1 = Attribute::new();
        attr1.add_char('c', true);
        attr1.add_char('l', true);
        attr1.add_char('a', true);
        attr1.add_char('s', true);
        attr1.add_char('s', true);
        attr1.add_char('A', false);

        let mut attr2 = Attribute::new();
        attr2.add_char('i', true);
        attr2.add_char('d', true);
        attr2.add_char('B', false);

        let mut attr3 = Attribute::new();
        attr3.add_char('f', true);
        attr3.add_char('o', true);
        attr3.add_char('o', true);
        attr3.add_char('b', false);
        attr3.add_char('a', false);
        attr3.add_char('r', false);

        let expected = [
            HtmlToken::StartTag {
```

136

```rust
                    tag: "p".to_string(),
                    self_closing: false,
                    attributes: vec![attr1, attr2, attr3],
                },
                HtmlToken::EndTag {
                    tag: "p".to_string(),
                },
            ];
            for e in expected {
                assert_eq!(Some(e), tokenizer.next());
            }
        }
    }
}
```

空要素タグのテスト

コンテンツを何も持たない空要素のテストをします。開始タグの self_closing フラグが true であることを確かめます。

```rust
saba_core/src/renderer/html/token.rs
#[cfg(test)]
mod tests {
    #[test]
    fn test_self_closing_tag() {
        let html = "<img />".to_string();
        let mut tokenizer = HtmlTokenizer::new(html);
        let expected = [HtmlToken::StartTag {
            tag: "img".to_string(),
            self_closing: true,
            attributes: Vec::new(),
        }];
        for e in expected {
            assert_eq!(Some(e), tokenizer.next());
        }
    }
}
```

スクリプトタグのテスト

<script> タグとそのコンテンツである擬似的な JavaScript のコード

第4章 HTMLを解析する──HTMLからDOMツリーへの変換

のテストをします。<script>タグで囲まれたコンテンツは文字トークン
(HtmlToken::Char) になります。

```
saba_core/src/renderer/html/token.rs
#[cfg(test)]
mod tests {
    (省略)
    #[test]
    fn test_script_tag() {
        let html = "<script>js code;</script>".to_string();
        let mut tokenizer = HtmlTokenizer::new(html);
        let expected = [
            HtmlToken::StartTag {
                tag: "script".to_string(),
                self_closing: false,
                attributes: Vec::new(),
            },
            HtmlToken::Char('j'),
            HtmlToken::Char('s'),
            HtmlToken::Char(' '),
            HtmlToken::Char('c'),
            HtmlToken::Char('o'),
            HtmlToken::Char('d'),
            HtmlToken::Char('e'),
            HtmlToken::Char(';'),
            HtmlToken::EndTag {
                tag: "script".to_string(),
            },
        ];
        for e in expected {
            assert_eq!(Some(e), tokenizer.next());
        }
    }
}
```

HTML の構文解析──ツリーの構築

　構文解析とは、ブラウザやほかのツールが理解できる形式に変換するために、
HTML文書を解析して文法的に構造化するプロセスです。具体的には、字句解
析されたトークンを使用して、構文解析によりDOMツリーを構築します。

　DOMツリーを構成するノードは、それぞれHTMLのタグを表します。たと

138

えば、以下のような HTML 文書は、**図 4-5** のような DOM ツリーとして表現されます。

```
sample.html
<html>
  <body>
    <h1>Hello World</h1>
    <div>
        <p>This is a sample paragraph.</p>
        <ul>
            <li>List 1</li>
            <li>List 2</li>
            <li>List 3</li>
        </ul>
    </div>
  </body>
</html>
```

図 4-5　DOM ツリーの例

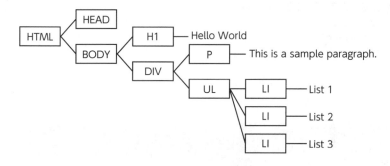

実装するディレクトリ、ファイルの作成

DOM に関する実装を行うための dom ディレクトリを作成します。renderer ディレクトリ以下に dom ディレクトリを作成します。DOM ツリーのノードを定義するために node.rs ファイルを追加します。また、構文解析を行うためのコードを html ディレクトリ以下の parser.rs に実装することにします。それぞれのディレクトリでモジュールを管理する mod.rs を追加するのも忘れないでください。

第4章 HTMLを解析する——HTMLからDOMツリーへの変換

```
$ mkdir saba_core/src/renderer/dom
$ touch saba_core/src/renderer/dom/mod.rs
$ touch saba_core/src/renderer/dom/node.rs
$ touch saba_core/src/renderer/html/parser.rs
```

rendererディレクトリのmod.rsにdomモジュールを追加します。

saba_core/src/renderer/mod.rs
```
pub mod dom;
pub mod html;
```

同様に、domディレクトリのmod.rsにnodeモジュールを追加します。

saba_core/src/renderer/dom/mod.rs
```
pub mod node;
```

htmlディレクトリのmod.rsにparserモジュールを追加します。

saba_core/src/renderer/html/mod.rs
```
pub mod attribute;
pub mod parser;
pub mod token;
```

現在のディレクトリの構造は以下のとおりです。便利スクリプトやbuildディレクトリなどは省略しています。

```
$ tree
.
├── Cargo.toml
├── net
│   └── (省略)
├── src
│   └── (省略)
└── saba_core
    ├── Cargo.toml
    └── src
        ├── lib.rs
        ├── error.rs
        ├── http.rs
        ├── url.rs
        └── renderer
            ├── mod.rs
```

140

HTML の構文解析——ツリーの構築

```
            ├──── dom
            │      ├──── mod.rs
            │      └──── node.rs
            └──── html
                   ├──── mod.rs
                   ├──── attribute.rs
                   ├──── token.rs
                   └──── parser.rs
```

ノードの構造

　木構造は、1つ以上のノードから成り立ちます。今回は、1つのノードを表す Node 構造体を作り、ノードに関する情報をその構造体のフィールドに保持することにします。

```
saba_core/src/renderer/dom/node.rs
use alloc::rc::Rc;
use alloc::rc::Weak;
use core::cell::RefCell;

#[derive(Debug, Clone)]
pub struct Node {
    pub kind: NodeKind,
    window: Weak<RefCell<Window>>,
    parent: Weak<RefCell<Node>>,
    first_child: Option<Rc<RefCell<Node>>>,
    last_child: Weak<RefCell<Node>>,
    previous_sibling: Weak<RefCell<Node>>,
    next_sibling: Option<Rc<RefCell<Node>>>,
}

impl Node {
    pub fn new(kind: NodeKind) -> Self {
        Self {
            kind,
            window: Weak::new(),
            parent: Weak::new(),
            first_child: None,
            last_child: Weak::new(),
            previous_sibling: Weak::new(),
            next_sibling: None,
```

141

第4章 HTMLを解析する —— HTMLからDOMツリーへの変換

```
        }
    }
}
```

それぞれのフィールドの説明は以下のとおりです。

- kind
  ノードの種類

- window
  DOMツリーを持つウィンドウ。1つのページに対し、1つのウィンドウインスタンスが存在する。弱い参照（ウィークポインタ）として保持する

- parent
  ノードの親のノード。弱い参照（ウィークポインタ）として保持する

- first_child
  ノードの一番初めの子ノード

- last_child
  ノードの最後の子ノード。弱い参照（ウィークポインタ）として保持する

- previous_sibling
  ノードの前の兄弟ノード。弱い参照（ウィークポインタ）として保持する

- next_sibling
  ノードの次の兄弟ノード

たとえば、**図4-6** のようにノードどうしはつながります。

図4-6　ノードどうしのつながり

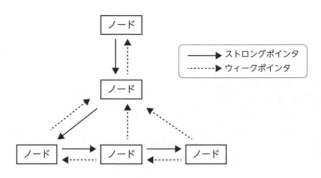

HTML の構文解析──ツリーの構築

■ 循環参照問題

ノードどうしをつなげるのに、Rc と Weak の異なる型を使用するのは、循環参照（*Circular reference*）を防ぐためです。

循環参照は、オブジェクトどうしが互いに参照し合う状態を指します。具体的には、オブジェクト A がオブジェクト B を参照し、同時にオブジェクト B がオブジェクト A を参照するような状態です。

循環参照が発生すると、メモリの管理やオブジェクトの解放が困難になる場合があります。通常、オブジェクトは参照されなくなった時点でガベージコレクションなどのしくみによって自動的に解放されます。しかし循環参照が存在すると、どのオブジェクトも常に参照されているため、解放されずにメモリを占有し続ける可能性があります。

循環参照を避けるためには、適切な参照の解除が必要です。一般的な方法は、弱い参照（ウィークポインタ）や強い参照（ストロングポインタ）などを使用して、オブジェクト間の参照関係を管理することです。これにより、循環参照が発生しても参照の解除が正しく行われ、メモリリークを防ぐことができます。

Rust では、所有権システムが存在するため、C や C++ とは違って簡単に循環参照のコードを書くことはできません。しかし、もし今回の DOM ツリーの実装のように、親ノードと子ノードがお互いに参照する必要がある場合は、Rc を使用して強い参照と Weak を使用して弱い参照を使い分けることで実装可能です。弱い参照は所有権を持たず、オブジェクトの生存期間に影響を与えません。これにより、循環参照を防ぐことができます。

■ ノードのゲッタ・セッタメソッドの実装

ノードにつながっているほかのノードを表す first_child などの値はプライベートな値なので、その値を取得したり更新したりするためのゲッタメソッドとセッタメソッドも作成しましょう。

```
saba_core/src/renderer/dom/node.rs
impl Node {
    pub fn set_parent(&mut self, parent: Weak<RefCell<Node>>) {
        self.parent = parent;
    }

    pub fn parent(&self) -> Weak<RefCell<Node>> {
```

143

第4章 HTML を解析する —— HTML から DOM ツリーへの変換

```rust
        self.parent.clone()
    }

    pub fn set_first_child(&mut self, first_child: Option<Rc<RefCell<Node>>>) {
        self.first_child = first_child;
    }

    pub fn first_child(&self) -> Option<Rc<RefCell<Node>>> {
        self.first_child.as_ref().cloned()
    }

    pub fn set_last_child(&mut self, last_child: Weak<RefCell<Node>>) {
        self.last_child = last_child;
    }

    pub fn last_child(&self) -> Weak<RefCell<Node>> {
        self.last_child.clone()
    }

    pub fn set_previous_sibling(&mut self, previous_sibling: Weak<RefCell<Node>>) {
        self.previous_sibling = previous_sibling;
    }

    pub fn previous_sibling(&self) -> Weak<RefCell<Node>> {
        self.previous_sibling.clone()
    }

    pub fn set_next_sibling(&mut self, next_sibling: Option<Rc<RefCell<Node>>>) {
        self.next_sibling = next_sibling;
    }

    pub fn next_sibling(&self) -> Option<Rc<RefCell<Node>>> {
        self.next_sibling.as_ref().cloned()
    }
}
```

ノードの種類

ノードの種類は NodeKind 列挙型で表します。今回は Document、Element、Text の 3 種類を実装することにします。Element フィールドは Element 構造体を持ちます。

HTMLの構文解析──ツリーの構築

```
saba_core/src/renderer/dom/node.rs
use alloc::string::String;

#[derive(Debug, Clone)]
pub enum NodeKind {
    /// https://dom.spec.whatwg.org/#interface-document
    Document,
    /// https://dom.spec.whatwg.org/#interface-element
    Element(Element),
    /// https://dom.spec.whatwg.org/#interface-text
    Text(String),
}
```

Document インタフェース[8] を実装するノードは、HTML 文書の DOM ツリーのルート要素を表します。このインタフェースに定義されている getElementById や getElementsByClassName などのメソッドを使用して既存の要素を取得したり、appendChild や insertBefore などのメソッドを使用して新しいノードを DOM ツリーに追加したりできます。

Element インタフェース[9] を実装するノードは、DOM ツリー内の要素ノードとして機能します。たとえば、<p> タグなどはこの Element として表されます。このインタフェースに定義されている tagName、id、className プロパティを使用して要素のタグ名、ID、そしてクラス名を取得したり、getAttribute メソッドによって要素の属性を取得したりできます。

Text インタフェース[10] を実装するノードは、要素内のテキストコンテンツを表し、通常はタグ間のテキストや要素内のテキストノードとして存在します。

Window 構造体の作成

Window 構造体は、DOM ツリーのルートを持ち、1 つの Web ページに対し 1 つのインスタンスが存在します。通常、window というグローバル変数で定義されているオブジェクトで、ブラウザの開発者ツールから見つけることができます（**図 4-7**）。

注 8　https://dom.spec.whatwg.org/#interface-document
注 9　https://dom.spec.whatwg.org/#interface-element
注 10　https://dom.spec.whatwg.org/#interface-text

145

第4章 HTMLを解析する —— HTMLからDOMツリーへの変換

図4-7 開発者ツール上の Window オブジェクト

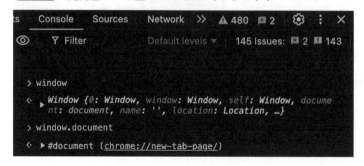

　私たちの実装では、DOMツリーのルートを表す document フィールドを持つ構造体として表します。NodeKind::Document の種類のノードとして実装されます。window オブジェクトと同様に、document も開発者ツールで JavaScript から見えるオブジェクトです。

```
saba_core/src/renderer/dom/node.rs
/// https://html.spec.whatwg.org/multipage/nav-history-apis.html#window
#[derive(Debug, Clone)]
pub struct Window {
    document: Rc<RefCell<Node>>,
}

impl Window {
    pub fn new() -> Self {
        let window = Self {
            document: Rc::new(RefCell::new(Node::new(NodeKind::Document))),
        };

        window
            .document
            .borrow_mut()
            .set_window(Rc::downgrade(&Rc::new(RefCell::new(window.clone()))));

        window
    }

    pub fn document(&self) -> Rc<RefCell<Node>> {
        self.document.clone()
    }
}
```

windowオブジェクトをセットするための set_window メソッドも追加します。

```
saba_core/src/renderer/dom/node.rs
impl Node {
    pub fn new(kind: NodeKind) -> Self {
        Self {
            kind,
            window: Weak::new(),
            parent: Weak::new(),
            first_child: None,
            last_child: Weak::new(),
            previous_sibling: Weak::new(),
            next_sibling: None,
        }
    }

    pub fn set_window(&mut self, window: Weak<RefCell<Window>>) {
        self.window = window;
    }
    （省略）
}
```

Element 構造体の定義

Element 構造体は、要素の種類を表す ElementKind と、属性を表すベクタを
フィールドに持つことにします。

また、プライベートなフィールドである要素の種類を表す kind にアクセスす
るためのゲッタメソッドも追加しましょう。

```
saba_core/src/renderer/dom/node.rs
use crate::renderer::html::attribute::Attribute;
use alloc::vec::Vec;

/// https://dom.spec.whatwg.org/#interface-element
#[derive(Debug, Clone, PartialEq, Eq)]
pub struct Element {
    kind: ElementKind,
    attributes: Vec<Attribute>,
}

impl Element {
```

147

第4章 HTMLを解析する──HTMLからDOMツリーへの変換

```rust
    pub fn new(element_name: &str, attributes: Vec<Attribute>) -> Self {
        Self {
            kind: ElementKind::from_str(element_name)
                .expect("failed to convert string to ElementKind"),
            attributes,
        }
    }

    pub fn kind(&self) -> ElementKind {
        self.kind
    }
}
```

まず、基本的な要素の種類として、<html>、<head>、<style>、<script>、<body>の5種類をサポートします。

```rust
use core::str::FromStr;
use alloc::format;

#[derive(Debug, Copy, Clone, PartialEq, Eq)]
/// https://dom.spec.whatwg.org/#interface-element
pub enum ElementKind {
    /// https://html.spec.whatwg.org/multipage/semantics.html#the-html-element
    Html,
    /// https://html.spec.whatwg.org/multipage/semantics.html#the-head-element
    Head,
    /// https://html.spec.whatwg.org/multipage/semantics.html#the-style-element
    Style,
    /// https://html.spec.whatwg.org/multipage/scripting.html#the-script-element
    Script,
    /// https://html.spec.whatwg.org/multipage/sections.html#the-body-element
    Body,
}

impl FromStr for ElementKind {
    type Err = String;

    fn from_str(s: &str) -> Result<Self, Self::Err> {
        match s {
            "html" => Ok(ElementKind::Html),
            "head" => Ok(ElementKind::Head),
            "style" => Ok(ElementKind::Style),
            "script" => Ok(ElementKind::Script),
```

saba_core/src/renderer/dom/node.rs

148

HTML の構文解析——ツリーの構築

```
                "body" => Ok(ElementKind::Body),
                _ => Err(format!("unimplemented element name {:?}", s)),
        }
    }
}
```

ノードから Element を取得できるように、get_element メソッドを追加します。また、ノードの要素の種類を取得するための element_kind メソッドも追加します。

```rust
saba_core/src/renderer/dom/node.rs
impl Node {
    pub fn kind(&self) -> NodeKind {
        self.kind.clone()
    }

    pub fn get_element(&self) -> Option<Element> {
        match self.kind {
            NodeKind::Document | NodeKind::Text(_) => None,
            NodeKind::Element(ref e) => Some(e.clone()),
        }
    }

    pub fn element_kind(&self) -> Option<ElementKind> {
        match self.kind {
            NodeKind::Document | NodeKind::Text(_) => None,
            NodeKind::Element(ref e) => Some(e.kind()),
        }
    }
}
```

Parser 構造体の作成

ここまでは、DOM ツリーを構築するノードの定義をしていました。ここからは、実際にツリーを構築するためのコードを書きます。まずは、DOM ツリーを構築するための情報を格納する HtmlParser 構造体を定義します。

```rust
saba_core/src/renderer/html/parser.rs
use crate::renderer::dom::node::Node;
use crate::renderer::dom::node::Window;
use crate::renderer::html::token::HtmlTokenizer;
```

149

第4章 HTMLを解析する —— HTMLからDOMツリーへの変換

```rust
use alloc::rc::Rc;
use alloc::vec::Vec;
use core::cell::RefCell;

#[derive(Debug, Clone)]
pub struct HtmlParser {
    window: Rc<RefCell<Window>>,
    mode: InsertionMode,
    /// https://html.spec.whatwg.org/multipage/parsing.html#original-insert↵
ion-mode
    original_insertion_mode: InsertionMode,
    /// https://html.spec.whatwg.org/multipage/parsing.html#the-stack-of-↵
open-elements
    stack_of_open_elements: Vec<Rc<RefCell<Node>>>,
    t: HtmlTokenizer,
}

impl HtmlParser {
    pub fn new(t: HtmlTokenizer) -> Self {
        Self {
            window: Rc::new(RefCell::new(Window::new())),
            mode: InsertionMode::Initial,
            original_insertion_mode: InsertionMode::Initial,
            stack_of_open_elements: Vec::new(),
            t,
        }
    }
}
```

window は、DOMツリーのルートノードを持つWindowオブジェクトを格納するフィールドです。

mode は、状態遷移で使用される現在の状態を表しています。HTMLの構文解析中に使用される挿入モード（insertion mode）は13.2.6 Tree construction[注11]で決められています。

original_insertion_mode は、とある状態に遷移したときに、以前の挿入モードを保存するために使用されるフィールドです。

stack_of_open_elements は、HTMLの構文解析中にブラウザが使用するスタックです。スタックとはデータ構造の一つで、最初に追加した要素が最後に取り出されます。first-in-last-out とも呼ばれます。スタックと似たデータ構

注11　https://html.spec.whatwg.org/multipage/parsing.html#tree-construction

150

HTML の構文解析——ツリーの構築

造にはキューが存在します。こちらは最初に追加した要素が最初に取り出され、first-in-first-out とも呼ばれます。構文解析中に開始タグが見つかると、その要素は「開いている」としてスタックに追加されます。スタックの一番上には、最も深い階層の開いている要素が位置します。同じ要素が複数回開かれる場合（例：`<div><div>`）、スタックにはそれぞれの開始タグに対応する要素が複数回追加されます。要素の終了タグが見つかると、スタックから対応する開いている要素を取り除きます。このようにして、スタックには常に最も深い階層の開いている要素が位置するようになります。スタックの中には、閉じられていない要素が存在することはありません。つまり、スタックの一番上にある要素は、現在開いている要素となります。

`t` は `HtmlTokenizer` の構造体を格納しています。次のトークンは `t.next` メソッドを呼ぶことで取得できます。

ツリー構築アルゴリズム

「HTML の字句解析」で実装した `HtmlTokenizer` によって得たトークン列をもとに、DOM ツリーを構築していきましょう。

ツリー構築のためのアルゴリズムは、HTML Living Standard の 13.2.6 Tree construction[12] で決められています。トークン列を入力とし、状態を切り替えながらトークンを 1 つずつ処理し、DOM ツリーを拡張させていくことによってツリーを構築します。これもトークナイズをしたときと同じく、現在の状態と次の入力によって状態を遷移していくので、ステートマシンによるアルゴリズムです。

HTML Living Standard の 13.2.4.1 The insertion mode[13] では 23 種類の状態が定められていますが、以下の `InsertionMode` 構造体で表すように 9 種類の状態だけを実装します。

```
saba_core/src/renderer/html/parser.rs
/// https://html.spec.whatwg.org/multipage/parsing.html#the-insertion-mode
#[derive(Debug, Copy, Clone, PartialEq, Eq)]
pub enum InsertionMode {
```

注 12　https://html.spec.whatwg.org/multipage/parsing.html#tree-construction
注 13　https://html.spec.whatwg.org/multipage/parsing.html#the-insertion-mode

第4章 HTMLを解析する——HTMLからDOMツリーへの変換

```
    Initial,
    BeforeHtml,
    BeforeHead,
    InHead,
    AfterHead,
    InBody,
    Text,
    AfterBody,
    AfterAfterBody,
}
```

　たとえば次のようなHTML文書は、**図4-8**のように状態を遷移しながらノードを追加していきます。

```
<body>
  <h1>Hello world</h1>
</body>
```

　ツリーはまず、Documentオブジェクト[注14]のみからなる木からスタートします。そして状態はInitial状態からスタートします。たとえば、Initial状態のときにHTMLトークンを受け取るとBeforeHtml状態に遷移し、再びHTMLトークンを処理します。BeforeHtml状態でHTMLトークンを受け取ると、HTML要素を作成しツリーに追加します。

　状態遷移はmatch文を用いて実装されます。各アームは一つの状態（InsertionMode）での実装を表します。次のトークン（self.t.next()）の値を見て、ツリーの構築を行います。構築し終えたら、ルートノードを持つWindowオブジェクトを返します。

```
pub fn construct_tree(&mut self) -> Rc<RefCell<Window>> {
    let mut token = self.t.next();

    while token.is_some() {
        match self.mode {
            InsertionMode::Initial => {}
            InsertionMode::BeforeHtml => {}
            InsertionMode::BeforeHead => {}
            InsertionMode::InHead => {}
```

注14　https://dom.spec.whatwg.org/#document

HTMLの構文解析——ツリーの構築

```
                InsertionMode::AfterHead => {}
                InsertionMode::InBody => {}
                InsertionMode::Text => {}
                InsertionMode::AfterBody => {}
                InsertionMode::AfterAfterBody => {}
            }
        }
    }
```

図 4-8 状態遷移とツリー構築

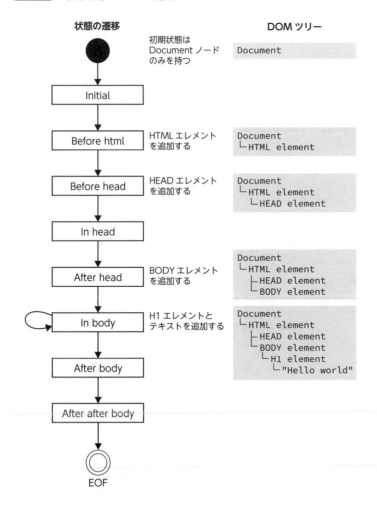

第4章 HTMLを解析する——HTMLからDOMツリーへの変換

まずは HTML 文書の基本となる <html>、<head>、<body>、<script>、<style> タグを解釈できるように、各状態を実装をします。

■ Initial 状態の実装

construct_tree メソッドの中にステートマシンを実装することにします。

Initial 状態では、本来は DOCTYPE トークンを扱います。しかし今回のサンプルブラウザでは DOCTYPE トークンを実装していないため、<!doctype html> のようなタグは文字トークンとして表されます。この文字トークンはすべて無視をして、それ以外のトークンが現れたときに次の状態である BeforeHtml に遷移します。

DOCTYPE（*Document Type Declaration*）とは文書の冒頭に記述する宣言文で、マークアップ言語の種類とバージョン、言語の仕様を定義した文書型定義（DTD: *Document Type Definition*）の所在などを示すものです。たとえば、HTML5 であることを示すためには <!DOCTYPE html> が使用されます。

```
saba_core/src/renderer/html/parser.rs
impl HtmlParser {
    pub fn construct_tree(&mut self) -> Rc<RefCell<Window>> {
        let mut token = self.t.next();

        while token.is_some() {
            match self.mode {
                InsertionMode::Initial => {
                    // 本書では、DOCTYPEトークンをサポートしていないため、
                    // <!doctype html> のようなトークンは文字トークンとして
                    // 表される。
                    // 文字トークンは無視する
                    if let Some(HtmlToken::Char(_)) = token {
                        token = self.t.next();
                        continue;
                    }

                    self.mode = InsertionMode::BeforeHtml;
                    continue;
                }
            }
        }

        self.window.clone()
    }
}
```

154

HTML の構文解析──ツリーの構築

■ BeforeHtml 状態の実装

　BeforeHtml 状態では、主に <html> の開始タグを取り扱います。次のトークンが空白文字や改行文字のときは（❶）、無視して次のトークンに移動します。次のトークンが HtmlToken::StartTag でタグの名前が <html> だったとき（❷）、DOM ツリーに新しいノードを追加します。そして次の状態である BeforeHead 状態に遷移します。ノードを追加するための insert_element メソッドについては後述します。トークンの終了を表す Eof トークンが現れたときは（❸）、今まで構築してきたツリーを返します。

　それ以外の場合、自動的に HTML 要素を DOM ツリーに追加します（❹）。これにより、<html> タグを省略しているような HTML 文書でも正しくパースできます。

```
saba_core/src/renderer/html/parser.rs
use crate::renderer::html::token::HtmlToken;

impl HtmlParser {
    (省略)
    pub fn construct_tree(&mut self) -> Rc<RefCell<Window>> {
        (省略)
        while token.is_some() {
            match self.mode {
                (省略)
                InsertionMode::BeforeHtml => {
                    match token {
                        Some(HtmlToken::Char(c)) => {  ──── ❶
                            if c == ' ' || c == '\n' {
                                token = self.t.next();
                                continue;
                            }
                        }
                        Some(HtmlToken::StartTag {
                            ref tag,
                            self_closing: _,
                            ref attributes,
                        }) => {
                            if tag == "html" {  ── ❷
                                self.insert_element(tag, attributes.to_vec());
                                self.mode = InsertionMode::BeforeHead;
                                token = self.t.next();
                                continue;
                            }
```

155

第**4**章 HTMLを解析する──HTMLからDOMツリーへの変換

```
                }
                Some(HtmlToken::Eof) | None => {  ── ❸
                    return self.window.clone();
                }
                _ => {}
            }
            self.insert_element("html", Vec::new());  ── ❹
            self.mode = InsertionMode::BeforeHead;
            continue;
        }
    }
}

self.window.clone()
    }
}
```

■BeforeHead 状態の実装

BeforeHead 状態では、主に <head> の開始タグを取り扱います。

次のトークンが空白文字や改行文字のときは（❶）、無視して次のトークンに移動します。次のトークンが HtmlToken::StartTag でタグの名前が <head> だったとき（❷）、DOM ツリーに新しいノードを追加します。そして次の状態である InHead 状態に遷移します。

それ以外の場合、自動的に HEAD 要素を DOM ツリーに追加します（❸）。これにより、<head> タグを省略しているような HTML 文書でも正しくパースできます。

```
saba_core/src/renderer/html/parser.rs
impl HtmlParser {
    (省略)
    pub fn construct_tree(&mut self) -> Rc<RefCell<Window>> {
        (省略)
        while token.is_some() {
            match self.mode {
                (省略)
                InsertionMode::BeforeHead => {
                    match token {
                        Some(HtmlToken::Char(c)) => {
                            if c == ' ' || c == '\n' {  ── ❶
                                token = self.t.next();
                                continue;
```

HTML の構文解析──ツリーの構築

```
                    }
                }
                Some(HtmlToken::StartTag {
                    ref tag,
                    self_closing: _,
                    ref attributes,
                }) => {
                    if tag == "head" {  ──  ❷
                        self.insert_element(tag, attributes.to_vec());
                        self.mode = InsertionMode::InHead;
                        token = self.t.next();
                        continue;
                    }
                }
                Some(HtmlToken::Eof) | None => {
                    return self.window.clone();
                }
                _ => {}
            }
            self.insert_element("head", Vec::new());  ──  ❸
            self.mode = InsertionMode::InHead;
            continue;
        }
    }
}

self.window.clone()
    }
}
```

■ InHead 状態の実装

InHead 状態では、主に <head> の終了タグ、<style> 開始タグ、<script> 開始タグを取り扱います。

次のトークンが空白文字や改行文字のときは（❶）、無視して次のトークンに移動します。次のトークンが HtmlToken::StatTag でタグの名前が <style> または <script> だったとき（❷）、DOM ツリーに新しいノードを追加し、Text 状態に遷移します。仕様書によると厳密には <style> 開始タグと <script> 開始タグの扱いは異なるのですが、今回は同じように処理をします。次のトークンが HtmlToken::EndTag でタグの名前が <head> の場合（❺）、pop_until メソッドによってスタックに保存されているノードを取り出し、次の状態である AfterHead 状態に遷移します。pop_until メソッドについては後述します。

157

第4章 HTMLを解析する——HTMLからDOMツリーへの変換

それ以外の場合、トークンを無視して次に進みます（❻）。これは <head> タグ中に本書のブラウザがサポートしていないタグが出てきた場合も正しくパーサが動くようにするためです。これは仕様書とは異なる動作ですが、本書のブラウザではタグをすべて実装することはできないので、このような実装に変更しています。同様に、HtmlToken::StartTag のアームの中で、仕様書とは異なる実装が少し含まれます（❸、❹）。

```rust
saba_core/src/renderer/html/parser.rs
impl HtmlParser {
    (省略)
    pub fn construct_tree(&mut self) -> Rc<RefCell<Window>> {
        (省略)
        while token.is_some() {
            match self.mode {
                (省略)
                InsertionMode::InHead => {
                    match token {
                        Some(HtmlToken::Char(c)) => {
                            if c == ' ' || c == '\n' {  ──── ❶
                                self.insert_char(c);
                                token = self.t.next();
                                continue;
                            }
                        }
                        Some(HtmlToken::StartTag {
                            ref tag,
                            self_closing: _,
                            ref attributes,
                        }) => {
                            if tag == "style" || tag == "script" {  ──── ❷
                                self.insert_element(tag, attributes.to_vec());
                                self.original_insertion_mode = self.mode;
                                self.mode = InsertionMode::Text;
                                token = self.t.next();
                                continue;
                            }
                            // 仕様書には定められていないが、このブラウザは仕様を
                            // すべて実装しているわけではないので、<head> が省略
                            // されている HTML 文書を扱うために必要。これがないと
                            // <head> が省略されている HTML 文書で無限ループが発生
                            if tag == "body" {  ──── ❸
                                self.pop_until(ElementKind::Head);
                                self.mode = InsertionMode::AfterHead;
```

HTML の構文解析——ツリーの構築

```
                                        continue;
                                    }
                                    if let Ok(_element_kind) = ElementKind::from_↵
str(tag) {  ── ❹
                                        self.pop_until(ElementKind::Head);
                                        self.mode = InsertionMode::AfterHead;
                                        continue;
                                    }
                                }
                                Some(HtmlToken::EndTag { ref tag }) => {  ── ❺
                                    if tag == "head" {
                                        self.mode = InsertionMode::AfterHead;
                                        token = self.t.next();
                                        self.pop_until(ElementKind::Head);
                                        continue;
                                    }
                                }
                                Some(HtmlToken::Eof) | None => {
                                    return self.window.clone();
                                }
                            }
                            // <meta> や <title> などのサポートしていないタグは無視する
                            token = self.t.next();  ── ❻
                            continue;
                        }
                    }
                }

            self.window.clone()
        }
    }
```

■ AfterHead 状態の実装

　AfterHead 状態では、主に <body> 開始タグを取り扱います。

　次のトークンが空白文字や改行文字のときは（❶）、無視して次のトークンに
移動します。次のトークンが HtmlToken::StatTag でタグの名前が <body> のと
き（❷）、DOM ツリーに新しいノードを追加し、InBody 状態に遷移します。

　それ以外の場合、自動的に BODY 要素を DOM ツリーに追加します（❸）。こ
れにより、<body> タグを省略しているような HTML 文書でも正しくパースで
きます。

159

第4章 HTMLを解析する──HTMLからDOMツリーへの変換

```
saba_core/src/renderer/html/parser.rs
impl HtmlParser {
    (省略)
    pub fn construct_tree(&mut self) -> Rc<RefCell<Window>> {
        (省略)
        while token.is_some() {
            match self.mode {
                (省略)
                InsertionMode::AfterHead => {
                    match token {
                        Some(HtmlToken::Char(c)) => {
                            if c == ' ' || c == '\n' {  ── ❶
                                self.insert_char(c);
                                token = self.t.next();
                                continue;
                            }
                        }
                        Some(HtmlToken::StartTag {
                            ref tag,
                            self_closing: _,
                            ref attributes,
                        }) => {
                            if tag == "body" {  ── ❷
                                self.insert_element(tag, attributes.to_vec());
                                token = self.t.next();
                                self.mode = InsertionMode::InBody;
                                continue;
                            }
                        }
                        Some(HtmlToken::Eof) | None => {
                            return self.window.clone();
                        }
                        _ => {}
                    }
                    self.insert_element("body", Vec::new());  ── ❸
                    self.mode = InsertionMode::InBody;
                    continue;
                }
            }
        }

        self.window.clone()
    }
}
```

160

HTMLの構文解析——ツリーの構築

■ InBody 状態の実装

InBody 状態では、HTML の \<body> タグのコンテンツを扱います。具体的には\<div> タグ、\<h1> タグ、\<p> タグなどです。これらのタグはのちほど実装します。

とりあえず、現段階では\<body>終了タグと\<html>終了タグを扱うことにして、次の状態に遷移できるようにします。

```
saba_core/src/renderer/html/parser.rs
use core::str::FromStr;

impl HtmlParser {
    (省略)
    pub fn construct_tree(&mut self) -> Rc<RefCell<Window>> {
        (省略)
        while token.is_some() {
            match self.mode {
                (省略)
                InsertionMode::InBody => {
                    match token {
                        Some(HtmlToken::EndTag { ref tag }) => {
                            match tag.as_str() {
                                "body" => {
                                    self.mode = InsertionMode::AfterBody;
                                    token = self.t.next();
                                    if !self.contain_in_stack(ElementKind::Body) {
                                        // パースの失敗。トークンを無視する
                                        continue;
                                    }
                                    self.pop_until(ElementKind::Body);
                                    continue;
                                }
                                "html" => {
                                    if self.pop_current_node(ElementKind::Body) {
                                        self.mode = InsertionMode::AfterBody;
                                        assert!(self.pop_current_node(ElementKind↵
::Html));
                                    } else {
                                        token = self.t.next();
                                    }
                                    continue;
                                }
                                _ => {
                                    token = self.t.next();
                                }
                            }
                        }
```

第4章 HTMLを解析する——HTMLからDOMツリーへの変換

```
                    }
                    Some(HtmlToken::Eof) | None => {
                        return self.window.clone();
                    }
                    _ => {}
                }
            }
        }
    }

    self.window.clone()
}
}
```

■Text 状態の実装

Text 状態は \<style\> タグと \<script\> タグが開始したあとの状態です。終了タグが出てくるまで、文字をテキストノードとして DOM ツリーに追加します（❸）。

\<style\> 終了タグ（❶）または \<script\> 終了タグが出てきたら（❷）、元の状態（original_insertion_mode）に戻ります。

```
saba_core/src/renderer/html/parser.rs
impl HtmlParser {
    (省略)
    pub fn construct_tree(&mut self) -> Rc<RefCell<Window>> {
        (省略)
        while token.is_some() {
            match self.mode {
                (省略)
                InsertionMode::Text => {
                    match token {
                        Some(HtmlToken::Eof) | None => {
                            return self.window.clone();
                        }
                        Some(HtmlToken::EndTag { ref tag }) => {
                            if tag == "style" {  ――― ❶
                                self.pop_until(ElementKind::Style);
                                self.mode = self.original_insertion_mode;
                                token = self.t.next();
                                continue;
                            }
                            if tag == "script" {  ――― ❷
                                self.pop_until(ElementKind::Script);
                                self.mode = self.original_insertion_mode;
```

162

HTML の構文解析──ツリーの構築

```
                            token = self.t.next();
                            continue;
                        }
                    }
                    Some(HtmlToken::Char(c)) => { ──── ❸
                        self.insert_char(c);
                        token = self.t.next();
                        continue;
                    }
                    _ => {}
                }

                self.mode = self.original_insertion_mode;
            }
        }
    }

    self.window.clone()
    }
}
```

■ AfterBody 状態の実装

AfterBody 状態では、主に <html> 終了タグを取り扱います。

次のトークンが文字トークンのとき（❶）、無視して次のトークンに移動します。次のトークンが HtmlToken::EndTag でタグの名前が <html> のとき（❷）、AfterAfterBody 状態に遷移します。

それ以外の場合（❸）、InBody 状態に遷移します。

```
saba_core/src/renderer/html/parser.rs
impl HtmlParser {
    (省略)
    pub fn construct_tree(&mut self) -> Rc<RefCell<Window>> {
        (省略)
        while token.is_some() {
            match self.mode {
                (省略)
                InsertionMode::AfterBody => {
                    match token {
                        Some(HtmlToken::Char(_c)) => { ──── ❶
                            token = self.t.next();
                            continue;
                        }
```

163

第4章 HTMLを解析する──HTMLからDOMツリーへの変換

```
                        Some(HtmlToken::EndTag { ref tag }) => {
                            if tag == "html" {  ──❷
                                self.mode = InsertionMode::AfterAfterBody;
                                token = self.t.next();
                                continue;
                            }
                        }
                        Some(HtmlToken::Eof) | None => {
                            return self.window.clone();
                        }
                        _ => {}
                    }

                    self.mode = InsertionMode::InBody;  ──❸
                }
            }
        }

        self.window.clone()
    }
}
```

■ AfterAfterBody 状態の実装

AfterAfterBody状態では、トークンが終了することを確認し、パースを終了します。

次のトークンが文字トークンのとき（❶）、無視して次のトークンに移動します。次のトークンがEofまたはトークンが存在しないとき（❷）、トークン列をすべて消費したことを表し、構築したDOMツリーを返します。

それ以外のときはパースエラーなのですが、ブラウザでは間違ったHTML文書でもできる限り解釈して表示しようとするので、すぐに実行が中断されることはありません。InBody状態に遷移し、再度トークンを解釈しようと試みます（❸）。

saba_core/src/renderer/html/parser.rs
```
impl HtmlParser {
    (省略)
    pub fn construct_tree(&mut self) -> Rc<RefCell<Window>> {
        (省略)
        while token.is_some() {
            match self.mode {
                (省略)
                InsertionMode::AfterAfterBody => {
```

164

HTML の構文解析──ツリーの構築

```
                    match token {
                        Some(HtmlToken::Char(_c)) => {  ── ❶
                            token = self.t.next();
                            continue;
                        }
                        Some(HtmlToken::Eof) | None => {  ── ❷
                            return self.window.clone();
                        }
                        _ => {}
                    }

                    // パースの失敗
                    self.mode = InsertionMode::InBody;  ── ❸
                }
            }
        }

        self.window.clone()
    }
}
```

COLUMN

間違った HTML をできる限り描画するブラウザ

　ブラウザは、仕様に準拠していない構文エラーを含んだ HTML 文書でも、エラーを修正しながらできる限り解釈して描画します。たとえば、タグの閉じ忘れ、誤ったネスト、誤った属性などを含んでいたとしても、ブラウザはできる限り描画をします。これは、初期の Web の普及を目的としたもので、多くのユーザーが少しのミスで Web サイトが壊れることなくコンテンツを利用できるようにするためです。また、古い仕様やブラウザ独自の仕様に基づく HTML との互換性維持のためでもあります。

　今まで実装してきたツリー構築アルゴリズムを定義している仕様書に、エラーの修正について書かれています。たとえば、BeforeHtml 状態では、主に <html>の開始タグを取り扱います。しかし、<html> の開始タグが HTML 文書内に存在しない場合、HTML のパーサは勝手に <html> タグのノードを DOM ツリーに追加します。これは HTML Living Standard の 13.2.6.4.2 The "before html" insertion mode[注1] に明記されています。私たちのブラウザでもこの挙動を実装しました。

注1　https://html.spec.whatwg.org/multipage/parsing.html#the-before-html-insertion-
　　　mode

第4章 HTMLを解析する――HTMLからDOMツリーへの変換

要素ノードの追加

insert_element メソッドは、HtmlParser 構造体に実装されていて、HTML
の構造を解析して要素ノードを正しい位置に挿入します。具体的には、指定され
たタグと属性を持つ要素ノードを作成し、挿入先の位置を決定します。

まず、現在の開いている要素スタック（stack_of_open_elements）の最後の
ノードを取得します（❶）。これを現在参照しているノード（current）と呼ぶ
ことにします。スタックが空の場合は、ルート要素が現在参照しているノード
になります（❷）。次に、新しい要素ノードを作成し、それをラップするために
Rc<RefCell<Node>> の形式で node 変数に格納します（❸）。

現在参照しているノードにすでに子要素がある場合は（❹）、最後の兄弟ノー
ドを探索して（❺）、新しいノードをその直後に挿入します（❻）。兄弟ノードが
存在しない場合は（❼）、新しいノードを現在参照しているノードの最初の子要
素として設定します（❽）。

挿入操作が完了したら、親子関係と兄弟関係のリンクを適切に設定しま
す。現在参照しているノードの最後の子ノードを新しいノードに設定し（❾）、
新しいノードの親を現在参照しているノードに設定します（❿）。これらは
Rc::downgrade により弱い参照として保持することで循環参照を防ぎます。

最後に、新しいノードを開いている要素スタックに追加します（⓫）。

```
saba_core/src/renderer/html/parser.rs
use crate::renderer::dom::node::Element;
use crate::renderer::dom::node::NodeKind;
use crate::renderer::html::attribute::Attribute;

impl HtmlParser {
    fn create_element(&self, tag: &str, attributes: Vec<Attribute>) -> Node {
        Node::new(NodeKind::Element(Element::new(tag, attributes)))
    }

    fn insert_element(&mut self, tag: &str, attributes: Vec<Attribute>) {
        let window = self.window.borrow();
        let current = match self.stack_of_open_elements.last() { ── ❶
            Some(n) => n.clone(),
            None => window.document(), ── ❷
        };
```

166

HTML の構文解析──ツリーの構築

```rust
        let node = Rc::new(RefCell::new(self.create_element(tag, attributes)));  ── ❸

    if current.borrow().first_child().is_some() {  ── ❹
        let mut last_sibling = current.borrow().first_child();
        loop {  ── ❺
            last_sibling = match last_sibling {
                Some(ref node) => {
                    if node.borrow().next_sibling().is_some() {
                        node.borrow().next_sibling()
                    } else {
                        break;
                    }
                }
                None => unimplemented!("last_sibling should be Some"),
            };
        }

        last_sibling
            .as_ref()
            .unwrap()
            .borrow_mut()
            .set_next_sibling(Some(node.clone()));  ── ❻
        node.borrow_mut().set_previous_sibling(Rc::downgrade(
            &last_sibling.expect("last_sibling should be Some")
        ))
    } else {  ── ❼
        current.borrow_mut().set_first_child(Some(node.clone()));  ── ❽
    }

    current.borrow_mut().set_last_child(Rc::downgrade(&node));  ── ❾
    node.borrow_mut().set_parent(Rc::downgrade(&current));  ── ❿

    self.stack_of_open_elements.push(node);  ── ⓫
    }
}
```

　HTML Living Standard では、insert a foreign element[注15] で新しいノード
の追加について解説しています。私たちの実装はまったく同じではありませんが、
基本的な方針は同じです。

注 15　https://html.spec.whatwg.org/multipage/parsing.html#insert-a-foreign-element

第**4**章 / **HTML を解析する**——HTML から DOM ツリーへの変換

開いている要素のスタックの管理

HtmlParser 構造体のフィールドの一つである stack_of_open_elements ス
タックは、現在開かれているすべての要素を追跡し、正しいツリー構造を構築す
るために使用されます。具体的には、パース中に開始タグが現れるとそのノード
をスタックに追加し、終了タグが現れるとスタックから削除します。これにより
ネストされた要素の正しい構造を維持するために使用されます。これにより、要
素の親子関係を正確に管理できます。

先ほど実装した insert_element メソッドの最後では、stack_of_open_
elements スタックに要素を追加しました。

pop_current_node メソッドでは、stack_of_open_elements スタックから 1
つのノードを取り出して、そのノードが特定の種類と一致する場合に true を返
します。もし引数の element_kind と異なる種類のノードの場合、false を返し
ます。

```rust
// saba_core/src/renderer/html/parser.rs
use crate::renderer::dom::node::ElementKind;

impl HtmlParser {
    fn pop_current_node(&mut self, element_kind: ElementKind) -> bool {
        let current = match self.stack_of_open_elements.last() {
            Some(n) => n,
            None => return false,
        };

        if current.borrow().element_kind() == Some(element_kind) {
            self.stack_of_open_elements.pop();
            return true;
        }

        false
    }
}
```

pop_until メソッドは、stack_of_open_elements スタックから特定の種類
の要素（element_kind）が現れるまでノードを取り出し続けます。

HTML の構文解析──ツリーの構築

```
saba_core/src/renderer/html/parser.rs
impl HtmlParser {
    fn pop_until(&mut self, element_kind: ElementKind) {
        assert!(
            self.contain_in_stack(element_kind),
            "stack doesn't have an element {:?}",
            element_kind,
        );

        loop {
            let current = match self.stack_of_open_elements.pop() {
                Some(n) => n,
                None => return,
            };

            if current.borrow().element_kind() == Some(element_kind) {
                return;
            }
        }
    }
}
```

contain_in_stack メソッドでは、stack_of_open_elements スタックに存在するすべての要素を確認して、特定の種類の要素がある場合に true を返します。

```
saba_core/src/renderer/html/parser.rs
impl HtmlParser {
    fn contain_in_stack(&mut self, element_kind: ElementKind) -> bool {
        for i in 0..self.stack_of_open_elements.len() {
            if self.stack_of_open_elements[i].borrow().element_kind() == ↵
Some(element_kind) {
                return true;
            }
        }

        false
    }
}
```

テキストノードの追加

insert_char メソッドは、新しい文字ノードを作成して DOM ツリーに追加するか、または、現在のテキストノードに新しい文字を挿入します。

169

第4章 HTML を解析する——HTML から DOM ツリーへの変換

まず、要素ノードを追加したときと同じく、現在の開いている要素スタック（stack_of_open_elements）の最後のノードを取得します（❶）。これを現在参照しているノード（current）呼ぶことにします。スタックが空の場合は、トップレベルの位置につまりルートノードの配下にテキストノードを追加しようとしていることになります。これは適切ではないので、何もせずにメソッドを終了します（❷）。

現在参照しているノードが文字ノード（NodeKind::Text）だった場合、そのノードに新しい文字を追加してメソッドを終了します（❸）。

現在参照しているノードが文字ノードではなかった場合、まずは新しいテキストノードを作成します（❹）。現在参照しているノードにすでに子要素がある場合は（❺）、新しいテキストノードをその直後に挿入します（❻）。兄弟ノードが存在しない場合は（❼）、新しいテキストノードを現在参照しているノードの最初の子要素として設定します（❽）。

挿入操作が完了したら、親子関係と兄弟関係のリンクを適切に設定します。現在参照しているノードの最後の子ノードを新しいノードに設定し（❾）、新しいノードの親を現在参照しているノードに設定します（❿）。これらは Rc::downgrade により弱い参照として保持することで循環参照を防ぎます。

最後に、新しいノードを開いている要素スタックに追加します（⓫）。仕様書では、テキストノードの追加の際にはスタックにノードを追加していないですが、話を簡単にするためにこのように実装します。

```
saba_core/src/renderer/html/parser.rs
use alloc::string::String;

impl HtmlParser {
    fn create_char(&self, c: char) -> Node {
        let mut s = String::new();
        s.push(c);
        Node::new(NodeKind::Text(s))
    }

    fn insert_char(&mut self, c: char) {
        let current = match self.stack_of_open_elements.last() { ── ❶
            Some(n) => n.clone(),
            None => return, ── ❷
        };
```

```
        // 現在参照しているノードがテキストノードの場合、そのノードに文字を
        // 追加する
        if let NodeKind::Text(ref mut s) = current.borrow_mut().kind {  ── ❸
            s.push(c);
            return;
        }

        // 改行文字や空白文字のときはテキストノードを追加しない
        if c == '\n' || c == ' ' {
            return;
        }

        let node = Rc::new(RefCell::new(self.create_char(c)));  ── ❹

        if current.borrow().first_child().is_some() {  ── ❺
            current
                .borrow()
                .first_child()
                .unwrap()
                .borrow_mut()
                .set_next_sibling(Some(node.clone()));  ── ❻
        } else {  ── ❼
            current.borrow_mut().set_first_child(Some(node.clone()));  ── ❽
        }

        current.borrow_mut().set_last_child(Rc::downgrade(&node));  ── ❾
        node.borrow_mut().set_parent(Rc::downgrade(&current));  ── ❿

        self.stack_of_open_elements.push(node);  ── ⓫
    }
}
```

HTML Living Standard では、insert a charater[注16] で新しい文字の追加について解説しています。私たちの実装はまったく同じではありませんが、基本的な方針は同じです。

注 16　https://html.spec.whatwg.org/multipage/parsing.html#insert-a-character

第**4**章 HTMLを解析する──HTMLからDOMツリーへの変換

段落タグ（<p>）の追加

　今までの実装では、HTML文書の基本的な構造を表す<html>、<head>、<script>、<style>、<body>の5つのタグのみしかサポートしていないので、ほかの要素のサポートを追加していきましょう。

　まずは段落を表す<p>タグの追加です。

■ElementKind列挙型に段落の追加

　要素の種類を表すElementKind列挙型に段落を表すPを追加します。文字列からElementKindを生成するfrom_str関数も変更します。

```
saba_core/src/renderer/dom/node.rs
pub enum ElementKind {
    (省略)
    /// https://html.spec.whatwg.org/multipage/grouping-content.html#the-p-element
    P,
}

impl FromStr for ElementKind {
    type Err = String;

    fn from_str(s: &str) -> Result<Self, Self::Err> {
        match s {
            "html" => Ok(ElementKind::Html),
            "head" => Ok(ElementKind::Head),
            "style" => Ok(ElementKind::Style),
            "script" => Ok(ElementKind::Script),
            "body" => Ok(ElementKind::Body),
            "p" => Ok(ElementKind::P),
            _ => Err(format!("unimplemented element name {:?}", s)),
        }
    }
}
```

■InBody状態の変更

　<p>タグは、InBody状態のときに解釈できます。次に処理するべきトークンが開始タグで、かつタグの名前がpのときに（❶）、<p>タグのElementノードを作成し、DOMツリーに追加します。そして、トークンを次に進めます。

　また、次のトークンが</p>終了タグのとき（❷）、pop_untilメソッドによっ

172

HTML の構文解析──ツリーの構築

て、スタックから <p> タグまでを取り出し、トークンを次に進めます。

```
saba_core/src/renderer/html/parser.rs
impl HtmlParser {
    pub fn construct_tree(&mut self) -> Rc<RefCell<Window>> {
        (省略)
        while token.is_some() {
            match self.mode {
                (省略)
                InsertionMode::InBody => {
                    match token {
                        Some(HtmlToken::StartTag {
                            ref tag,
                            self_closing: _,
                            ref attributes,
                        }) => match tag.as_str() {
                            "p" => { ── ❶
                                self.insert_element(tag, attributes.to_vec());
                                token = self.t.next();
                                continue;
                            }
                            _ => {
                                token = self.t.next();
                            }
                        },
                        Some(HtmlToken::EndTag { ref tag }) => {
                            match tag.as_str() {
                                (省略)
                                "html" => {
                                    if self.pop_current_node(ElementKind::Body) {
                                        self.mode = InsertionMode::AfterBody;
                                        assert!(self.pop_current_node(ElementKin↵
d::Html));
                                    } else {
                                        token = self.t.next();
                                    }
                                    continue;
                                }
                                "p" => { ── ❷
                                    let element_kind = ElementKind::from_str(tag)
                                        .expect("failed to convert string to ↵
ElementKind");

                                    token = self.t.next();
                                    self.pop_until(element_kind);
                                    continue;
```

173

第4章 HTMLを解析する──HTMLからDOMツリーへの変換

```
                                    }
                    _ => {
                        token = self.t.next();
                    }
                }
            }
            (省略)
        }
    }
    (省略)
        }
    }

    self.window.clone()
    }
}
```

見出しタグ（<h1>、<h2>）の追加

次に、<h1>、<h2> の見出しタグを追加しましょう。

■ElementKind 列挙型に段落の追加

<p> タグを追加したときと同じく、ElementKind 列挙体に H1 と H2 のメンバを追加します。文字列から ElementKind を生成する from_str 関数も変更します。

```
saba_core/src/renderer/dom/node.rs
#[derive(Debug, Copy, Clone, PartialEq, Eq)]
pub enum ElementKind {
    (省略)
    /// https://html.spec.whatwg.org/multipage/sections.html#the-h1,-h2,↵
-h3,-h4,-h5,-and-h6-elements
    H1,
    H2,
}

impl FromStr for ElementKind {
    type Err = String;

    fn from_str(s: &str) -> Result<Self, Self::Err> {
        match s {
            "html" => Ok(ElementKind::Html),
```

174

HTML の構文解析――ツリーの構築

```
                "head" => Ok(ElementKind::Head),
                "style" => Ok(ElementKind::Style),
                "script" => Ok(ElementKind::Script),
                "body" => Ok(ElementKind::Body),
                "p" => Ok(ElementKind::P),
                "h1" => Ok(ElementKind::H1),
                "h2" => Ok(ElementKind::H2),
                _ => Err(format!("unimplemented element name {:?}", s)),
        }
    }
}
```

■ InBody 状態の変更

次に InBody 状態のときに、<h1> または <h2> の開始タグが現れたら（❶）、
insert_element メソッドを呼んで DOM ツリーにノードを追加します。

次のトークンが </h1> または </h2> 終了タグのとき（❷）、pop_until メソッ
ドによって、スタックから <h1> または <h2> タグまでを取り出し、トークンを
次に進めます。

```
saba_core/src/renderer/html/parser.rs
impl HtmlParser {
    (省略)
    pub fn construct_tree(&mut self) -> Rc<RefCell<Window>> {
        (省略)
        while token.is_some() {
            match self.mode {
                (省略)
                InsertionMode::InBody => {
                    match token {
                        Some(HtmlToken::StartTag {
                            ref tag,
                            self_closing,
                            ref attributes,
                        }) => match tag.as_str() {
                            "p" => {
                                (省略)
                            }
                            "h1" | "h2" => { ―― ❶
                                self.insert_element(tag, attributes.to_vec());
                                token = self.t.next();
                                continue;
                            }
```

175

第4章 HTMLを解析する——HTMLからDOMツリーへの変換

```
                            _ => {
                                token = self.t.next();
                            }
                        },
                        Some(HtmlToken::EndTag { ref tag }) => {
                            match tag.as_str() {
                                (省略)
                                "p" => {
                                    (省略)
                                }
                                "h1" | "h2" => {  ―― ❷
                                    let element_kind = ElementKind::from_str(tag)
                                        .expect("failed to convert string to ↵
ElementKind");

                                    token = self.t.next();
                                    self.pop_until(element_kind);
                                    continue;
                                }
                                _ => {
                                    token = self.t.next();
                                }
                            }
                        }
                        (省略)
                    }
                }
                (省略)
            }
        }

        self.window.clone()
    }
}
```

リンクタグ（<a>）の追加

<a>のリンクタグも追加しましょう。

■ElementKind列挙型に段落の追加

まずはElementKind列挙型にリンクを表すAを追加します。文字列から
ElementKindを生成するfrom_str関数も変更します。

176

HTML の構文解析——ツリーの構築

```
saba_core/src/renderer/dom/node.rs
#[derive(Debug, Copy, Clone, PartialEq, Eq)]
pub enum ElementKind {
    （省略）
    /// https://html.spec.whatwg.org/multipage/text-level-semantics.html#th↵
e-a-element
    A,
}

impl FromStr for ElementKind {
    type Err = String;

    fn from_str(s: &str) -> Result<Self, Self::Err> {
        match s {
            "html" => Ok(ElementKind::Html),
            "head" => Ok(ElementKind::Head),
            "style" => Ok(ElementKind::Style),
            "script" => Ok(ElementKind::Script),
            "body" => Ok(ElementKind::Body),
            "p" => Ok(ElementKind::P),
            "h1" => Ok(ElementKind::H1),
            "h2" => Ok(ElementKind::H2),
            "a" => Ok(ElementKind::A),
            _ => Err(format!("unimplemented element name {:?}", s)),
        }
    }
}
```

■ **InBody 状態の変更**

次に InBody 状態のときに、<a> の文字列の開始タグが現れたら（❶）、
insert_element メソッドを呼んで DOM ツリーにノードを追加します。

また、次のトークンが </a> 終了タグのとき（❷）、pop_until メソッドによっ
て、スタックから <p> タグまでを取り出し、トークンを次に進めます。

```
saba_core/src/renderer/html/parser.rs
impl HtmlParser {
    （省略）
    pub fn construct_tree(&mut self) -> Rc<RefCell<Window>> {
        （省略）
        while token.is_some() {
            match self.mode {
                （省略）
                InsertionMode::InBody => {
```

177

第4章 HTMLを解析する——HTMLからDOMツリーへの変換

```
                match token {
                    Some(HtmlToken::StartTag {
                        ref tag,
                        self_closing,
                        ref attributes,
                    }) => match tag.as_str() {
                        (省略)
                        "h1" | "h2" => {
                            (省略)
                        }
                        "a" => { ── ❶
                            self.insert_element(tag, attributes.to_vec());
                            token = self.t.next();
                            continue;
                        }
                        _ => {
                            token = self.t.next();
                        }
                    },
                    Some(HtmlToken::EndTag { ref tag }) => {
                        match tag.as_str() {
                            (省略)
                            "h1" | "h2" => {
                                (省略)
                            }
                            "a" => { ── ❷
                                let element_kind = ElementKind::from_str(tag)
                                    .expect("failed to convert string to ↵
ElementKind");

                                token = self.t.next();
                                self.pop_until(element_kind);
                                continue;
                            }
                            _ => {
                                token = self.t.next();
                            }
                        }
                    }
                }
                (省略)
            }
        }
        (省略)
    }
}

self.window.clone()
```

178

```
        }
}
```

テキストの追加

`<body>` タグの中でテキストを扱えるようにします。

■ InBody 状態の変更

InBody 状態のとき、HtmlToken::Char が出てきたら（**❶**）、insert_char メソッ
ドを呼び、テキストノードを DOM ツリーに追加します。

すべてのトークンの種類を match 文でカバーしたので、 _ => {} は消しても
大丈夫です（**❷**）。

```
saba_core/src/renderer/html/parser.rs
impl HtmlParser {
    (省略)
    pub fn construct_tree(&mut self) -> Rc<RefCell<Window>> {
        (省略)
        while token.is_some() {
            match self.mode {
                (省略)
                InsertionMode::InBody => {
                    match token {
                        (省略)
                        Some(HtmlToken::EndTag { ref tag }) => {
                            (省略)
                        }
                        Some(HtmlToken::Char(c)) => { ─── ❶
                            self.insert_char(c);
                            token = self.t.next();
                            continue;
                        }
                        // _ => {} ─── ❷
                    }
                }
            }
        }

        self.window.clone()
    }
}
```

179

第**4**章 HTML を解析する——HTML から DOM ツリーへの変換

<body> タグの中で解釈できる要素の追加は、同じような手順で実装できました。本書では、<p>、<h1>、<h2>、<a> タグのみを <body> タグの中でサポートしましたが、興味があればパースできるタグの種類をどんどん増やしてみてください。

ユニットテストによる構文解析の動作確認

<p> タグ、<h1> タグ、<h2> タグ、<a> タグと、文書の基本的な構成を表すタグと合わせて合計で 9 種類の HTML タグをサポートできるようになりました。今までの実装がちゃんと動くかどうかテストしてみましょう。

PartialEq と Eq トレイト

今まで実装した HTML の構文解析もユニットテストを行いたいのですが、DOM ツリーのノードである Node 構造体は PartialEq と Eq トレイトを実装していないため、単純に比較できません。もう一度、私たちが実装した Node 構造体を見てみましょう。#[derive] アトリビュートを用いて、Debug トレイトと Clone トレイトを実装しています（❶）。

```
#[derive(Debug, Clone)] ── ❶
pub struct Node {
    pub kind: NodeKind,
    window: Weak<RefCell<Window>>,
    parent: Weak<RefCell<Node>>,
    first_child: Option<Rc<RefCell<Node>>>,
    last_child: Weak<RefCell<Node>>,
    previous_sibling: Weak<RefCell<Node>>,
    next_sibling: Option<Rc<RefCell<Node>>>,
}
```

単純な構造体などであれば、#[derive] アトリビュートを使用することで、比較を行うための PartialEq と Eq トレイトを実装できます（❶）。しかし、Node 構造体は弱い参照（Weak）のオブジェクトをフィールドに持つため、単純に PartialEq と Eq トレイトを実装できません。

180

ユニットテストによる構文解析の動作確認

```
#[derive(Debug, PartialEq, Eq)] ── ❶
struct SimpleStruct {
    a: String,
    b: i64
}

fn main() {
    let a = SimpleStruct{a: "a".to_string(), b: 42};
    let b = SimpleStruct{a: "a".to_string(), b: 42};
    let c = SimpleStruct{a: "a".to_string(), b: 0};

    assert!(a == b);
    assert!(a != c);
}
```

PartialEq トレイトは、部分的な等価性を表します。このトレイトを実装することによって、2つの値を == と != によって比較できます。対称性と推移性を満たしている場合、2つの値は等しいと判断されます。対称性とは、a==bの場合、b==a が成り立つ性質のことです。また、推移性とは、a==b かつ b==c の場合、a==c が成り立つ性質のことです。

Eq トレイトは完全な等価性を表します。これは、2つの値があらゆる状況下で等しいかどうかを判断します。対称性と推移性に加えて、反射性が成り立つ場合、2つの値は等しいと判断されます。反射性とは、a==a が成り立つ性質のことです。

すべての Eq は PartialEq ですが、逆は必ずしも成り立ちません。Eq のほうが厳しい条件で等価性を判断していると言えます。

対称性と推移性が成り立つが反射性が成り立たない例として、std::f64::NAN の値などがあります。std::f64::NAN == std::f64::NAN の式は false を返します。

Node 構造体に PartialEq トレイトの実装

Node 構造体はフィールドの一つである NodeKind が等しい場合、2つの値が等しいということにします。これでnode1 == node2の比較ができるようになり、テストを書くことができます。

181

第4章 HTMLを解析する——HTMLからDOMツリーへの変換

```
saba_core/src/renderer/dom/node.rs
#[derive(Debug, Clone)]
pub struct Node {
    (省略)
}

impl PartialEq for Node {
    fn eq(&self, other: &Self) -> bool {
        self.kind == other.kind
    }
}
```

NodeKind構造体にもPartialEqトレイトを実装しましょう。

```
saba_core/src/renderer/dom/node.rs
#[derive(Debug, Clone, Eq)]
pub enum NodeKind {
    (省略)
}

impl PartialEq for NodeKind {
    fn eq(&self, other: &Self) -> bool {
        match &self {
            NodeKind::Document => matches!(other, NodeKind::Document),
            NodeKind::Element(e1) => match &other {
                NodeKind::Element(e2) => e1.kind == e2.kind,
                _ => false,
            },
            NodeKind::Text(_) => matches!(other, NodeKind::Text(_)),
        }
    }
}
```

空文字のテスト

まずは空文字の入力のテストをします。HtmlParserのconstruct_treeメソッドによって作成されるWindowオブジェクトは、DOMツリーのルートにNodeKind::Documentを持つことを確かめます。

ユニットテストによる構文解析の動作確認

```
saba_core/src/renderer/html/parser.rs
#[cfg(test)]
mod tests {
    use super::*;
    use crate::alloc::string::ToString;

    #[test]
    fn test_empty() {
        let html = "".to_string();
        let t = HtmlTokenizer::new(html);
        let window = HtmlParser::new(t).construct_tree();
        let expected = Rc::new(RefCell::new(Node::new(NodeKind::Document)));

        assert_eq!(expected, window.borrow().document());
    }
}
```

body ノードのテスト

続いて、HTML の基本的な構造を表す <html> タグ、<head> タグ、<body>
タグを含む文字列のテストをします。

まず、DOM ツリーのルートノードは NodeKind::Document であることを確
かめます（**❶**）。その子どものノードは html の NodeKind::Element であること
を確かめます（**❷**）。さらにその子どものノードは head の NodeKind::Element
であることを確かめます（**❸**）。そして head ノードの兄弟ノードは body の
NodeKind::Element であることを確かめます（**❹**）。

```
saba_core/src/renderer/html/parser.rs
#[cfg(test)]
mod tests {
    #[test]
    fn test_body() {
        let html = "<html><head></head><body></body></html>".to_string();
        let t = HtmlTokenizer::new(html);
        let window = HtmlParser::new(t).construct_tree();
        let document = window.borrow().document();
        assert_eq!(
            Rc::new(RefCell::new(Node::new(NodeKind::Document))),
            document
        ); ── ❶
```

183

第4章 HTMLを解析する——HTMLからDOMツリーへの変換

```
        let html = document
            .borrow()
            .first_child()
            .expect("failed to get a first child of document");
        assert_eq!(
            Rc::new(RefCell::new(Node::new(NodeKind::Element(Element::new(
                "html",
                Vec::new()
            ))))),
            html
        ); ── ❷

        let head = html
            .borrow()
            .first_child()
            .expect("failed to get a first child of html");
        assert_eq!(
            Rc::new(RefCell::new(Node::new(NodeKind::Element(Element::new(
                "head",
                Vec::new()
            ))))),
            head
        ); ── ❸

        let body = head
            .borrow()
            .next_sibling()
            .expect("failed to get a next sibling of head");
        assert_eq!(
            Rc::new(RefCell::new(Node::new(NodeKind::Element(Element::new(
                "body",
                Vec::new()
            ))))),
            body
        ); ── ❹
    }
}
```

テキストノードのテスト

`<body>` タグにテキストがある場合のテストも行いましょう。

まず、DOM ツリーのルートノードは NodeKind::Document であることを確かめます（❶）。その子どものノードは html の NodeKind::Element であること

184

を確かめます（❷）。さらにその子どものノードは head の NodeKind::Element であることを確かめます（❸）。そして body ノードの子どもノードは NodeKind::Text であることを確かめます（❹）。

```rust
saba_core/src/renderer/html/parser.rs
#[cfg(test)]
mod tests {
    #[test]
    fn test_text() {
        let html = "<html><head></head><body>text</body></html>".to_string();
        let t = HtmlTokenizer::new(html);
        let window = HtmlParser::new(t).construct_tree();
        let document = window.borrow().document();
        assert_eq!(
            Rc::new(RefCell::new(Node::new(NodeKind::Document))),
            document
        ); ── ❶

        let html = document
            .borrow()
            .first_child()
            .expect("failed to get a first child of document");
        assert_eq!(
            Rc::new(RefCell::new(Node::new(NodeKind::Element(Element::new(
                "html",
                Vec::new()
            ))))),
            html
        ); ── ❷

        let body = html
            .borrow()
            .first_child()
            .expect("failed to get a first child of document")
            .borrow()
            .next_sibling()
            .expect("failed to get a next sibling of head");
        assert_eq!(
            Rc::new(RefCell::new(Node::new(NodeKind::Element(Element::new(
                "body",
                Vec::new()
            ))))),
            body
        ); ── ❸
```

第4章 HTMLを解析する──HTMLからDOMツリーへの変換

```
        let text = body
            .borrow()
            .first_child()
            .expect("failed to get a first child of document");
        assert_eq!(
            Rc::new(RefCell::new(Node::new(NodeKind::Text("text".to_string())))),
            text
        ); ── ❹
    }
}
```

複数ノードのテスト

<body> タグの中に複数の要素が存在する場合のテストをします。

今までルートノードや <head> タグなどのテストはすでに行っているので、今回のテストでは確認を省きます。まず <body> タグのノードを取得し、確かめます（❶）。body ノードの最初の子どもノードは <p> タグを表す NodeKind::Element であることを確かめます（❷）。p ノードの最初の子どもノードは foo=bar の属性を持ち、<a> タグを表す NodeKind::Element であることを確かめます（❸）。a ノードの最初の子どもノードは NodeKind::Text であることを確かめます（❹）。

```
saba_core/src/renderer/html/parser.rs
#[cfg(test)]
mod tests {
    use super::*;
    use crate::alloc::string::ToString;
    use alloc::vec;

    #[test]
    fn test_multiple_nodes() {
        let html = "<html><head></head><body><p><a foo=bar>text</a></p>↵
</body></html>".to_string();
        let t = HtmlTokenizer::new(html);
        let window = HtmlParser::new(t).construct_tree();
        let document = window.borrow().document();

        let body = document
            .borrow()
```

186

```rust
            .first_child()
            .expect("failed to get a first child of document")
            .borrow()
            .first_child()
            .expect("failed to get a first child of document")
            .borrow()
            .next_sibling()
            .expect("failed to get a next sibling of head");
        assert_eq!(
            Rc::new(RefCell::new(Node::new(NodeKind::Element(Element::new(
                "body",
                Vec::new()
            ))))),
            body
        ); ──── ❶

        let p = body
            .borrow()
            .first_child()
            .expect("failed to get a first child of body");
        assert_eq!(
            Rc::new(RefCell::new(Node::new(NodeKind::Element(Element::new(
                "p",
                Vec::new()
            ))))),
            p
        ); ──── ❷

        let mut attr = Attribute::new();
        attr.add_char('f', true);
        attr.add_char('o', true);
        attr.add_char('o', true);
        attr.add_char('b', false);
        attr.add_char('a', false);
        attr.add_char('r', false);
        let a = p
            .borrow()
            .first_child()
            .expect("failed to get a first child of p");
        assert_eq!(
            Rc::new(RefCell::new(Node::new(NodeKind::Element(Element::new(
                "a",
                vec![attr]
            ))))),
            a
        ); ──── ❸
```

第**4**章 / **HTML を解析する**——HTML から DOM ツリーへの変換

```
        let text = a
            .borrow()
            .first_child()
            .expect("failed to get a first child of a");
        assert_eq!(
            Rc::new(RefCell::new(Node::new(NodeKind::Text("text".to_string(↵
)))))),
            text
        ); ——— ❹
    }
}
```

ユニットテストは cargo test コマンドで実行できます。

```
$ cd saba_core
$ cargo test
```

WasabiOS 上で動かす

第 3 章で作成したアプリケーションを変更して、HTML を解釈し、解釈した
結果の文字列をプリントするアプリケーションを WasabiOS 上で動かしてみま
しょう。

メイン関数の変更

アプリケーションのエントリポイントとなる main.rs ファイルを変更して、
HTML を解釈して、作成した DOM ツリーを文字列として出力するアプリケー
ションを作成しましょう。現時点では、テストする HTML は main.rs に直接書
いてあります。

```
src/main.rs
#![no_std]
#![no_main]

extern crate alloc;
```

188

WasabiOS 上で動かす

```rust
use crate::alloc::string::ToString;
use noli::*;
use saba_core::browser::Browser;
use saba_core::http::HttpResponse;

static TEST_HTTP_RESPONSE: &str = r#"HTTP/1.1 200 OK
Data: xx xx xx


<html>
<head></head>
<body>
  <h1 id="title">H1 title</h1>
  <h2 class="class">H2 title</h2>
  <p>Test text.</p>
  <p>
    <a href="example.com">Link1</a>
    <a href="example.com">Link2</a>
  </p>
</body>
</html>
"#;

fn main() -> u64 {
    let browser = Browser::new();

    let response =
        HttpResponse::new(TEST_HTTP_RESPONSE.to_string()).expect("failed ↵
to parse http response");
    let page = browser.borrow().current_page();
    let dom_string = page.borrow_mut().receive_response(response);

    for log in dom_string.lines() {
        println!("{}", log);
    }

    0
}

entry_point!(main);
```

Browser 構造体の作成

Browser 構造体はブラウザのアプリケーションを管理する構造体です。この構

第4章 HTMLを解析する──HTMLからDOMツリーへの変換

造体を実装するための browser.rs ファイルを追加します。

```
$ touch saba_core/src/browser.rs
```

lib.rs ファイルを変更して、モジュールを追加することも忘れないでください。

```
saba_core/src/lib.rs
#![no_std]

extern crate alloc;

pub mod browser;
pub mod error;
pub mod http;
pub mod renderer;
pub mod url;
```

Browser 構造体は Page 構造体のベクタと現在のページを表す index を
フィールドに持ちます。しかし本書のブラウザは一つのタブしか持たないので、
active_page_index は常に 0 を示し、pages の長さは常に 1 です。

```
saba_core/src/browser.rs
use crate::renderer::page::Page;
use alloc::rc::Rc;
use alloc::vec::Vec;
use core::cell::RefCell;

#[derive(Debug, Clone)]
pub struct Browser {
    active_page_index: usize,
    pages: Vec<Rc<RefCell<Page>>>,
}

impl Browser {
    pub fn new() -> Rc<RefCell<Self>> {
        let mut page = Page::new();

        let browser = Rc::new(RefCell::new(Self {
            active_page_index: 0,
            pages: Vec::new(),
        }));

        page.set_browser(Rc::downgrade(&browser));
        browser.borrow_mut().pages.push(Rc::new(RefCell::new(page)));
```

190

WasabiOS 上で動かす

```
        browser
    }

    pub fn current_page(&self) -> Rc<RefCell<Page>> {
        self.pages[self.active_page_index].clone()
    }
}
```

Page 構造体の作成

Page 構造体はブラウザの一つのタブを管理する構造体です。この構造体を実装するための page.rs ファイルを追加します。

```
$ touch saba_core/src/renderer/page.rs
```

mod.rs ファイルを変更して、page モジュールを追加することも忘れないでください。

```
saba_core/src/renderer/mod.rs
pub mod dom;
pub mod html;
pub mod page;
```

Page 構造体は Browser 構造体へのウィークポインタと、DOM ツリーを保持する Window 構造体を持ちます。

```
saba_core/src/renderer/page.rs
use crate::browser::Browser;
use crate::renderer::dom::node::Window;
use alloc::rc::Rc;
use alloc::rc::Weak;
use core::cell::RefCell;

#[derive(Debug, Clone)]
pub struct Page {
    browser: Weak<RefCell<Browser>>,
    frame: Option<Rc<RefCell<Window>>>,
}

impl Page {
```

第4章 HTMLを解析する──HTMLからDOMツリーへの変換

```rust
    pub fn new() -> Self {
        Self {
            browser: Weak::new(),
            frame: None,
        }
    }

    pub fn set_browser(&mut self, browser: Weak<RefCell<Browser>>) {
        self.browser = browser;
    }
}
```

HttpResponse から DOM ツリーを作成

receive_response メソッドは、HttpResponse を引数として受け取り、DOM ツリーをデバッグ用に文字列として返す関数です。本章で作成した HtmlTokenizer と HtmlParser を使用して DOM ツリーを構築します。

```rust
saba_core/src/renderer/page.rs
use crate::alloc::string::ToString;
use crate::http::HttpResponse;
use crate::renderer::html::parser::HtmlParser;
use crate::renderer::html::token::HtmlTokenizer;
use crate::utils::convert_dom_to_string;
use alloc::string::String;

impl Page {
    pub fn receive_response(&mut self, response: HttpResponse) -> String {
        self.create_frame(response.body());

        // デバッグ用に DOM ツリーを文字列として返す
        if let Some(frame) = &self.frame {
            let dom = frame.borrow().document().clone();
            let debug = convert_dom_to_string(&Some(dom));
            return debug;
        }

        "".to_string()
    }

    fn create_frame(&mut self, html: String) {
        let html_tokenizer = HtmlTokenizer::new(html);
        let frame = HtmlParser::new(html_tokenizer).construct_tree();
```

WasabiOS 上で動かす

```
        self.frame = Some(frame);
    }
}
```

デバッグ用に DOM ツリーを文字列に変換

convert_dom_to_string 関数は DOM ツリーを文字列に変換する関数です。
これはデバッグ用です。

```
$ touch saba_core/src/utils.rs
```

lib.rs ファイルを変更して、utils モジュールを追加することも忘れないで
ください。

```
saba_core/src/lib.rs
pub mod browser;
pub mod error;
pub mod http;
pub mod renderer;
pub mod url;
pub mod utils;
```

convert_dom_to_string 関数はデバッグ用の関数で、DOM ツリーをわか
りやすくフォーマットし、文字列に変換する関数です。ツリーが深くなるほど、
空白文字を 2 つ追加して字下げを行っています。つまり、convert_dom_to_
string_internal 関数を再帰的に呼び出すことで、DOM ツリーのすべてのノー
ドを走査しています。

```
saba_core/src/utils.rs
use crate::renderer::dom::node::Node;
use alloc::format;
use alloc::rc::Rc;
use alloc::string::String;
use core::cell::RefCell;

pub fn convert_dom_to_string(root: &Option<Rc<RefCell<Node>>>) -> String {
    let mut result = String::from("\n");
    convert_dom_to_string_internal(root, 0, &mut result);
```

193

第4章 HTMLを解析する——HTMLからDOMツリーへの変換

```
        result
}

fn convert_dom_to_string_internal(
    node: &Option<Rc<RefCell<Node>>>,
    depth: usize,
    result: &mut String,
) {
    match node {
        Some(n) => {
            result.push_str(&"  ".repeat(depth));
            result.push_str(&format!("{:?}", n.borrow().kind()));
            result.push('\n');
            convert_dom_to_string_internal(&n.borrow().first_child(), ↵
depth + 1, result);
            convert_dom_to_string_internal(&n.borrow().next_sibling(), ↵
depth, result);
        }
        None => (),
    }
}
```

実行

　run_on_wasabi.shスクリプトを使用して、WasabiOS上で動かしてみましょう。QEMUが起動したあと、sabaとアプリケーション名を入力し、Enterキーを押すとアプリケーションが開始します。

```
$ ./run_on_wasabi.sh
```

　標準出力と、QEMUの文字出力のどちらにも以下のようなDOMツリーを文字列にしたものが出力されます。<h1>と<h2>タグのノードの属性にID名やクラス名が存在するのも確認できますね。また<a>タグのノードにはhref属性も存在します。

```
(省略)
Document
  Element(Element { kind: Html, attributes: [] })
    Element(Element { kind: Head, attributes: [] })
    Element(Element { kind: Body, attributes: [] })
      Element(Element { kind: H1, attributes: [Attribute { name: "id", ↵
```

194

```
value: "title" }] })
        Text("H1 title")
      Element(Element { kind: H2, attributes: [Attribute { name: "class", ↵
value: "class" }] })
        Text("H2 title")
      Element(Element { kind: P, attributes: [] })
        Text("Test text.")
      Element(Element { kind: P, attributes: [] })
        Element(Element { kind: A, attributes: [Attribute { name: "href", ↵
value: "example.com" }] })
          Text("Link1")
        Element(Element { kind: A, attributes: [Attribute { name: "href", ↵
value: "example.com" }] })
          Text("Link2")
```

第5章
CSSで装飾する
CSSOMとレイアウトツリーの構築

第5章 / CSSで装飾する──CSSOMとレイアウトツリーの構築

本章では、CSSの構文の解説と、簡単なCSSを解釈して画面に描写するまでの実装を行います。本章を終えると、以下のようなプログラムが私たちのブラウザ上で動くようになります。

```
<html>
<head>
  <style>
    #title {
      color: red;
    }
    .text {
      background-color: blue;
    }
    .hidden {
      display: none;
    }
  </style>
</head>
<body>
  <h1 id="title">Hello World!</h1>
  <p class="text">This is a sample page</p>
  <p class="text">on our toy browser!</p>
  <p class="hidden">hidden text</p>
</body>
</html>
```

本章で書かれているコードはsababook/ch5/saba[注1]のリポジトリに掲載されています。

CSS とは

CSSとはCascading Style Sheetsの略で、HTMLなどの文章を修飾するための言語です。CSSを使うことによって、Webサイトの文字の大きさを変えたり背景の色を変えたりできます。

CSSに関連した仕様は、W3Cによって標準が策定されています。CSSの仕

注1　https://github.com/d0iasm/sababook/tree/main/ch5/saba

198

様書は要素ごとに分けられており、すべての仕様書の一覧は W3C のサイト[注2]
で閲覧できます。本書では、この仕様群のうち、主に以下の仕様書を参考にして
実装します。

- CSS Syntax Module Level 3[注3]
  CSS の構文に関する仕様。トークナイザーを実装するときに参照する
- CSS Object Model (CSSOM)[注4]
  CSSOM に関する仕様。CSSOM の構築を実装するときに参照する
- Selectors Level 4[注5]
  CSS のセレクタに関する仕様。CSSOM の構築を実装するときに参照する
- CSS Cascading and Inheritance Level 4[注6]
  CSS の値の選択・継承に関する仕様。レイアウトツリーを実装するときに参照する

CSS の構成要素

たとえば、以下の CSS を使用すると、HTML の DIV 要素の背景を赤色にす
ることができます。

```
div {
    background-color: red;
}
```

div の部分をセレクタ、background-color の部分をプロパティ、red の部分
を値と呼びます。

つまり、CSS の基本的な構成は以下のようになります。

```
セレクタ {
    プロパティ : 値 ;
}
```

注2　https://www.w3.org/Style/CSS/specs.en.html
注3　https://www.w3.org/TR/css-syntax-3/
注4　https://www.w3.org/TR/cssom-1/
注5　https://www.w3.org/TR/selectors-4/
注6　https://www.w3.org/TR/css-cascade-4/

第5章 CSS で装飾する —— CSSOM とレイアウトツリーの構築

■ セレクタ

セレクタは、スタイルが適用される要素を選択します。セレクタには HTML 要素、クラス、ID などを指定できます。

セレクタの仕様は Selectors Level 4 で定められており、2. Slectors Overview[注7] に掲載されているセレクタの一覧には 60 を超える種類のセレクタが掲載されています。本書では、その中でよく使用されるものを紹介し、一部を実装します。

要素セレクタは、特定の HTML 要素を選択します。たとえば、すべての段落(<p> 要素)にスタイルを適用したい場合は、p というセレクタを使用します。これは Selectors Level 4 の 5.1. Type (tag name) selector[注8] で定められています。

```
p {
    color: red;
}
```

クラスセレクタは、特定のクラス属性を持つ要素を選択します。クラスは . クラス名という形式で指定します。同じクラス名は一つの HTML 文書内で複数回使用できます。たとえば、クラスが example である要素にスタイルを適用したい場合は、.example というセレクタを使用します。これは Selectors Level 4 の 6.6. Class selectors[注9] で定められています。

```
.example {
    color: red;
}
```

ID セレクタは、特定の ID 属性を持つ要素を選択します。ID は #ID 名という形式で指定します。ID は文書内で一意でなければなりません。たとえば、ID が example である要素にスタイルを適用したい場合は、#example というセレクタを使用します。これは Selectors Level 4 の 6.7. ID selectors[注10] で定められています。

注7　https://www.w3.org/TR/selectors-4/#overview
注8　https://www.w3.org/TR/selectors-4/#type-selectors
注9　https://www.w3.org/TR/selectors-4/#class-html
注10　https://www.w3.org/TR/selectors-4/#id-selectors

200

```
#example {
    color: red;
}
```

子孫セレクタは、特定の要素の子孫である要素を選択します。子孫セレクタはスペースで区切られます。たとえば、div要素内のすべての段落にスタイルを適用したい場合は、div pというセレクタを使用します。これはSelectors Level 4の15.1. Descendant combinator ( )[注11]で定められています。

```
div p {
    color: red;
}
```

■ プロパティ

CSSのプロパティは、要素のスタイルや外観を指定するための指令を表します。各プロパティは要素の特定の外観や挙動を制御します。たとえば、テキストの色、背景の画像、フォントのサイズなど、さまざまな要素のスタイルを指定できます。

CSSで使用できるすべてのプロパティは、W3CのList of CSS properties, both proposed and standard[注12]のページに掲載されています。リストはアルファベット順で掲載されており、仕様書と現在の状態も載っています。

ページからいくつか抜粋したものが**表5-1**です。同じプロパティ名が表に複数存在するのは、そのプロパティの仕様書がバージョンアップデートなどにより複数存在するからです。

表5-1 CSSプロパティのリスト

プロパティ	仕様書	ステータス
--*	CSS Custom Properties for Cascading Variables Module Level 1	CR
-webkit-line-clamp	CSS Overflow Module Level 4	WD
accent-color	CSS Basic User Interface Module Level 4	WD
align-content	CSS Flexible Box Layout Module Level 1	CR
(省略)	(省略)	(省略)

注11　https://www.w3.org/TR/selectors-4/#descendant-combinators
注12　https://www.w3.org/Style/CSS/all-properties.en.html

第5章 CSSで装飾する——CSSOMとレイアウトツリーの構築

background	CSS 2.1	REC
（省略）	（省略）	（省略）
color	CSS 2.1	REC
color	CSS Color Module Level 3	REC
color	CSS Color Module Level 4	CRD

　ステータスとは、標準化プロセスの各段階を指します。リストを見ると現在でもさまざまな段階のプロパティが存在します。CSSの新しいプロパティはまだまだ追加されているということです。本書に載っているリストと現在みなさんがサイトで見られるものは違うかもしれません。

　各ステータスの説明は以下のとおりです。基本的には一番上のFPWDの状態から徐々にWD、CRD、と下のステータスに移行していきます。RECが最終的なステータスです。ただし、NOTEは段階を追って変化するものではない補助的な文書を表す状態になります。

- FPWD（*First Public Working Draft*）
  初公開の作業バージョン。広範なフィードバックを求めている段階。大きな変更があり得る

- WD（*Working Draft*）
  初期のバージョン。広範なフィードバックを求めている段階。大きな変更があり得る

- CRD（*Candidate Recommendation Draft*）
  仕様が安定し、広範な実装者からのフィードバックを集めるために公開される段階。最終調整を行い、CR状態に進む準備をする

- CR（*Candidate Recommendation*）
  安定性が増し、実装が開始される段階。実際の実装によって問題がないかを確認する

- PR（*Proposed Recommendation*）
  仕様が最終的な勧告（REC）になる前の段階

- REC（*Recommendation*）
  最終的な標準。広範なレビューと実装のテストを経て、安定し信頼できると認められた仕様

- NOTE（*Working Group Note*）
  標準化プロセスの一部ではない補助的な文書を表す状態

■値

　CSSの値は、プロパティに設定される具体的な数値、キーワード、色、サイズ、

またはそのほかのデータ型を指します。CSS ルール内で、プロパティに対して適用されるスタイルの具体的な値を定義します。CSS が取り得る値に関する仕様は CSS Values and Units Module Level 4 [注13] に定義されています。

値は、プロパティによって受け入れられるデータ型が異なります。たとえば、color プロパティは <color> という型の値を取ることができます（**図 5-1**）。

図 5-1 color プロパティの説明

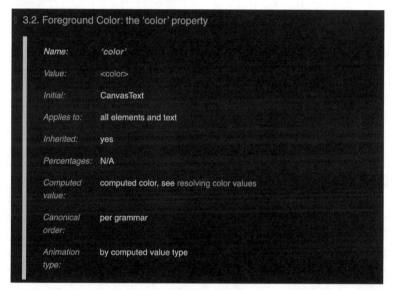

<color> 型の具体的な定義については、CSS Color Module Level 4 [注14] で定義されています。たとえば、色の名前を表す文字列、# から始まる 16 進数の数値、RGB や HSL などによって色の値を指定できます。

■ 宣言ブロック

プロパティと値のセットを宣言と呼びます。CSS の宣言ブロックは、宣言を 1 つ以上含むブロックです。セレクタの後ろに続き、波括弧（{ }）で囲まれた部分です。各宣言はセミコロン（;）によって終了します。

注 13　https://drafts.csswg.org/css-values/
注 14　https://drafts.csswg.org/css-color/#the-color-property

第5章 CSSで装飾する——CSSOMとレイアウトツリーの構築

```
{
    property1: value1;
    property2: value2;
    ...
}
```

■ ルール

CSSのルールは、セレクタと宣言ブロックの組み合わせです。CSSはルールの組み合わせによって書かれています。

```
selector {
    property1: value1;
    property2: value2;
    ...
}
```

CSSOM

CSSOM（*CSS Object Model*）とは、ブラウザがWebページ上のCSSスタイル情報を表現するためのオブジェクトモデルです。HTMLにおけるDOMツリーのようなものです。JavaScriptからCSSスタイルにアクセスし、スタイルを変更するための手段も提供します。

たとえば以下のようなCSSは、**図5-2**のようなCSSOMのツリー構造にパースされます。

```
#title {
  color: red;
}
.text {
  color: blue;
}
```

CSSOMに関しては、CSS Object Model (CSSOM)[注15] という仕様書で定義されています。

注15　https://www.w3.org/TR/cssom-1/

204

図 5-2 CSSOM の例

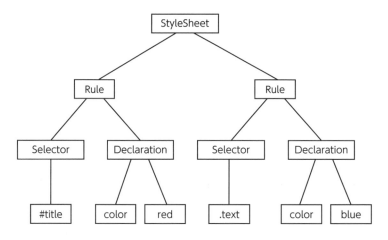

レイアウトツリー

　レイアウトツリーは DOM と CSSOM から作成され、各要素が画面上でどの位置に表示されるか、どんなサイズなのか、どの要素と親子関係なのか、などのレイアウトに関する情報を保持します。

　レイアウトツリーは公式に仕様書で定められているわけではありません。仕様書では、HTML と CSS の基本的な構文、要素、プロパティ、およびそれらの要素やプロパティがどのように振る舞うべきかについて定義しています。しかし、具体的なレイアウトアルゴリズムやレイアウトツリーの構築についての詳細な仕様は含まれていません。

　各ブラウザのレンダリングエンジン（WebKit、Blink、Gecko など）は、それぞれの方法でレイアウトツリーを実装します。どのようにレイアウトツリーが作成されているかを知るためには、実際に使用されているブラウザのドキュメントやソースコードを読む必要があります。

■ フロー

　レイアウトツリーを構築する際の重要な概念の一つにフロー（Flow）があります。要素はブロック要素、インライン要素の 2 種類に分かれます（**図 5-3**）。要素がどのように配置されるかを決めるのがフローです。

第5章 CSSで装飾する──CSSOMとレイアウトツリーの構築

図 5-3 ブロック要素とインライン要素

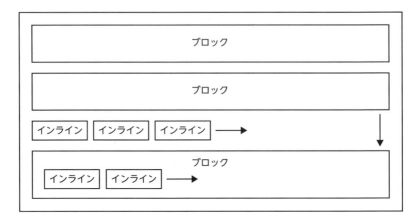

　ブロック要素とは、通常、ページ上で新しい行から始まり、親要素の幅いっぱいに広がります。ブロック要素は通常、段落、見出し、リスト、などのコンテンツの大きなセクションを定義するために使用されます。ブロック要素が並ぶ場合、下方向に向かって配置されます。

　インライン要素とは、新しい行から始まらず、親要素内でコンテンツの一部として表示されます。インライン要素は、幅や高さが要素の内容に合わせて自動的に調整されます。インライン要素は、文内の強調、リンク、イメージ、スパンなどの小さな部分を定義するために使用されます。インライン要素が並ぶ場合、同じ行の右方向に向かって配置されます。

- ブロック要素
  新しい行から始まり、利用可能な幅いっぱいまで描画される。div、p、h1 タグなどがデフォルトでブロック要素

- インライン要素
  同じ行に続けて配置され、必要な幅だけで描画される。span、a タグなどがデフォルトでインライン要素

■ ボックスモデル

　また、レイアウトツリーを構築する際の重要な概念の一つにボックスモデルがあります。CSS のボックスモデルは、Web ページ上の各要素がどのような大きさを持つかを決める概念です。ボックスモデルは、要素が四角形の「ボックス」

として表され、そのボックス内にはコンテンツ、パディング、ボーダー、マージンの各領域が含まれています。

- コンテンツ（Content）
  ボックス内の実際のコンテンツ（テキスト、画像、その他の要素など）が配置される領域
- パディング（Padding）
  要素の内側の余白を指定するためのコンテンツとボーダーの間の領域
- ボーダー（Border）
  線のスタイル、太さ、色などで構成されるボックスの外側との境界
- マージン（Margin）
  要素の外側の余白を指定するためのボックスと周囲の要素との間の領域

これらの要素は、要素が画面上にどのように表示されるか、隣接する要素との間隔はどれくらいかなどを決定します。ボックスモデルの理解は、Webデザインとレイアウトの基本です。CSSのwidthやheight、padding、border、marginプロパティなどは、それぞれボックスモデルの要素を制御するために使用されます（**図 5-4**）。

図 5-4 ボックスモデル

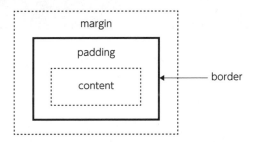

描画

私たちが普段使用しているブラウザでは、描画フェーズではさまざまな技術を駆使して、ユーザーを待たせないように高速な描画を行っています。たとえば、ハードウェアアクセラレーションは、グラフィック処理に特化したハードウェアであるGPUを使用してCSSの描画を高速化する技術です。また、キャッシュを使用し、以前にレンダリングされた要素を再利用することでCSSの描画を高

第**5**章／ **CSS で装飾する**—— CSSOM とレイアウトツリーの構築

速化する技術もあります。

　描画に関する仕様は決まっておらず、ブラウザごとにさまざまな最適化を行って描画を高速化しています。本書のブラウザでは高速化などの最適化は行わず、描画フェーズでは画面に描画をするだけです。

CSS の字句解析 ——トークン列の生成

　第 4 章で HTML の解釈で行ったように、CSS もまず字句解析を行い、トークン列を作成します。CSS のトークナイズについては W3C が管理する CSS Syntax Module Level 3 の 4. Tokenization[注16] に記載があります。

実装するディレクトリ・ファイルの作成

　CSS に関する実装を行うための css ディレクトリを作成します。字句解析を行うためのコードを token.rs に実装します。

```
$ mkdir saba_core/src/renderer/css
$ touch saba_core/src/renderer/css/mod.rs
$ touch saba_core/src/renderer/css/token.rs
```

　mod.rs を更新してモジュールを追加することを忘れないでください。

```
saba_core/src/renderer/mod.rs
pub mod css;
pub mod dom;
pub mod html;
pub mod page;
```

```
saba_core/src/renderer/css/mod.rs
pub mod token;
```

　現在のディレクトリの構造は以下のとおりです。便利スクリプトや build ディレクトリなどは省略してあります。

注 16　https://www.w3.org/TR/css-syntax-3/#tokenization

208

CSS の字句解析 ──トークン列の生成

COLUMN

HTML を策定する WHATWG と CSS を策定する W3C

対立の歴史

　前章の HTML の実装では、WHATWG と組織が管理する仕様書に基づいて実装を行ったのに対し、本章の CSS の実装では W3C という組織が管理する仕様書に基づいて実装を行います。

　実は HTML5 には、現在 2 種類の仕様書が存在します。W3C が策定している HTML5[注1] と、WHATWG が策定している HTML Living Standard[注2] です。

　W3C は、1994 年にティム・バーナーズ＝リーによって設立された国際的な標準化団体です。W3C は、Web の基盤技術やプロトコル、言語などの仕様を策定し、Web の安定性と互換性を確保することを目指しています。W3C のメンバーシップは企業、団体、個人から構成されており、公開されたプロセスに基づいて仕様の策定や勧告を行っています。

　WHATWG は、もともと W3C の仕様策定の遅さに痺れを切らした人たち、主に Apple、Mozilla Foundation、Opera Software などのブラウザベンダーによって 2004 年に設立された団体です[注3]。

　W3C は厳格なプロセスを経て仕様が策定されます。新しい機能や改定が導入される際には、ドキュメントのバージョンも更新されます。WHATWG が管理する Living Standard は、より活発な開発コミュニティによって進化し、仕様が非公式のままである場合もあります。Living Standard という名前からわかるように、仕様書は生きており（Living）、日々アップデートされています。

　WHATWG が徐々に影響力を持ち始め、Web に関連した仕様を策定する団体が W3C と WHATWG の 2 つになってしまいました。2012 年ごろから、2 つの団体は競合する標準を公開しており、同じ分野の標準でも少しずつ異なる仕様書が存在していました。この対立はブラウザ開発者の頭を悩ませる問題の一つでした。

現在では協力関係に

　2019 年 5 月、ついに両団体が今後は協力していくとの方針を発表しました[注4]。

　WHATWG が HTML と DOM の仕様書を主に管理し、W3C もその仕様書策定に協力します。W3C が今まで出していた HTML と DOM の仕様書は中断されます。

　W3C はまだ SVG、CSS、Web Payments、Web Security など、300 以上の仕様書の管理をしており、それらの仕様書の管理は W3C が引き続き行います。

注 1　https://dev.w3.org/html5/spec-LC/

注 2　https://html.spec.whatwg.org/

注 3　https://web.archive.org/web/20190529013834/https://wiki.whatwg.org/wiki/W3C

注 4　https://www.w3.org/news/2019/w3c-and-the-whatwg-have-just-signed-an-agreement-to-collaborate-on-the-development-of-a-single-version-of-the-html-and-dom-specifications/

第5章 / CSS で装飾する——CSSOM とレイアウトツリーの構築

```
$ tree
.
├── Cargo.toml
├── net
│   └── （省略）
├── src
│   └── main.rs
└── saba_core
    ├── Cargo.toml
    └── src
        ├── （省略）
        └── renderer
            ├── （省略）
            ├── dom
            │   └── （省略）
            ├── html
            │   └── （省略）
            └── css
                ├── mod.rs
                └── token.rs
```

CssToken 列挙型の作成

CSS Syntax Module Level 3[注17] の仕様書によると、CSS のトークンの種類は以下の 24 種類が存在します。今回はそのうちの 12 種類のみをサポートすることにします。

The output of tokenization step is a stream of zero or more of the following tokens: <ident-token>, <function-token>, <at-keyword-token>, <hash-token>, <string-token>, <bad-string-token>, <url-token>, <bad-url-token>, <delim-token>, <number-token>, <percentage-token>, <dimension-token>, <whitespace-token>, <CDO-token>, <CDC-token>, <colon-token>, <semicolon-token>, <comma-token>, <[-token>, <]-token>, <(-token>, <)-token>, <{-token>, and <}-token>.

—— https://www.w3.org/TR/css-syntax-3/#tokenization

トークンの種類を表す列挙型 CssToken を以下のように定義します。

注17　https://www.w3.org/TR/css-syntax-3/#tokenization

CSS の字句解析 ——トークン列の生成

```
saba_core/src/renderer/css/token.rs
use alloc::string::String;

#[derive(Debug, Clone, PartialEq)]
pub enum CssToken {
    /// https://www.w3.org/TR/css-syntax-3/#typedef-hash-token
    HashToken(String),
    /// https://www.w3.org/TR/css-syntax-3/#typedef-delim-token
    Delim(char),
    /// https://www.w3.org/TR/css-syntax-3/#typedef-number-token
    Number(f64),
    /// https://www.w3.org/TR/css-syntax-3/#typedef-colon-token
    Colon,
    /// https://www.w3.org/TR/css-syntax-3/#typedef-semicolon-token
    SemiColon,
    /// https://www.w3.org/TR/css-syntax-3/#tokendef-open-paren
    OpenParenthesis,
    /// https://www.w3.org/TR/css-syntax-3/#tokendef-close-paren
    CloseParenthesis,
    /// https://www.w3.org/TR/css-syntax-3/#tokendef-open-curly
    OpenCurly,
    /// https://www.w3.org/TR/css-syntax-3/#tokendef-close-curly
    CloseCurly,
    /// https://www.w3.org/TR/css-syntax-3/#typedef-ident-token
    Ident(String),
    /// https://www.w3.org/TR/css-syntax-3/#typedef-string-token
    StringToken(String),
    /// https://www.w3.org/TR/css-syntax-3/#typedef-at-keyword-token
    AtKeyword(String),
```

CssTokenizer 構造体の作成

トークナイザーを行う構造体 CssTokenizer を以下のように定義します。

```
saba_core/src/renderer/css/token.rs
use alloc::vec::Vec;

#[derive(Debug, Clone, PartialEq)]
pub struct CssTokenizer {
    pos: usize,
    input: Vec<char>,
}
```

第**5**章 CSS で装飾する——CSSOM とレイアウトツリーの構築

```
impl CssTokenizer {
    pub fn new(css: String) -> Self {
        Self {
            pos: 0,
            input: css.chars().collect(),
        }
    }
}
```

次のトークンを返すメソッドの実装

CssTokenizer は Iterator トレイト[注18] を実装し、次のトークンを返す next メソッドをサポートすることにします。

next メソッドでは、入力の CSS 文字列の 1 文字ずつ見ていき、現在の文字によって振る舞いを変えます。

saba_core/src/renderer/css/token.rs
```
impl Iterator for CssTokenizer {
    type Item = CssToken;

    /// https://www.w3.org/TR/css-syntax-3/#consume-token
    fn next(&mut self) -> Option<Self::Item> {
        loop {
            if self.pos >= self.input.len() {
                return None;
            }

            let c = self.input[self.pos];

            let token = match c {
                // 次のトークンを決定する
            };

            self.pos += 1;
            return Some(token);
        }
    }
}
```

注 18　https://doc.rust-lang.org/core/iter/trait.Iterator.html

212

CSS の字句解析 ——トークン列の生成

■記号トークンを返す

まずはコロン（:）、セミコロン（;）丸括弧（()）、波括弧（{}）などの記号文字が現れたら、その記号に対応するトークンを返しましょう。

もし空白や改行文字が現れたら、単に無視して次の文字に移動します。

```
saba_core/src/renderer/css/token.rs
impl Iterator for CssTokenizer {
    (省略)
    fn next(&mut self) -> Option<Self::Item> {
        loop {
            (省略)
            let token = match c {
                '(' => CssToken::OpenParenthesis,
                ')' => CssToken::CloseParenthesis,
                ',' => CssToken::Delim(','),
                '.' => CssToken::Delim('.'),
                ':' => CssToken::Colon,
                ';' => CssToken::SemiColon,
                '{' => CssToken::OpenCurly,
                '}' => CssToken::CloseCurly,
                ' ' | '\n' => {
                    self.pos += 1;
                    continue;
                }
                _ => {
                    unimplemented!("char {} is not supported yet", c);
                }
            };

            self.pos += 1;
            return Some(token);
        }
    }
}
```

■文字列トークンを返す

次にダブルクォーテーション（"）とシングルクォーテーション（'）が現れたときに、文字列トークンを返すことにします。

```
saba_core/src/renderer/css/token.rs
impl Iterator for CssTokenizer {
    (省略)
```

213

第5章 CSSで装飾する――CSSOMとレイアウトツリーの構築

```rust
fn next(&mut self) -> Option<Self::Item> {
    loop {
        (省略)
        let token = match c {
            (省略)
            '"' | '\'' => {
                let value = self.consume_string_token();
                CssToken::StringToken(value)
            }
            (省略)
        };

        self.pos += 1;
        return Some(token);
    }
}
```

consume_string_token メソッドでは、再びダブルクォーテーション（"）ま
たはシングルクォーテーション（'）が現れるまで、入力を文字として解釈します。

```rust
// saba_core/src/renderer/css/token.rs
impl CssTokenizer {
    /// https://www.w3.org/TR/css-syntax-3/#consume-a-string-token
    fn consume_string_token(&mut self) -> String {
        let mut s = String::new();

        loop {
            if self.pos >= self.input.len() {
                return s;
            }

            self.pos += 1;
            let c = self.input[self.pos];
            match c {
                '"' | '\'' => break,
                _ => s.push(c),
            }
        }

        s
    }
}
```

214

CSS の字句解析 ——トークン列の生成

■ 数字トークンを返す

数字が出てきたら数字トークンを返すようにしましょう。

```
saba_core/src/renderer/css/token.rs
impl Iterator for CssTokenizer {
    (省略)
    fn next(&mut self) -> Option<Self::Item> {
        loop {
            (省略)
            let token = match c {
                (省略)
                '0'..='9' => {
                    let t = CssToken::Number(self.consume_numeric_token());
                    self.pos -= 1;
                    t
                }
                (省略)
            };

            self.pos += 1;
            return Some(token);
        }
    }
}
```

consume_numeric_token メソッドでは、数字、またはピリオド（.）が出続けている間、数字として解釈します。そしてそれ以外の入力がきたら、数字を返します。

```
saba_core/src/renderer/css/token.rs
impl CssTokenizer {
    /// https://www.w3.org/TR/css-syntax-3/#consume-number
    fn consume_numeric_token(&mut self) -> f64 {
        let mut num = 0f64;
        let mut floating = false;
        let mut floating_digit = 1f64;

        loop {
            if self.pos >= self.input.len() {
                return num;
            }

            let c = self.input[self.pos];
```

215

第5章 CSSで装飾する――CSSOMとレイアウトツリーの構築

```
            match c {
                '0'..='9' => {
                    if floating {
                        floating_digit *= 1f64 / 10f64;
                        num += (c.to_digit(10).unwrap() as f64) * floating_digit
                    } else {
                        num = num * 10.0 + (c.to_digit(10).unwrap() as f64);
                    }
                    self.pos += 1;
                }
                '.' => {
                    floating = true;
                    self.pos += 1;
                }
                _ => break,
            }
        }

        num
    }
}
```

■ 識別子トークンを返す

識別子トークンは、セレクタ、プロパティ名、値などに使用される有効な名前を表します。識別子トークンは特定の構文規則に従って定義されます。

ハッシュタグ（#）が現れたとき（❶）、本書では常に ID セレクタとして扱います。仕様書によると、ハッシュタグの次に続く文字によって、ハッシュトークン（HashToken）または記号トークン（Delim）を返すのですが、今回は常に HashToken を返します。

ハイフン（-）が現れたとき（❷）、本書では常に識別子の一つとして扱います。仕様書によると、ハイフンの次に続く文字によって、数字トークン（Number）、コメントアウト終了のトークン、識別子トークン（Ident）、記号トークン（Delim）のいずれかを返すのですが、今回は常に Ident を返します。

アットマーク（@）が現れたとき（❸）、次の 3 文字が識別子として有効な文字の場合、アットキーワードトークン（AtKeyword）を返し、それ以外の場合は記号トークン（Delim）を返します。

小文字、大文字、またはアンダースコア（_）が現れたとき（❹）、識別子トークン（Ident）を作成して返します。

216

CSS の字句解析 ──トークン列の生成

`saba_core/src/renderer/css/token.rs`

```rust
impl Iterator for CssTokenizer {
    (省略)
    fn next(&mut self) -> Option<Self::Item> {
        loop {
            (省略)
            let token = match c {
                (省略)
                '#' => { ──── ❶
                    // 本書では、常に #ID の形式の ID セレクタとして扱う。
                    let value = self.consume_ident_token();
                    self.pos -= 1;
                    CssToken::HashToken(value)
                }
                '-' => { ──── ❷
                    // 本書では、負の数は取り扱わないため、ハイフンは識別子の
                    // 一つとして扱う。
                    let t = CssToken::Ident(self.consume_ident_token());
                    self.pos -= 1;
                    t
                }
                '@' => { ──── ❸
                    // 次の 3 文字が識別子として有効な文字の場合、<at-keyword-token>
                    // トークンを作成して返す。
                    // それ以外の場合、<delim-token> を返す。
                    if self.input[self.pos + 1].is_ascii_alphabetic()
                        && self.input[self.pos + 2].is_alphanumeric()
                        && self.input[self.pos + 3].is_alphanumeric()
                    {
                        // skip '@'
                        self.pos += 1;
                        let t = CssToken::AtKeyword(self.consume_ident_token());
                        self.pos -= 1;
                        t
                    } else {
                        CssToken::Delim('@')
                    }
                }
                'a'..='z' | 'A'..='Z' | '_' => { ──── ❹
                    let t = CssToken::Ident(self.consume_ident_token());
                    self.pos -= 1;
                    t
                }
                (省略)
            };
```

217

第5章 CSSで装飾する──CSSOMとレイアウトツリーの構築

```
            self.pos += 1;
            return Some(token);
        }
    }
}
```

consume_ident_token メソッドでは、文字、数字、ハイフン (-) またはアンダースコア (_) が出続けている間、識別子として扱います。それ以外の入力が出てきたら、今までの文字を返してメソッドを終了します。

```
saba_core/src/renderer/css/token.rs
impl CssTokenizer {
    /// https://www.w3.org/TR/css-syntax-3/#consume-ident-like-token
    /// https://www.w3.org/TR/css-syntax-3/#consume-name
    fn consume_ident_token(&mut self) -> String {
        let mut s = String::new();
        s.push(self.input[self.pos]);

        loop {
            self.pos += 1;
            let c = self.input[self.pos];
            match c {
                'a'..='z' | 'A'..='Z' | '0'..='9' | '-' | '_' => {
                    s.push(c);
                }
                _ => break,
            }
        }

        s
    }
}
```

ユニットテストによる字句解析の動作確認

HTMLを実装したときと同じく、実装したCSSのトークナイザーのコードが正しく動くかどうかをユニットテストで確かめてみましょう。saba_core ディレクトリ以下で cargo test によってテストを実行できます。

218

空文字のテスト

まずは何もない文字列が入力だった場合のケースを考えます。トークナイザーの next メソッドを呼んだら None が返ってくるのを確認します。

```
saba_core/src/renderer/css/token.rs
#[cfg(test)]
mod tests {
    use super::*;
    use alloc::string::ToString;

    #[test]
    fn test_empty() {
        let style = "".to_string();
        let mut t = CssTokenizer::new(style);
        assert!(t.next().is_none());
    }
}
```

1つのルールのテスト

1つのルールだけ存在するときのケースをテストします。

```
saba_core/src/renderer/css/token.rs
#[cfg(test)]
mod tests {
    #[test]
    fn test_one_rule() {
        let style = "p { color: red; }".to_string();
        let mut t = CssTokenizer::new(style);
        let expected = [
            CssToken::Ident("p".to_string()),
            CssToken::OpenCurly,
            CssToken::Ident("color".to_string()),
            CssToken::Colon,
            CssToken::Ident("red".to_string()),
            CssToken::SemiColon,
            CssToken::CloseCurly,
        ];
        for e in expected {
            assert_eq!(Some(e.clone()), t.next());
        }
```

第5章 CSSで装飾する──CSSOMとレイアウトツリーの構築

```
            assert!(t.next().is_none());
    }
}
```

IDセレクタを持つルールのテスト

IDセレクタを持つルールが1つ存在するときにケースをテストします。

`saba_core/src/renderer/css/token.rs`
```
#[cfg(test)]
mod tests {
    #[test]
    fn test_id_selector() {
        let style = "#id { color: red; }".to_string();
        let mut t = CssTokenizer::new(style);
        let expected = [
            CssToken::HashToken("#id".to_string()),
            CssToken::OpenCurly,
            CssToken::Ident("color".to_string()),
            CssToken::Colon,
            CssToken::Ident("red".to_string()),
            CssToken::SemiColon,
            CssToken::CloseCurly,
        ];
        for e in expected {
            assert_eq!(Some(e.clone()), t.next());
        }
        assert!(t.next().is_none());
    }
}
```

クラスセレクタを持つルールのテスト

クラスセレクタを持つルールが1つ存在するときにケースをテストします。

`saba_core/src/renderer/css/token.rs`
```
#[cfg(test)]
mod tests {
    #[test]
    fn test_class_selector() {
        let style = ".class { color: red; }".to_string();
        let mut t = CssTokenizer::new(style);
```

ユニットテストによる字句解析の動作確認

```
        let expected = [
            CssToken::Delim('.'),
            CssToken::Ident("class".to_string()),
            CssToken::OpenCurly,
            CssToken::Ident("color".to_string()),
            CssToken::Colon,
            CssToken::Ident("red".to_string()),
            CssToken::SemiColon,
            CssToken::CloseCurly,
        ];
        for e in expected {
            assert_eq!(Some(e.clone()), t.next());
        }
        assert!(t.next().is_none());
    }
}
```

複数のルールのテスト

複数のルールが存在するときのケースをテストします。値は文字列、数字、識別子の 3 種類の場合が存在します。

```
saba_core/src/renderer/css/token.rs
#[cfg(test)]
mod tests {
    #[test]
    fn test_multiple_rules() {
        let style = "p { content: \"Hey\"; } h1 { font-size: 40; color: ↵
blue; }".to_string();
        let mut t = CssTokenizer::new(style);
        let expected = [
            CssToken::Ident("p".to_string()),
            CssToken::OpenCurly,
            CssToken::Ident("content".to_string()),
            CssToken::Colon,
            CssToken::StringToken("Hey".to_string()),
            CssToken::SemiColon,
            CssToken::CloseCurly,
            CssToken::Ident("h1".to_string()),
            CssToken::OpenCurly,
            CssToken::Ident("font-size".to_string()),
            CssToken::Colon,
            CssToken::Number(40.0),
            CssToken::SemiColon,
```

第5章 / CSSで装飾する——CSSOMとレイアウトツリーの構築

```
        CssToken::Ident("color".to_string()),
        CssToken::Colon,
        CssToken::Ident("blue".to_string()),
        CssToken::SemiColon,
        CssToken::CloseCurly,
    ];
    for e in expected {
        assert_eq!(Some(e.clone()), t.next());
    }
    assert!(t.next().is_none());
    }
}
```

saba_coreディレクトリに移動して、cargo testコマンドを実行するとテストを開始できます。cargo test cssのように実行するテストを指定することも可能です。

```
$ cd saba_core
$ cargo test css
(省略)
running 5 tests
test renderer::css::token::tests::test_empty ... ok
test renderer::css::token::tests::test_class_selector ... ok
test renderer::css::token::tests::test_one_rule ... ok
test renderer::css::token::tests::test_multiple_rules ... ok
test renderer::css::token::tests::test_id_selector ... ok
```

CSSの構文解析 —— CSSOMの構築

CSSの構文解析とは、CSSのトークン列からCSSOMを構築することです。字句解析のときと同じく、W3Cが管理するCSS Syntax Module Level 3の5. Parsing[注19]に説明があります。

先ほども掲載したように、たとえば、以下のようなCSSは**図5-5**のようなCSSOMのツリー構造にパースされます。

```
#title {
  color: red;
```

注19　https://www.w3.org/TR/css-syntax-3/#parsing

```
}
.text {
  color: blue;
}
```

図 5-5 CSSOM の例（再掲）

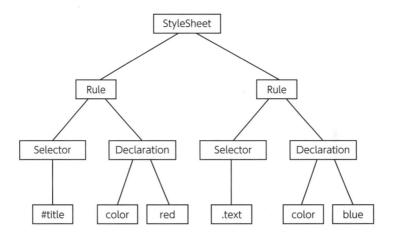

実装するディレクトリ・ファイルの作成

CSS の構文解析を行うためのコードを cssom.rs に実装します。

```
$ touch saba_core/src/renderer/css/cssom.rs
```

mod.rs を更新してモジュールを追加することを忘れないでください。

saba_core/src/renderer/css/mod.rs
```
pub mod cssom;
pub mod token;
```

CssParser 構造体の作成

　CSS の構文解析を行い CSSOM を作成するための CssParser 構造体を作成します。これはフィールドに先ほど作成した CssTokenizer 構造体のオブジェク

第**5**章 CSS で装飾する──CSSOM とレイアウトツリーの構築

を Peekable でラップしたものを持ちます。

Peekable は Rust のトレイトの一種でイテレータのラッパで、イテレータの要素を先読み（peek）する機能を提供します。CssTokenizer は Iterator トレイトを実装しているため、next メソッドを持ちます。しかし next メソッドでは呼び出すことにそのトークンを消費してしまいます。つまり二度と同じトークンは取得できなくなってしまうのです。Peekable トレイトが提供する peek メソッドは、次のアイテムを消費することなく次のアイテムを取得できます。Peekable トレイトでラップするためには、Iterator を実装したオブジェクトに対して peekable メソッドを呼ぶだけで可能です。

```
saba_core/src/renderer/css/cssom.rs
use crate::renderer::css::token::CssTokenizer;
use core::iter::Peekable;

#[derive(Debug, Clone)]
pub struct CssParser {
    t: Peekable<CssTokenizer>,
}

impl CssParser {
    pub fn new(t: CssTokenizer) -> Self {
        Self { t: t.peekable() }
    }
}
```

CSSOM のノードの作成

CSSOM を構築するノードの作成をしていきます。

■ ルートノード（StyleSheet）の作成

CSS の構文解析によって得られる CSSOM は、StyleSheet をツリーのルートノードとします。そしてこれは、複数のルールをベクタで保持します。

CSS Object Model (CSSOM) の 6.1.2. The CSSStyleSheet Interface[20] で定義されているインタフェースを参考に実装しています。

注 20　https://www.w3.org/TR/cssom-1/#cssstylesheet

224

CSS の構文解析 —— CSSOM の構築

```
saba_core/src/renderer/css/cssom.rs
use alloc::vec::Vec;

#[derive(Debug, Clone, PartialEq)]
pub struct StyleSheet {
    /// https://drafts.csswg.org/cssom/#dom-cssstylesheet-cssrules
    pub rules: Vec<QualifiedRule>,
}

impl StyleSheet {
    pub fn new() -> Self {
        Self { rules: Vec::new() }
    }

    pub fn set_rules(&mut self, rules: Vec<QualifiedRule>) {
        self.rules = rules;
    }
}
```

■ ルールノード (QualifiedRule) の作成

1 つのルールは QualifiedRule 構造体で表され、これはセレクタを表す Selector 列挙体と宣言を表す Declaration のベクタをフィールドに保持します。

CSS Syntax Module Level 3 の qualified rule[注21] で定義されています。仕様書では、

> The prelude of the qualified rule is parsed as a <selector-list>.
> —— https://www.w3.org/TR/css-syntax-3/#style-rules

とあるようにセレクタのベクタを持つことから、1 つのルールに複数のセレクタが存在できますが、私たちの実装ではセレクタは 1 つのルールにつき 1 つだけです。複数のセレクタは、カンマ区切りで div, #id, p a のように指定します。

```
saba_core/src/renderer/css/cssom.rs
use crate::alloc::string::ToString;

#[derive(Debug, Clone, PartialEq)]
pub struct QualifiedRule {
```

注 21 https://www.w3.org/TR/css-syntax-3/#qualified-rule

```
    /// https://www.w3.org/TR/selectors-4/#typedef-selector-list
    pub selector: Selector,
    /// https://www.w3.org/TR/css-syntax-3/#parse-a-list-of-declarations
    pub declarations: Vec<Declaration>,
}

impl QualifiedRule {
    pub fn new() -> Self {
        Self {
            selector: Selector::TypeSelector("".to_string()),
            declarations: Vec::new(),
        }
    }

    pub fn set_selector(&mut self, selector: Selector) {
        self.selector = selector;
    }

    pub fn set_declarations(&mut self, declarations: Vec<Declaration>) {
        self.declarations = declarations;
    }
}
```

■ セレクタノード (Selector) の作成

私たちのブラウザでは、タグ名で指定する TypeSelector、クラス名で指定する ClassSelector、そして ID 名で指定する IdSelector の 3 種類のセレクタを実装します。また、パース中にエラーが発生したときに使用される UnknownSelector も追加します。これは実装を簡単にするための要素型で仕様書には記載されていません。

```
saba_core/src/renderer/css/cssom.rs
#[derive(Debug, Clone, PartialEq, Eq)]
pub enum Selector {
    /// https://www.w3.org/TR/selectors-4/#type-selectors
    TypeSelector(String),
    /// https://www.w3.org/TR/selectors-4/#class-html
    ClassSelector(String),
    /// https://www.w3.org/TR/selectors-4/#id-selectors
    IdSelector(String),
    /// パース中にエラーが起こったときに使用されるセレクタ
    UnknownSelector,
}
```

CSS の構文解析 —— CSSOM の構築

■宣言ノード (Declaration) の作成

プロパティと値のセットによる一つの宣言は Declaration 構造体で表されます。property フィールドはプロパティを表します。value フィールドはプロパティに対する値を表します。

CSS Syntax Module Level 3 の declaration[注22] で定義されています。

```
saba_core/src/renderer/css/cssom.rs
use alloc::string::String;

#[derive(Debug, Clone, PartialEq)]
pub struct Declaration {
    pub property: String,
    pub value: ComponentValue,
}

impl Declaration {
    pub fn new() -> Self {
        Self {
            property: String::new(),
            value: ComponentValue::Ident(String::new()),
        }
    }

    pub fn set_property(&mut self, property: String) {
        self.property = property;
    }

    pub fn set_value(&mut self, value: ComponentValue) {
        self.value = value;
    }
}
```

■コンポーネント値ノード (Component value) の作成

CSS のプロパティの値に対するノードは ComponentValue 構造体で表します。CSS Syntax Module Level 3 の component value[注23] で定義されています。仕様書では、

A component value is one of the preserved tokens, a function, or a simple block.

注 22　https://www.w3.org/TR/css-syntax-3/#declaration

注 23　https://www.w3.org/TR/css-syntax-3/#component-value

227

第5章 CSSで装飾する──CSSOMとレイアウトツリーの構築

── https://www.w3.org/TR/css-syntax-3/#component-value

と定義されています。保存されたトークン (*preserved tokens*) とは、トークナイザーによって作成されたトークンがそのまま保持されているトークンのことです。もし文字列トークンであれば、パース後もテキストのスペースや改行などが保存され、完全な元のテキスト構造が保持されるという特性を持っています。

コンポーネント値 (*Component Value*) は結局どういうことかというと、CSS プロパティの値として使用できる値を指します。たとえば、長さや色を表す 42px や #ffffff などは CSS のコンポーネント値の一部です。各プロパティの定義に各プロパティが持つことのできる値が定義されています。

CSS Values and Units Module Level 4[注24] の仕様書は、CSS Syntax Module Level 3 の仕様書で定義されているコンポーネント値をさらに詳しく解説しています。

私たちのブラウザでは、保存されたトークンのみをコンポーネント値として扱います。つまり、コンポーネント値は CSS のトークン (CssToken) と同等です。

```
saba_core/src/renderer/css/cssom.rs
use crate::renderer::css::token::CssToken;

pub type ComponentValue = CssToken;
```

CSSOM の構築

今まで作成したノードを使用して、トークン列から CSSOM を構築する parse_stylesheet メソッドを実装します。

まず、StyleSheet 構造体を初期化します。そして consume_list_of_rules メソッドを呼んで、ルールを解釈します。

```
saba_core/src/renderer/css/cssom.rs
impl CssParser {
    pub fn parse_stylesheet(&mut self) -> StyleSheet {
        // StyleSheet 構造体のインスタンスを作成する
        let mut sheet = StyleSheet::new();
```

注24 https://www.w3.org/TR/css-values-4/

CSS の構文解析 —— CSSOM の構築

```
        // トークン列からルールのリストを作成し、StyleSheet のフィールドに
        // 設定する
        sheet.set_rules(self.consume_list_of_rules());
        sheet
    }
}
```

■ 複数のルールの解釈

　CSS のルールは consume_list_of_rules メソッドで解釈します。このメソッドでは複数のルールを取り扱います。

　ルールが開始するときに次のトークンがアットキーワードトークン（AtKeyword）であれば（❶）、ほかの CSS をインポートする @import や、メディアクエリを表す @media { ... } などのルールが始まることを表します。しかし、本書ではこれらのルールはサポートしないため、consume_qualified_rule メソッドによってルールを作成したあとに、ベクタに追加することなく無視します。

　それ以外の場合、1 つのルールを consume_qualified_rule メソッドで解釈し、ベクタに追加します（❷）。

```
saba_core/src/renderer/css/cssom.rs
impl CssParser {
    fn consume_list_of_rules(&mut self) -> Vec<QualifiedRule> {
        // 空のベクタを作成する
        let mut rules = Vec::new();

        loop {
            let token = match self.t.peek() {
                Some(t) => t,
                None => return rules,
            };
            match token {
                // AtKeyword トークンが出てきた場合、ほかの CSS をインポートする
                // @import、メディアクエリを表す @media などのルールが始まること
                // を表す
                CssToken::AtKeyword(_keyword) => {  —— ❶
                    let _rule = self.consume_qualified_rule();
                    // しかし、本書のブラウザでは @ から始まるルールはサポートし
                    // ないので、無視する
                }
                _ => {
                    // 1 つのルールを解釈し、ベクタに追加する
```

第5章 CSSで装飾する——CSSOMとレイアウトツリーの構築

```
                let rule = self.consume_qualified_rule();  ── ❷
                match rule {
                    Some(r) => rules.push(r),
                    None => return rules,
                }
            }
        }
    }
}
```

■一つのルールの解釈

consume_qualified_rule メソッドは 1 つのルールを解釈します。

次のトークンが開き波括弧（{）のとき（❶）、宣言ブロックの開始を表すので、consume_list_of_declarations メソッドによって宣言ブロックの解釈をします。そして、ルールの declarations フィールドに設定します。

それ以外のとき（❷）、ルールのセレクタとして扱うため、consume_selector メソッドによってセレクタを解釈し、ルールの selector フィールドに設定します。

```
saba_core/src/renderer/css/cssom.rs
impl CssParser {
    fn consume_qualified_rule(&mut self) -> Option<QualifiedRule> {
        let mut rule = QualifiedRule::new();

        loop {
            let token = match self.t.peek() {
                Some(t) => t,
                None => return None,
            };

            match token {
                CssToken::OpenCurly => {  ── ❶
                    assert_eq!(self.t.next(), Some(CssToken::OpenCurly));
                    rule.set_declarations(self.consume_list_of_declarations());
                    return Some(rule);
                }
                _ => {  ── ❷
                    rule.set_selector(self.consume_selector());
                }
            }
        }
```

CSS の構文解析 —— CSSOM の構築

```
    }
}
```

■ セレクタの解釈

セレクタは consume_selector メソッドで解釈します。

次のトークンがハッシュトークン（HashToken）のとき（❶）、ID セレクタを作成して返します。

次のトークンがピリオド（.）のとき（❷）、クラスセレクタを作成して返します。

次のトークンが識別子のとき（❸）、タイプセレクタを作成して返します。ただ、本書では a:hover のようなセレクタは正しく解釈せず、タイプセレクタとして扱います。もしコロン（:）が出てきた場合は宣言ブロックの開始直前までトークンを無視します（❹）。

複数のルールの解釈で書いたように、ほかの CSS をインポートする @import や、メディアクエリを表す @media { … }は本書ではサポートしません。なので、アットキーワード（@）が出てきた場合は宣言ブロックの開始直前までトークンを無視します（❺）。

```
saba_core/src/renderer/css/cssom.rs
impl CssParser {
    fn consume_selector(&mut self) -> Selector {
        let token = match self.t.next() {
            Some(t) => t,
            None => panic!("should have a token but got None"),
        };

        match token {
            CssToken::HashToken(value) => Selector::IdSelector(value[1..].↵
to_string())),  —— ❶
            CssToken::Delim(delim) => {
                if delim == '.' {  —— ❷
                    return Selector::ClassSelector(self.consume_ident());
                }
                panic!("Parse error: {:?} is an unexpected token.", token);
            }
            CssToken::Ident(ident) => {  —— ❸
                // a:hover のようなセレクタはタイプセレクタとして扱うため、もし
                // コロン（:）が出てきた場合は宣言ブロックの開始直前までトークン
                // を進める
                if self.t.peek() == Some(&CssToken::Colon) {  —— ❹
```

第5章 CSSで装飾する——CSSOMとレイアウトツリーの構築

```
                while self.t.peek() != Some(&CssToken::OpenCurly) {
                    self.t.next();
                }
            }
            Selector::TypeSelector(ident.to_string())
        }
        CssToken::AtKeyword(_keyword) => { ―― ❺
            // @から始まるルールを無視するために、宣言ブロックの開始直前まで
            // トークンを進める
            while self.t.peek() != Some(&CssToken::OpenCurly) {
                self.t.next();
            }
            Selector::UnknownSelector
        }
        _ => {
            self.t.next();
            Selector::UnknownSelector
        }
    }
}
}
```

■ 複数の宣言の解釈

consume_list_of_declarations メソッドでは、複数の宣言を解釈します。

まず宣言のベクタを初期化します（❶）。閉じ波括弧（}）が現れるまで、宣言を作成しベクタに追加することを繰り返します。閉じ波括弧が現れたら今まで作成した宣言のベクタを返します（❷）。

次のトークンがセミコロン（;）のとき（❸）、1つの宣言が終了したことを表します。単にセミコロンのトークンを消費し、何もしません。

次のトークンが識別子トークンのとき（❹）、consume_declaration メソッドによって1つの宣言を解釈し、ベクタに追加します。

それ以外のときはトークンを無視します。

saba_core/src/renderer/css/cssom.rs
```rust
impl CssParser {
    fn consume_list_of_declarations(&mut self) -> Vec<Declaration> {
        let mut declarations = Vec::new(); ―― ❶

        loop {
            let token = match self.t.peek() {
```

CSS の構文解析 —— CSSOM の構築

```
                Some(t) => t,
                None => return declarations,
            };

            match token {
                CssToken::CloseCurly => {
                    assert_eq!(self.t.next(), Some(CssToken::CloseCurly));
                    return declarations;  ── ❷
                }
                CssToken::SemiColon => {  ── ❸
                    assert_eq!(self.t.next(), Some(CssToken::SemiColon));
                    // 一つの宣言が終了。何もしない
                }
                CssToken::Ident(ref _ident) => {  ── ❹
                    if let Some(declaration) = self.consume_declaration() {
                        declarations.push(declaration);
                    }
                }
                _ => {
                    self.t.next();
                }
            }
        }
    }
}
```

■ 1 つの宣言の解釈

consume_declaration メソッドでは、1 つの宣言を解釈します。

Declaration 構造体を初期化したあと、まずはプロパティを処理します（❶）。その後のトークンがもしコロンでない場合、パースエラーなので None を返します（❷）。最後に値を処理し（❸）、作成した Declaration をメソッドから返します。

```
saba_core/src/renderer/css/cssom.rs
impl CssParser {
    fn consume_declaration(&mut self) -> Option<Declaration> {
        if self.t.peek().is_none() {
            return None;
        }

        // Declaration 構造体を初期化する
        let mut declaration = Declaration::new();
        // Declaration 構造体のプロパティに識別子を設定する
        declaration.set_property(self.consume_ident());  ── ❶
```

233

第5章　CSSで装飾する——CSSOMとレイアウトツリーの構築

```
        // もし次のトークンがコロンでない場合、パースエラーなので、None を返す
        match self.t.next() {
            Some(token) => match token {
                CssToken::Colon => {}
                _ => return None,  ──── ❷
            },
            None => return None,
        }

        // Declaration 構造体の値にコンポーネント値を設定する
        declaration.set_value(self.consume_component_value());  ──── ❸

        Some(declaration)
    }
}
```

■ 識別子の解釈

consume_ident メソッドでは、識別子トークンを消費し、文字列を取得します。

saba_core/src/renderer/css/cssom.rs
```
impl CssParser {
    fn consume_ident(&mut self) -> String {
        let token = match self.t.next() {
            Some(t) => t,
            None => panic!("should have a token but got None"),
        };

        match token {
            CssToken::Ident(ref ident) => ident.to_string(),
            _ => {
                panic!("Parse error: {:?} is an unexpected token.", token);
            }
        }
    }
}
```

■ コンポーネント値の解釈

consume_component_value メソッドでは、次のトークンを消費し、
ComponentValue として返します。私たちの実装では、コンポーネント値は CSS
のトークンと同等なので、トークンが存在することを確認して、トークンをその
まま返します。

```
saba_core/src/renderer/css/cssom.rs
impl CssParser {
    /// https://www.w3.org/TR/css-syntax-3/#consume-component-value
    fn consume_component_value(&mut self) -> ComponentValue {
        self.t
            .next()
            .expect("should have a token in consume_component_value")
    }
}
```

これで、parse_stylesheet メソッドを呼ぶと CSSOM を構築できます。

ユニットテストによる構文解析の動作確認

今までと同じく、実装した CSS のパーサが正しく動くかどうかをユニットテストで確かめてみましょう。saba_core ディレクトリ以下で cargo test によってテストを実行できます。

空文字のテスト

まずは何もない文字列が入力だった場合のケースを考えます。

```
saba_core/src/renderer/css/cssom.rs
#[cfg(test)]
mod tests {
    use super::*;

    #[test]
    fn test_empty() {
        let style = "".to_string();
        let t = CssTokenizer::new(style);
        let cssom = CssParser::new(t).parse_stylesheet();

        assert_eq!(cssom.rules.len(), 0);
    }
}
```

第5章 CSSで装飾する——CSSOMとレイアウトツリーの構築

1つのルールのテスト

1つのルールだけが存在する場合のテストをします。

```
saba_core/src/renderer/css/cssom.rs
#[cfg(test)]
mod tests {
    use alloc::vec;

    #[test]
    fn test_one_rule() {
        let style = "p { color: red; }".to_string();
        let t = CssTokenizer::new(style);
        let cssom = CssParser::new(t).parse_stylesheet();

        let mut rule = QualifiedRule::new();
        rule.set_selector(Selector::TypeSelector("p".to_string()));
        let mut declaration = Declaration::new();
        declaration.set_property("color".to_string());
        declaration.set_value(ComponentValue::Ident("red".to_string()));
        rule.set_declarations(vec![declaration]);

        let expected = [rule];
        assert_eq!(cssom.rules.len(), expected.len());

        let mut i = 0;
        for rule in &cssom.rules {
            assert_eq!(&expected[i], rule);
            i += 1;
        }
    }
}
```

IDセレクタのテスト

IDセレクタを持つルールをテストをします。

```
saba_core/src/renderer/css/cssom.rs
#[cfg(test)]
mod tests {
    #[test]
    fn test_id_selector() {
        let style = "#id { color: red; }".to_string();
```

ユニットテストによる構文解析の動作確認

```rust
        let t = CssTokenizer::new(style);
        let cssom = CssParser::new(t).parse_stylesheet();

        let mut rule = QualifiedRule::new();
        rule.set_selector(Selector::IdSelector("id".to_string()));
        let mut declaration = Declaration::new();
        declaration.set_property("color".to_string());
        declaration.set_value(ComponentValue::Ident("red".to_string()));
        rule.set_declarations(vec![declaration]);

        let expected = [rule];
        assert_eq!(cssom.rules.len(), expected.len());

        let mut i = 0;
        for rule in &cssom.rules {
            assert_eq!(&expected[i], rule);
            i += 1;
        }
    }
}
```

クラスセレクタのテスト

クラスセレクタを持つルールをテストをします。

saba_core/src/renderer/css/cssom.rs

```rust
#[cfg(test)]
mod tests {
    #[test]
    fn test_class_selector() {
        let style = ".class { color: red; }".to_string();
        let t = CssTokenizer::new(style);
        let cssom = CssParser::new(t).parse_stylesheet();

        let mut rule = QualifiedRule::new();
        rule.set_selector(Selector::ClassSelector("class".to_string()));
        let mut declaration = Declaration::new();
        declaration.set_property("color".to_string());
        declaration.set_value(ComponentValue::Ident("red".to_string()));
        rule.set_declarations(vec![declaration]);

        let expected = [rule];
        assert_eq!(cssom.rules.len(), expected.len());
```

第5章 CSSで装飾する──CSSOMとレイアウトツリーの構築

```
        let mut i = 0;
        for rule in &cssom.rules {
            assert_eq!(&expected[i], rule);
            i += 1;
        }
    }
}
```

複数のルールのテスト

複数のルールが存在するときのテストをします。

```
saba_core/src/renderer/css/cssom.rs
#[cfg(test)]
mod tests {
    #[test]
    fn test_multiple_rules() {
        let style = "p { content: \"Hey\"; } h1 { font-size: 40; color: ↵
blue; }".to_string();
        let t = CssTokenizer::new(style);
        let cssom = CssParser::new(t).parse_stylesheet();

        let mut rule1 = QualifiedRule::new();
        rule1.set_selector(Selector::TypeSelector("p".to_string()));
        let mut declaration1 = Declaration::new();
        declaration1.set_property("content".to_string());
        declaration1.set_value(ComponentValue::StringToken("Hey".to_string()));
        rule1.set_declarations(vec![declaration1]);

        let mut rule2 = QualifiedRule::new();
        rule2.set_selector(Selector::TypeSelector("h1".to_string()));
        let mut declaration2 = Declaration::new();
        declaration2.set_property("font-size".to_string());
        declaration2.set_value(ComponentValue::Number(40.0));
        let mut declaration3 = Declaration::new();
        declaration3.set_property("color".to_string());
        declaration3.set_value(ComponentValue::Ident("blue".to_string()));
        rule2.set_declarations(vec![declaration2, declaration3]);

        let expected = [rule1, rule2];
        assert_eq!(cssom.rules.len(), expected.len());

        let mut i = 0;
```

```
        for rule in &cssom.rules {
            assert_eq!(&expected[i], rule);
            i += 1;
        }
    }
}
```

saba_core ディレクトリに移動して、cargo test コマンドを実行するとテストを開始できます。cargo test css::cssom のように実行するテストを指定することも可能です。

```
$ cd saba_core
$ cargo test css::cssom
(省略)
running 5 tests
test renderer::css::cssom::tests::test_class_selector ... ok
test renderer::css::cssom::tests::test_id_selector ... ok
test renderer::css::cssom::tests::test_one_rule ... ok
test renderer::css::cssom::tests::test_multiple_rules ... ok
test renderer::css::cssom::tests::test_empty ... ok
```

レイアウトツリーの構築

CSSOM を作成したあとは、第 4 章で作成した DOM ツリーと組み合わせてレイアウトツリー (*Layout Tree*)、またはレンダーツリー (*Render Tree*) を作成します。レイアウトツリーは DOM ツリーのノードのうち、display: none プロパティが指定されていないノード、つまり画面に表示する必要のある要素をノードとして持ちます。そして、その各ノードは対応する CSS の情報も持ちます。

レイアウトツリーは HTML や CSS とは違って仕様書に定められている規格ではありませんが、Chrome や Firefox などのブラウザは木構造のようなデータ構造を作成して描画を行っています。

実装するディレクトリ・ファイルの作成

レイアウトに関する実装を行うための layout ディレクトリを作成します。

第 5 章 / CSS で装飾する——CSSOM とレイアウトツリーの構築

レイアウトツリーの構築を layout_view.rs、レイアウトツリーのノードを layout_object.rs、スタイルに関する情報を computed_style.rs ファイルに実装します。

```
$ mkdir saba_core/src/renderer/layout
$ touch saba_core/src/renderer/layout/mod.rs
$ touch saba_core/src/renderer/layout/computed_style.rs
$ touch saba_core/src/renderer/layout/layout_view.rs
$ touch saba_core/src/renderer/layout/layout_object.rs
```

mod.rs ファイルを変更してモジュールを追加することを忘れないでください。

```
saba_core/src/renderer/mod.rs
pub mod css;
pub mod dom;
pub mod html;
pub mod layout;
pub mod page;
```

```
saba_core/src/renderer/layout/mod.rs
pub mod computed_style;
pub mod layout_object;
pub mod layout_view;
```

現在のディレクトリの構造は以下のとおりです。便利スクリプトや build ディレクトリなどは省略しています。

```
$ tree
.
├── Cargo.toml
├── net
│   └── (省略)
├── src
│   └── main.rs
└── saba_core
    ├── Cargo.toml
    └── src
        └── renderer
            ├── (省略)
            ├── css
            │   └── (省略)
            ├── dom
            │   └── (省略)
```

レイアウトツリーの構築

```
├──── html
│   └──── (省略)
└──── layout
    ├──── mod.rs
    ├──── computed_style.rs
    ├──── layout_object.rs
    └──── layout_view.rs
```

LayoutView 構造体の作成

レイアウトツリーは LayoutView 構造体によって管理します。LayoutView
構造体は、ツリーのルートノードをフィールドに持ちます。ツリーは後述する
build_layout_tree メソッドによって構築されます。

```rust
saba_core/src/renderer/layout/layout_view.rs
use crate::renderer::css::cssom::StyleSheet;
use crate::renderer::dom::api::get_target_element_node;
use crate::renderer::dom::node::ElementKind;
use crate::renderer::dom::node::Node;
use crate::renderer::layout::layout_object::LayoutObject;
use alloc::rc::Rc;
use core::cell::RefCell;

#[derive(Debug, Clone)]
pub struct LayoutView {
    root: Option<Rc<RefCell<LayoutObject>>>,
}

impl LayoutView {
    pub fn new(
        root: Rc<RefCell<Node>>,
        cssom: &StyleSheet,
    ) -> Self {
        // レイアウトツリーは描画される要素だけを持つツリーなので、<body> タグを取得
        // し、その子要素以下をレイアウトツリーのノードに変換する。
        let body_root = get_target_element_node(Some(root), ElementKind::Body);

        let mut tree = Self {
            root: build_layout_tree(&body_root, &None, cssom),
        };
```

241

第5章 CSSで装飾する──CSSOMとレイアウトツリーの構築

```
        tree.update_layout();

        tree
    }

    pub fn root(&self) -> Option<Rc<RefCell<LayoutObject>>> {
        self.root.clone()
    }
}
```

DOMツリーの特定の要素を取得する関数の作成

レイアウトツリーは描画される要素だけを持つツリーなので、<body>タグ
の子孫要素のみをレイアウトツリーのノードに変換します。DOMツリーから
<body>タグのノードを取得する便利関数を追加します。

DOMツリーを操作する便利関数はdomディレクトリ以下のapi.rsファイル
に実装することにします。

```
$ touch saba_core/src/renderer/dom/api.rs
```

モジュールを追加することも忘れないでください。

saba_core/src/renderer/dom/mod.rs
```
pub mod api;
pub mod node;
```

get_target_element_node関数は、引数に与えた要素の種類（element_
kind）と一致した最初のノードを返します。これはJavaScriptの
getElementsByTagName関数[注25]と似た動きをします。ただ、JavaScriptのAPI
では複数のノードが取得できる可能性がありますが、本書の実装では、話を簡単
にするために一つのノードしか返しません。

引数で与えられたノード（node）から再帰的に要素の種類をチェックしていき

注25 https://developer.mozilla.org/en-US/docs/Web/API/Element/
getElementsByTagName

242

レイアウトツリーの構築

ます。もし現在のノードの要素が element_kind と同じであれば、そのノードを
返して関数は終了します（❶）。もし異なれば、子どものノードに対して同じ関数
を呼び出します（❷）。さらに、兄弟のノードに対して同じ関数を呼び出します（❸）。

```
saba_core/src/renderer/dom/api.rs
use crate::renderer::dom::node::Element;
use crate::renderer::dom::node::ElementKind;
use crate::renderer::dom::node::Node;
use crate::renderer::dom::node::NodeKind;
use alloc::rc::Rc;
use alloc::string::ToString;
use alloc::vec::Vec;
use core::cell::RefCell;

pub fn get_target_element_node(
    node: Option<Rc<RefCell<Node>>>,
    element_kind: ElementKind,
) -> Option<Rc<RefCell<Node>>> {
    match node {
        Some(n) => {
            if n.borrow().kind()
                == NodeKind::Element(Element::new(&element_kind.to_string()↵
, Vec::new()))
            {
                return Some(n.clone());  ──── ❶
            }
            let result1 = get_target_element_node(n.borrow().first_child(),↵
element_kind);  ──── ❷
            let result2 = get_target_element_node(n.borrow().next_sibling()↵
,element_kind);  ──── ❸
            if result1.is_none() && result2.is_none() {
                return None;
            }
            if result1.is_none() {
                return result2;
            }
            result1
        }
        None => None,
    }
}
```

ElementKind 列挙型から文字列に変換するために、Display トレイトを実装
しましょう。これで、ElementKind 列挙型に対して to_string メソッドが使え

243

第5章 CSSで装飾する——CSSOMとレイアウトツリーの構築

るようになります。

```
saba_core/src/renderer/dom/node.rs
use core::fmt::Display;
use core::fmt::Formatter;

impl Display for ElementKind {
    fn fmt(&self, f: &mut Formatter) -> core::fmt::Result {
        let s = match self {
            ElementKind::Html => "html",
            ElementKind::Head => "head",
            ElementKind::Style => "style",
            ElementKind::Script => "script",
            ElementKind::Body => "body",
            ElementKind::H1 => "h1",
            ElementKind::H2 => "h2",
            ElementKind::P => "p",
            ElementKind::A => "a",
        };
        write!(f, "{}", s)
    }
}
```

LayoutObject 構造体の作成

LayoutObject 構造体は、レイアウトツリーの一つのノードとなり、描画に必要な情報をすべて持った構造体です。DOM ツリーのノード（Node）や CSS の情報を表す ComputedStyle 構造体をフィールドに持ちます。

```
saba_core/src/renderer/layout/layout_object.rs
use crate::renderer::dom::node::Node;
use crate::renderer::layout::computed_style::ComputedStyle;
use alloc::rc::Rc;
use alloc::rc::Weak;
use core::cell::RefCell;

#[derive(Debug, Clone)]
pub struct LayoutObject {
    kind: LayoutObjectKind,
    node: Rc<RefCell<Node>>,
    first_child: Option<Rc<RefCell<LayoutObject>>>,
    next_sibling: Option<Rc<RefCell<LayoutObject>>>,
```

レイアウトツリーの構築

```
    parent: Weak<RefCell<LayoutObject>>,
    style: ComputedStyle,
    point: LayoutPoint,
    size: LayoutSize,
}

impl LayoutObject {
    pub fn new(node: Rc<RefCell<Node>>, parent_obj: &Option<Rc<RefCell↵
<LayoutObject>>>) -> Self {
        let parent = match parent_obj {
            Some(p) => Rc::downgrade(p),
            None => Weak::new(),
        };

        Self {
            kind: LayoutObjectKind::Block,
            node: node.clone(),
            first_child: None,
            next_sibling: None,
            parent,
            style: ComputedStyle::new(),
            point: LayoutPoint::new(0, 0),
            size: LayoutSize::new(0, 0),
        }
    }
}
```

■ ゲッタ／セッタメソッドの追加

LayoutObject のフィールドはすべてプライベートなため、それらを変更／取得するためのセッタメソッドとゲッタメソッドも追加します。

```
saba_core/src/renderer/layout/layout_object.rs
use crate::renderer::dom::node::NodeKind;

impl LayoutObject {
    pub fn kind(&self) -> LayoutObjectKind {
        self.kind
    }

    pub fn node_kind(&self) -> NodeKind {
        self.node.borrow().kind().clone()
    }

    pub fn set_first_child(&mut self, first_child: Option<Rc<RefCell↵
```

245

第**5**章 / CSSで装飾する——CSSOMとレイアウトツリーの構築

```rust
<LayoutObject>>>) {
        self.first_child = first_child;
    }

    pub fn first_child(&self) -> Option<Rc<RefCell<LayoutObject>>> {
        self.first_child.as_ref().cloned()
    }

    pub fn set_next_sibling(&mut self, next_sibling: Option<Rc<RefCell↵
<LayoutObject>>>) {
        self.next_sibling = next_sibling;
    }

    pub fn next_sibling(&self) -> Option<Rc<RefCell<LayoutObject>>> {
        self.next_sibling.as_ref().cloned()
    }

    pub fn parent(&self) -> Weak<RefCell<Self>> {
        self.parent.clone()
    }

    pub fn style(&self) -> ComputedStyle {
        self.style.clone()
    }

    pub fn point(&self) -> LayoutPoint {
        self.point
    }

    pub fn size(&self) -> LayoutSize {
        self.size
    }
}
```

■ブロック要素とインライン要素

　HTMLの要素は、表示されるコンテンツの性質に基づいてブロック要素とインライン要素に分類されます。

　たとえば、HTMLの \<div\>、\<p\>、\<h1\>、\<ul\>、\<li\> 要素はデフォルトの設定ではブロック要素になります。またh、HTMLの \<span\>、\<a\>、\<strong\>、\<img\> 要素はデフォルトでインライン要素になります。

　LayoutObjectKind列挙型はブロック要素をBlock、インライン要素をInlineで表します。本来はテキストもインライン要素なのですが、本書では実

246

レイアウトツリーの構築

装を簡単にするためにテキスト用に Text も追加します。

```
saba_core/src/renderer/layout/layout_object.rs
#[derive(Debug, Copy, Clone, PartialEq, Eq)]
pub enum LayoutObjectKind {
    Block,
    Inline,
    Text,
}
```

　要素がデフォルトでブロック要素かインライン要素か決める is_block_element メソッドを Element 構造体のメソッドとして追加しましょう。本書の実装では、サポートしているタグのうち、<body>、<h1>、<h2>、<p> がブロック要素です。

```
saba_core/src/renderer/dom/node.rs
impl Element {
    pub fn is_block_element(&self) -> bool {
        match self.kind {
            ElementKind::Body
            | ElementKind::H1
            | ElementKind::H2
            | ElementKind::P => true,
            _ => false,
        }
    }
}
```

■LayoutPoint 構造体の作成

　LayoutPoint 構造体は LayoutObject オブジェクトの位置を表すデータ構造です。レイアウトツリーを構築する際に、各要素の描画される位置を計算します。

```
saba_core/src/renderer/layout/layout_object.rs
#[derive(Debug, Clone, PartialEq, Copy)]
pub struct LayoutPoint {
    x: i64,
    y: i64,
}

impl LayoutPoint {
    pub fn new(x: i64, y: i64) -> Self {
        Self { x, y }
    }
```

247

第5章 CSSで装飾する──CSSOMとレイアウトツリーの構築

```rust
    pub fn x(&self) -> i64 {
        self.x
    }

    pub fn y(&self) -> i64 {
        self.y
    }

    pub fn set_x(&mut self, x: i64) {
        self.x = x;
    }

    pub fn set_y(&mut self, y: i64) {
        self.y = y;
    }
}
```

■ LayoutSize 構造体の作成

LayoutSize 構造体は、LayoutObject オブジェクトのサイズを表すデータ構造です。レイアウトツリーを構築する際には、各要素のサイズも計算します。

```rust
saba_core/src/renderer/layout/layout_object.rs
#[derive(Debug, Clone, PartialEq, Copy)]
pub struct LayoutSize {
    width: i64,
    height: i64,
}

impl LayoutSize {
    pub fn new(width: i64, height: i64) -> Self {
        Self { width, height }
    }

    pub fn width(&self) -> i64 {
        self.width
    }

    pub fn height(&self) -> i64 {
        self.height
    }

    pub fn set_width(&mut self, width: i64) {
        self.width = width;
    }
```

レイアウトツリーの構築

```
    pub fn set_height(&mut self, height: i64) {
        self.height = height;
    }
}
```

ComputedStyle の作成

CSS のプロパティと値を保持する ComputedValue 構造体を作成します。

CSS の値は、以下のような変化を経て、最終的に画面に表示される値になります。

❶ 宣言値

ユーザーが指定した値を宣言値 (*declared value*) と呼ぶ

❷ カスケード値

同じプロパティに対し、複数の宣言値が存在する場合、CSS Cascading and Inheritance Level 4[注26] で定められているカスケードのルールに従って、適用する宣言値を決定する。選ばれた宣言値をカスケード値 (*cascated value*) と呼ぶ

❸ 指定値

もしプロパティがカスケード値を持たない場合、CSS Cascading and Inheritance Level 4 で定められているルールに従って値を決定する。この値を指定値 (*specified value*) と呼ぶ

❹ 計算値

em やパーセントなどの相対値を絶対値に変換したあとの値。width、margin などのレイアウトに必要ないくつかのプロパティは相対的な値のままになる。この値を計算値 (*computed value*) と呼ぶ

❺ 使用値

ブラウザによってレイアウトの計算が行われ、その結果が適用されたあとの値。この値を使用値 (*used value*) と呼ぶ。すべての CSS のプロパティが使用値を持つ

❻ 実効値

使用値がローカルの環境の制約によって変換されたあとの値。この値を実効値 (*actual value*) と呼ぶ

たとえば、**表 5-2** はいくつかの値の変化を表します。

注 26　https://www.w3.org/TR/css-cascade-4/#cascading

第**5**章 CSS で装飾する——CSSOM とレイアウトツリーの構築

表5-2 CSS の値の変化

プロパティ	宣言値	カスケード値	指定値	計算値	使用値	実効値
width	(記述なし)	(なし)	auto	auto	600px	600px
width	width: 80%	80%	80%	80%	354.2px	354px
width	auto	auto	auto	auto	600px	600px
font-size	font-size: 1.2em	1.2em	1.2em	14.1px	14.1px	14px

ComputedValue 構造体は計算値を表す構造体です。本書では相対値などの値はサポートしていないため、計算値が実効値と同じ値になります。ComputedValue 構造体はサポートしている CSS のプロパティをフィールドに持ちます。本書の実装 では、background-color、color、display、font-size、text-decoration、height、width のプロパティに対応するフィールドを持ちます。

```
saba_core/src/renderer/layout/computed_style.rs
#[derive(Debug, Clone, PartialEq)]
pub struct ComputedStyle {
    background_color: Option<Color>,
    color: Option<Color>,
    display: Option<DisplayType>,
    font_size: Option<FontSize>,
    text_decoration: Option<TextDecoration>,
    height: Option<f64>,
    width: Option<f64>,
}

impl ComputedStyle {
    pub fn new() -> Self {
        Self {
            background_color: None,
            color: None,
            display: None,
            font_size: None,
            text_decoration: None,
            height: None,
            width: None,
        }
    }
}
```

■ **ゲッタ／セッタメソッドの追加**

ComputedStyle 構造体のフィールドはすべてプライベートなため、それらを

レイアウトツリーの構築

変更/取得するためのセッタメソッドとゲッタメソッドも追加します。本書の実装では、CSS によって変更できるのは background-color、color、display プロパティのみなので、set_background_color メソッドと set_color メソッドと set_display メソッドは存在しますが、set_font_size メソッドなどは存在しません。要素のサイズを表す height と width はのちほど要素の位置やサイズを計算するときに使用します。

```rust
impl ComputedStyle {
    pub fn set_background_color(&mut self, color: Color) {
        self.background_color = Some(color);
    }

    pub fn background_color(&self) -> Color {
        self.background_color
            .clone()
            .expect("failed to access CSS property: background_color")
    }

    pub fn set_color(&mut self, color: Color) {
        self.color = Some(color);
    }

    pub fn color(&self) -> Color {
        self.color
            .clone()
            .expect("failed to access CSS property: color")
    }

    pub fn set_display(&mut self, display: DisplayType) {
        self.display = Some(display);
    }

    pub fn display(&self) -> DisplayType {
        self.display
            .expect("failed to access CSS property: display")
    }

    pub fn font_size(&self) -> FontSize {
        self.font_size
            .expect("failed to access CSS property: font_size")
    }

    pub fn text_decoration(&self) -> TextDecoration {
```

251

第5章 / CSSで装飾する──CSSOMとレイアウトツリーの構築

```
        self.text_decoration
            .expect("failed to access CSS property: text_decoration")
    }

    pub fn set_height(&mut self, height: f64) {
        self.height = Some(height);
    }

    pub fn height(&self) -> f64 {
        self.height.expect("failed to access CSS property: height")
    }

    pub fn set_width(&mut self, width: f64) {
        self.width = Some(width);
    }

    pub fn width(&self) -> f64 {
        self.width.expect("failed to access CSS property: width")
    }
}
```

■ Color 構造体の作成

Color 構造体は、CSS の色の値を表す構造体です。色は red、blue、black などの名前や、#ff0000、#808080 などのカラーコードを表す値をフィールドに持ちます。

```
saba_core/src/renderer/layout/computed_style.rs
use alloc::string::String;

#[derive(Debug, Clone, PartialEq)]
pub struct Color {
    name: Option<String>,
    code: String,
}
```

Color 構造体は、from_name 関数によって名前から、from_code 関数によってカラーコードから作成できます。#fff などの省略された形式のカラーコードは使用できません（❶）。

```
saba_core/src/renderer/layout/computed_style.rs
use alloc::string::ToString;
use crate::error::Error;
```

252

レイアウトツリーの構築

```rust
use alloc::format;

impl Color {
    pub fn from_name(name: &str) -> Result<Self, Error> {
        let code = match name {
            "black" => "#000000".to_string(),
            "silver" => "#c0c0c0".to_string(),
            "gray" => "#808080".to_string(),
            "white" => "#ffffff".to_string(),
            "maroon" => "#800000".to_string(),
            "red" => "#ff0000".to_string(),
            "purple" => "#800080".to_string(),
            "fuchsia" => "#ff00ff".to_string(),
            "green" => "#008000".to_string(),
            "lime" => "#00ff00".to_string(),
            "olive" => "#808000".to_string(),
            "yellow" => "#ffff00".to_string(),
            "navy" => "#000080".to_string(),
            "blue" => "#0000ff".to_string(),
            "teal" => "#008080".to_string(),
            "aqua" => "#00ffff".to_string(),
            "orange" => "#ffa500".to_string(),
            "lightgray" => "#d3d3d3".to_string(),
            _ => {
                return Err(Error::UnexpectedInput(format!(
                    "color name {:?} is not supported yet",
                    name
                )));
            }
        };

        Ok(Self {
            name: Some(name.to_string()),
            code,
        })
    }

    pub fn from_code(code: &str) -> Result<Self, Error> {
        if code.chars().nth(0) != Some('#') || code.len() != 7 {  ──── ❶
            return Err(Error::UnexpectedInput(format!(
                "invalid color code {}",
                code
            )));
        }

        let name = match code {
```

253

第5章 CSSで装飾する──CSSOMとレイアウトツリーの構築

```
        "#000000" => "black".to_string(),
        "#c0c0c0" => "silver".to_string(),
        "#808080" => "gray".to_string(),
        "#ffffff" => "white".to_string(),
        "#800000" => "maroon".to_string(),
        "#ff0000" => "red".to_string(),
        "#800080" => "purple".to_string(),
        "#ff00ff" => "fuchsia".to_string(),
        "#008000" => "green".to_string(),
        "#00ff00" => "lime".to_string(),
        "#808000" => "olive".to_string(),
        "#ffff00" => "yellow".to_string(),
        "#000080" => "navy".to_string(),
        "#0000ff" => "blue".to_string(),
        "#008080" => "teal".to_string(),
        "#00ffff" => "aqua".to_string(),
        "#ffa500" => "orange".to_string(),
        "#d3d3d3" => "lightgray".to_string(),
        _ => {
            return Err(Error::UnexpectedInput(format!(
                "color code {:?} is not supported yet",
                code
            )));
        }
    };

    Ok(Self {
        name: Some(name),
        code: code.to_string(),
    })
    }
}
```

また、Color構造体に関する便利関数も追加しておきます。white関数は白色を表すColorオブジェクトを返します。black関数は黒色を表すColorオブジェクトを返します。code_u32はカラーコードをu32型で返すメソッドです。

```
saba_core/src/renderer/layout/computed_style.rs
impl Color {
    pub fn white() -> Self {
        Self {
            name: Some("white".to_string()),
            code: "#ffffff".to_string(),
        }
```

レイアウトツリーの構築

```
    }

    pub fn black() -> Self {
        Self {
            name: Some("black".to_string()),
            code: "#000000".to_string(),
        }
    }

    pub fn code_u32(&self) -> u32 {
        u32::from_str_radix(self.code.trim_start_matches('#'), 16).unwrap()
    }
}
```

■FontSize 列挙型の作成

FontSize 列挙型は、文字の大きさを表す列挙型です。本書の実装では、通常の文字を表す Medium と、<h1> タグのデフォルトの文字の大きさである XXLarge （❶）と、<h2> タグのデフォルトの文字の大きさである XLarge （❷）をサポートします。

```
saba_core/src/renderer/layout/computed_style.rs
use crate::renderer::dom::node::ElementKind;
use crate::renderer::dom::node::Node;
use crate::renderer::dom::node::NodeKind;
use alloc::rc::Rc;
use core::cell::RefCell;

#[derive(Debug, Copy, Clone, PartialEq)]
pub enum FontSize {
    Medium,
    XLarge,
    XXLarge,
}

impl FontSize {
    fn default(node: &Rc<RefCell<Node>>) -> Self {
        match &node.borrow().kind() {
            NodeKind::Element(element) => match element.kind() {
                ElementKind::H1 => FontSize::XXLarge, ── ❶
                ElementKind::H2 => FontSize::XLarge, ── ❷
                _ => FontSize::Medium,
            },
            _ => FontSize::Medium,
```

255

```
            }
        }
    }
```

■ DisplayType 列挙型の作成

DisplayType 列挙型は、CSS の display プロパティに対応する値を表します。
本書では、ブロック要素を表す Block と、インライン要素を表す Inline と、要素を非表示にさせる DisplayNone の 3 種類をサポートします。

```
saba_core/src/renderer/layout/computed_style.rs
#[derive(Debug, Copy, Clone, PartialEq)]
pub enum DisplayType {
    /// https://www.w3.org/TR/css-display-3/#valdef-display-block
    Block,
    /// https://www.w3.org/TR/css-display-3/#valdef-display-inline
    Inline,
    /// https://www.w3.org/TR/css-display-3/#valdef-display-none
    DisplayNone,
}

impl DisplayType {
    fn default(node: &Rc<RefCell<Node>>) -> Self {
        match &node.borrow().kind() {
            NodeKind::Document => DisplayType::Block,
            NodeKind::Element(e) => {
                if e.is_block_element() {
                    DisplayType::Block
                } else {
                    DisplayType::Inline
                }
            }
            NodeKind::Text(_) => DisplayType::Inline,
        }
    }

    pub fn from_str(s: &str) -> Result<Self, Error> {
        match s {
            "block" => Ok(Self::Block),
            "inline" => Ok(Self::Inline),
            "none" => Ok(Self::DisplayNone),
            _ => Err(Error::UnexpectedInput(format!(
                "display {:?} is not supported yet",
                s
            ))),
```

レイアウトツリーの構築

```
            }
        }
    }
```

■TextDecoration 列挙型の作成

TextDecoration 列挙型は、CSS の text-decoration プロパティに対応する
値を表す列挙型です。本書では、テキストの下線を表す Underline と、何の装
飾もない None の 2 種類をサポートします。

```
saba_core/src/renderer/layout/computed_style.rs
#[derive(Debug, Copy, Clone, PartialEq)]
pub enum TextDecoration {
    None,
    Underline,
}

impl TextDecoration {
    fn default(node: &Rc<RefCell<Node>>) -> Self {
        match &node.borrow().kind() {
            NodeKind::Element(element) => match element.kind() {
                ElementKind::A => TextDecoration::Underline,
                _ => TextDecoration::None,
            },
            _ => TextDecoration::None,
        }
    }
}
```

レイアウトツリーの作成

レイアウトツリーは、レイアウトオブジェクト（LayoutObject）をノードと
して持つ木構造です。レイアウトツリーを構築するためには、DOMツリーをルー
トノードから走査しながら、DOM ノードからレイアウトオブジェクトを作成し
ます。

build_layout_tree 関数は、再帰的に呼び出すことでレイアウトツリーを構
築する関数です。現在見ているDOMツリーのノードと、親のレイアウトオブジェ
クト、そして CSS のスタイルシートを引数に取ります。

まず与えられた DOM ノードに対して、対応するレイアウトオブジェクトを

257

第5章 CSS で装飾する──CSSOM とレイアウトツリーの構築

作成します（❶）。もしノードに display: none が設定されている場合、レイアウトオブジェクトは作成されません。最初に作成したレイアウトオブジェクトが存在しない場合（❷）、兄弟ノードに対して繰り返しレイアウトオブジェクトの作成を試みます（❸）。表示されるノードが見つかるまで、この処理を続けます。

現在処理を行っている DOM ノード（target_node）の子ノード（❹）と兄弟ノード（❺）に対して、再帰的に build_layout_tree 関数を呼び出し、子と兄弟のレイアウトツリーを構築します。子ノードと兄弟ノードも display: node が指定されている場合はレイアウトオブジェクトが作成されないため、表示されるノードが見つかるまで、兄弟ノードをたどり、処理を続けます。

最後に、作成した子と兄弟のレイアウトオブジェクトを現在参照しているレイアウトオブジェクトの子（❻）と兄弟ノード（❼）として追加したら終了です。

```
saba_core/src/renderer/layout/layout_view.rs
use crate::renderer::layout::layout_object::create_layout_object;

fn build_layout_tree(
    node: &Option<Rc<RefCell<Node>>>,
    parent_obj: &Option<Rc<RefCell<LayoutObject>>>,
    cssom: &StyleSheet,
) -> Option<Rc<RefCell<LayoutObject>>> {
    // create_layout_object 関数によって、ノードとなる LayoutObject の作成を試みる。
    // CSS によって "display:none" が指定されていた場合、ノードは作成されない
    let mut target_node = node.clone();
    let mut layout_object = create_layout_object(node, parent_obj, cssom); ── ❶
    // もしノードが作成されなかった場合、DOM ノードの兄弟ノードを使用して LayoutObject の
    // 作成を試みる。LayoutObject が作成されるまで、兄弟ノードをたどり続ける
    while layout_object.is_none() { ── ❷
        if let Some(n) = target_node {
            target_node = n.borrow().next_sibling().clone();
            layout_object = create_layout_object(&target_node, parent_obj, cssom); ── ❸
        } else {
            // もし兄弟ノードがない場合、処理するべき DOM ツリーは終了したので、今まで
            // 作成したレイアウトツリーを返す
            return layout_object;
        }
    }

    if let Some(n) = target_node {
        let original_first_child = n.borrow().first_child();
        let original_next_sibling = n.borrow().next_sibling();
        let mut first_child = build_layout_tree(&original_first_child, &layout_obje↵
```

258

レイアウトツリーの構築

```
ct, cssom); ── ❹
        let mut next_sibling = build_layout_tree(&original_next_sibling, &None, css↵
om); ── ❺

        // もし子ノードに "display:node" が指定されていた場合、LayoutObject は作成され
        // ないため、子ノードの兄弟ノードを使用して LayoutObject の作成を試みる。
        // LayoutObject が作成されるか、たどるべき兄弟ノードがなくなるまで処理を繰り返す
        if first_child.is_none() && original_first_child.is_some() {
            let mut original_dom_node = original_first_child
                .expect("first child should exist")
                .borrow()
                .next_sibling();

            loop {
                first_child = build_layout_tree(&original_dom_node, &layout_object,↵
cssom);

                if first_child.is_none() && original_dom_node.is_some() {
                    original_dom_node = original_dom_node
                        .expect("next sibling should exist")
                        .borrow()
                        .next_sibling();
                    continue;
                }

                break;
            }
        }

        // もし兄弟ノードに "display:node" が指定されていた場合、LayoutObject は作成され
        // ないため、兄弟ノードの兄弟ノードを使用して LayoutObject の作成を試みる。
        // LayoutObject が作成されるか、たどるべき兄弟ノードがなくなるまで処理を繰り返す
        if next_sibling.is_none() && n.borrow().next_sibling().is_some() {
            let mut original_dom_node = original_next_sibling
                .expect("first child should exist")
                .borrow()
                .next_sibling();

            loop {
                next_sibling = build_layout_tree(&original_dom_node, &None, cssom);

                if next_sibling.is_none() && original_dom_node.is_some() {
                    original_dom_node = original_dom_node
                        .expect("next sibling should exist")
                        .borrow()
                        .next_sibling();
```

第5章 CSSで装飾する──CSSOMとレイアウトツリーの構築

```
                    continue;
                }

                break;
            }
        }

        let obj = match layout_object {
            Some(ref obj) => obj,
            None => panic!("render object should exist here"),
        };
        obj.borrow_mut().set_first_child(first_child); ──── ❻
        obj.borrow_mut().set_next_sibling(next_sibling); ── ❼
    }

    layout_object
}
```

レイアウトオブジェクトのインスタンス化

LayoutObject オブジェクトは、create_layout_object 関数によって作成します。

ComputedValue 構造体を作成したときにも説明しましたが、CSS の値はいくつかのプロセスを経て、変換されます。LayoutObject オブジェクトを作成するときに、適用する宣言値の決定（カスケード）（❶）と指定値の決定（デフォルティング）（❷）を行い、作成したばかりの LayoutObject オブジェクトが正しい ComputedValue を持つようにします。

CSS の値の変換を終えたあと CSS の display プロパティの値が none の場合、このノードは描画されないノードのため、LayoutObject オブジェクトを返しません（❸）。

```
saba_core/src/renderer/layout/layout_object.rs
use crate::renderer::css::cssom::StyleSheet;
use crate::renderer::layout::computed_style::DisplayType;

pub fn create_layout_object(
    node: &Option<Rc<RefCell<Node>>>,
    parent_obj: &Option<Rc<RefCell<LayoutObject>>>,
    cssom: &StyleSheet,
) -> Option<Rc<RefCell<LayoutObject>>> {
```

レイアウトツリーの構築

```
    if let Some(n) = node {
        // LayoutObject を作成する
        let layout_object = Rc::new(RefCell::new(LayoutObject::new(n.clone(), ↵
parent_obj)));

            // CSS のルールをセレクタで選択されたノードに適用する
            for rule in &cssom.rules {
                if layout_object.borrow().is_node_selected(&rule.selector) {
                    layout_object
                        .borrow_mut()
                        .cascading_style(rule.declarations.clone()); ──── ❶
                }
            }

            // CSS でスタイルが指定されていない場合、デフォルトの値または親のノードから
            // 継承した値を使用する
            let parent_style = if let Some(parent) = parent_obj {
                Some(parent.borrow().style())
            } else {
                None
            };
            layout_object.borrow_mut().defaulting_style(n, parent_style); ──── ❷

            // display プロパティが none の場合、ノードを作成しない
            if layout_object.borrow().style().display() == DisplayType::DisplayNone {
                return None; ──── ❸
            }

            // display プロパティの最終的な値を使用してノードの種類を決定する
            layout_object.borrow_mut().update_kind();
            return Some(layout_object);
    }
    None
}
```

■ ノードが選択されているかを判断するメソッド

CSS のルールをレイアウトツリーのノードに適応すべきかどうかを判断する
ためのメソッドを作成します。is_node_selected メソッドは引数にセレクタ
(selector) を取り、ノードがそのセレクタによって指定されていれば true を
返します。

第5章 CSSで装飾する── CSSOMとレイアウトツリーの構築

```
saba_core/src/renderer/layout/layout_object.rs
use crate::alloc::string::ToString;
use crate::renderer::css::cssom::Selector;

impl LayoutObject {
    pub fn is_node_selected(&self, selector: &Selector) -> bool {
        match &self.node_kind() {
            NodeKind::Element(e) => match selector {
                Selector::TypeSelector(type_name) => {
                    if e.kind().to_string() == *type_name {
                        return true;
                    }
                    false
                }
                Selector::ClassSelector(class_name) => {
                    for attr in &e.attributes() {
                        if attr.name() == "class" && attr.value() == *class_name {
                            return true;
                        }
                    }
                    false
                }
                Selector::IdSelector(id_name) => {
                    for attr in &e.attributes() {
                        if attr.name() == "id" && attr.value() == *id_name {
                            return true;
                        }
                    }
                    false
                }
                Selector::UnknownSelector => false,
            },
            _ => false,
        }
    }
}
```

要素ノードの属性を取得するためのゲッタメソッドも Element 構造体に追加しましょう。

```
saba_core/src/renderer/dom/node.rs
impl Element {
    pub fn attributes(&self) -> Vec<Attribute> {
        self.attributes.clone()
```

レイアウトツリーの構築

```
        }
}
```

■CSS ルールの適用 (Cascading)

　ノードがセレクタによって選択されている場合、その CSS のルールをノード
に適応します。cascading_style メソッドは、CSS の宣言リスト (declarations)
を引数に取り、各宣言のプロパティをノードに適応します。

　CSS では、複数のスタイルシートや同じ要素に対して、複数のスタイルが定
義できます。どのスタイルが優先されるかを決定するしくみのことをカスケー
ド (*Cascading*) と呼びます。CSS Cascading and Inheritance Level 4 の 6.
Cascading[注27] に詳しい説明があります。

　本書のブラウザでは、<style> タグによって HTML 文書内に直接書く内部ス
タイルシートしかサポートしていないため、cascading_sytle メソッドでは単
にサポートしているプロパティの値を style フィールドにセットします。

　本書では background-color、color、display のプロパティのみ、CSS によっ
て変更できます。

```
saba_core/src/renderer/layout/layout_object.rs
use crate::renderer::css::cssom::ComponentValue;
use crate::renderer::css::cssom::Declaration;
use crate::renderer::layout::computed_style::Color;
use alloc::vec::Vec;

impl LayoutObject {
    pub fn cascading_style(&mut self, declarations: Vec<Declaration>) {
        for declaration in declarations {
            match declaration.property.as_str() {
                "background-color" => {
                    if let ComponentValue::Ident(value) = &declaration.value {
                        let color = match Color::from_name(&value) {
                            Ok(color) => color,
                            Err(_) => Color::white(),
                        };
                        self.style.set_background_color(color);
                        continue;
                    }
```

注27　https://www.w3.org/TR/css-cascade-4/#cascading

第5章 CSSで装飾する —— CSSOMとレイアウトツリーの構築

```
                if let ComponentValue::HashToken(color_code) = &declaration.value {
                    let color = match Color::from_code(&color_code) {
                        Ok(color) => color,
                        Err(_) => Color::white(),
                    };
                    self.style.set_background_color(color);
                    continue;
                }
            }
            "color" => {
                if let ComponentValue::Ident(value) = &declaration.value {
                    let color = match Color::from_name(&value) {
                        Ok(color) => color,
                        Err(_) => Color::black(),
                    };
                    self.style.set_color(color);
                }

                if let ComponentValue::HashToken(color_code) = &declaration.value {
                    let color = match Color::from_code(&color_code) {
                        Ok(color) => color,
                        Err(_) => Color::black(),
                    };
                    self.style.set_color(color);
                }
            }
            "display" => {
                if let ComponentValue::Ident(value) = declaration.value {
                    let display_type = match DisplayType::from_str(&value) {
                        Ok(display_type) => display_type,
                        Err(_) => DisplayType::DisplayNone,
                    };
                    self.style.set_display(display_type)
                }
            }
            _ => {}
        }
    }
  }
}
```

■ 指定値の決定 (Defaulting)

　もしノードに対して CSS の値が明示的に指定されていない場合、指定値を使用します。指定値は、仕様書で定められている初期値 (*Initial value*)、親要素の

レイアウトツリーの構築

値の継承、CSS の inherit キーワードなどによる明示的な継承の設定により決定されます。指定値の決定のプロセスをデフォルティング（*Defaulting*）と言い、CSS Cascading and Inheritance Level 4 の 7. Defaulting[注28] に詳しい説明があります。簡単にプロセスを説明すると以下のとおりです。

❶ CSS により明示的にプロパティに値を指定した場合は、その値が使用される
❷ CSS による明示的な値の指定がない場合は、可能であれば親要素から値を継承する
❸ 上記のいずれも利用できない場合、要素の初期値が使用される

defaulting_style メソッドは、ノードの CSS スタイル情報に対して defaulting メソッドを呼び出します。

```
saba_core/src/renderer/layout/layout_object.rs
impl LayoutObject {
    pub fn defaulting_style(
        &mut self,
        node: &Rc<RefCell<Node>>,
        parent_style: Option<ComputedStyle>,
    ) {
        self.style.defaulting(node, parent_style);
    }
}
```

defaulting メソッドは、もし ComputedStyle 構造体の各フィールドの値がユーザーによって設定されていない場合、デフォルトの値を設定します。もし親要素の CSS の値がユーザーによって明示的に指定されていれば、その値を親から継承します。

たとえば、color プロパティが CSS によって明示的に設定されていない場合、まず、親要素の color プロパティの値をチェックします。親要素の color プロパティがブラウザによって定められた初期値（本実装では黒色とする）ではない場合（❶）、ユーザーによって設定されている値なので、親要素の値を継承します（❷）。それ以外の場合、初期値である黒色を設定します（❸）。

```
saba_core/src/renderer/layout/computed_style.rs
impl ComputedStyle {
    pub fn defaulting(&mut self, node: &Rc<RefCell<Node>>, parent_style: ↵
Option<ComputedStyle>) {
```

注 28 https://www.w3.org/TR/css-cascade-4/#defaulting

第5章 CSSで装飾する── CSSOMとレイアウトツリーの構築

```
            // もし親ノードが存在し、親のCSSの値が初期値とは異なる場合、値を継承する
        if let Some(parent_style) = parent_style {
            if self.background_color.is_none() && parent_style.background_color() ↵
!= Color::white()
            {
                self.background_color = Some(parent_style.background_color());
            }
            if self.color.is_none() && parent_style.color() != Color::black() {  ── ❶
                self.color = Some(parent_style.color());  ── ❷
            }
            if self.font_size.is_none() && parent_style.font_size() != FontSize::↵
Medium {
                self.font_size = Some(parent_style.font_size());
            }
            if self.text_decoration.is_none()
                && parent_style.text_decoration() != TextDecoration::None
            {
                self.text_decoration = Some(parent_style.text_decoration());
            }
        }

        // 各プロパティに対して、初期値を設定する
        if self.background_color.is_none() {
            self.background_color = Some(Color::white());
        }
        if self.color.is_none() {
            self.color = Some(Color::black());  ── ❸
        }
        if self.display.is_none() {
            self.display = Some(DisplayType::default(node));
        }
        if self.font_size.is_none() {
            self.font_size = Some(FontSize::default(node));
        }
        if self.text_decoration.is_none() {
            self.text_decoration = Some(TextDecoration::default(node));
        }
        if self.height.is_none() {
            self.height = Some(0.0);
        }
        if self.width.is_none() {
            self.width = Some(0.0);
        }
    }
}
```

266

レイアウトツリーの構築

■ブロック／インライン要素の最終決定

カスケード、デフォルティングを経て CSS の値が最終的に決定したあと、あらためて LayoutObject のノードがブロック要素になるかインライン要素になるかを決定します。update_kind メソッドは、ノードの種類と display プロパティの値によって、最終的な LayoutObjectKind を決定するメソッドです。

```
saba_core/src/renderer/layout/layout_object.rs
impl LayoutObject {
    pub fn update_kind(&mut self) {
        match self.node_kind() {
            NodeKind::Document => panic!("should not create a layout object↵
 for a Document node"),
            NodeKind::Element(_) => {
                let display = self.style.display();
                match display {
                    DisplayType::Block => self.kind = LayoutObjectKind::Blo↵
ck,
                    DisplayType::Inline => self.kind = LayoutObjectKind::In↵
line,
                    DisplayType::DisplayNone => {
                        panic!("should not create a layout object for displ↵
ay:none")
                    }
                }
            }
            NodeKind::Text(_) => self.kind = LayoutObjectKind::Text,
        }
    }
}
```

ノードの位置／サイズ情報の更新

今までの実装で、レイアウトツリーの構築はできました。しかし、まだ完成ではありません。レイアウトツリーのノードをどこに描画するか決定するために、位置とサイズを計算する必要があります。

update_layout メソッドは、構築し終えたレイアウトツリーに対して、各ノードのサイズと位置を計算するメソッドです。

267

第5章 / CSSで装飾する──CSSOMとレイアウトツリーの構築

```rust
saba_core/src/renderer/layout/layout_view.rs
use crate::constants::CONTENT_AREA_WIDTH;
use crate::renderer::layout::layout_object::LayoutPoint;
use crate::renderer::layout::layout_object::LayoutSize;

impl LayoutView {
    fn update_layout(&mut self) {
        Self::calculate_node_size(&self.root, LayoutSize::new(CONTENT_AREA_WIDTH, 0));

        Self::calculate_node_position(
            &self.root,
            LayoutPoint::new(0, 0),
            LayoutObjectKind::Block,
            None,
            None,
        );
    }
}
```

■ **定数の設定ファイル**

ノードのサイズを計算するために、アプリケーションのウィンドウのサイズを知る必要があります。本書のブラウザアプリケーションは、一度アプリケーションが開始したらウィンドウのサイズの変更はできません。よって必要な情報は不変な値である定数で定義します。

定数を保持するための constants.rs ファイルを作成します。

```
$ touch saba_core/src/constants.rs
```

constants モジュールを追加することも忘れないください。

```rust
saba_core/src/lib.rs
#![no_std]

extern crate alloc;

pub mod browser;
pub mod constants;
pub mod error;
pub mod http;
pub mod renderer;
pub mod url;
pub mod utils;
```

レイアウトツリーの構築

　このファイルには、ウィンドウの大きさなどの定数を定義します。これらの値は noli に定義されているウィンドウのタイトルバーの高さである TITLE_BAR_HEIGHT 以外は、自分で勝手に値を決めています。もしアプリケーションのデザインを変えたいときはこの定数を変えてみてください。

```
saba_core/src/constants.rs
pub static WINDOW_WIDTH: i64 = 600;
pub static WINDOW_HEIGHT: i64 = 400;
pub static WINDOW_PADDING: i64 = 5;

// noli ライブラリに定義されている定数
pub static TITLE_BAR_HEIGHT: i64 = 24;

pub static TOOLBAR_HEIGHT: i64 = 26;

pub static CONTENT_AREA_WIDTH: i64 = WINDOW_WIDTH - WINDOW_PADDING * 2;
pub static CONTENT_AREA_HEIGHT: i64 =
    WINDOW_HEIGHT - TITLE_BAR_HEIGHT - TOOLBAR_HEIGHT - WINDOW_PADDING * 2;

pub static CHAR_WIDTH: i64 = 8;
pub static CHAR_HEIGHT: i64 = 16;
pub static CHAR_HEIGHT_WITH_PADDING: i64 = CHAR_HEIGHT + 4;
```

■ サイズの計算

　calculate_node_size 関数は、レイアウトツリーの各ノードのサイズを再帰的に計算する関数です。

　関数の第 1 引数が、計算するターゲットとなるノード（node）です。第 2 引数は親ノードのサイズを表します。まず、ノードがブロック要素の場合、子ノードのレイアウトを計算する前に現在のノードのサイズを計算します。

　次に、calculate_node_size 関数によって子ノードと兄弟ノードのサイズを再帰的に計算します。

　最後に再び compute_size メソッドを呼ぶことで、現在のノードのサイズを最終的に決定します。ブロック要素の場合、なぜ compute_size メソッドを 2 回呼んでいるかを説明します。1 回目の呼び出し（❶）では、親のノードのサイズによって横幅を決定します。ブロック要素は親の横幅いっぱいまで広がるので、親ノードの横幅と同等になります。2 回目の呼び出し（❷）のときには、子要素のサイズが決定したあとなので、子要素のサイズをもとに高さを決定します。イ

269

第5章 CSSで装飾する──CSSOMとレイアウトツリーの構築

ンライン要素の場合は、高さも横幅も子ノードのサイズに依存します。

```
saba_core/src/renderer/layout/layout_view.rs
use crate::renderer::layout::layout_object::LayoutObjectKind;

impl LayoutView {
    fn calculate_node_size(node: &Option<Rc<RefCell<LayoutObject>>>, parent_↵
size: LayoutSize) {
        if let Some(n) = node {
            // ノードがブロック要素の場合、子ノードのレイアウトを計算する前に
            // 横幅を決める
            if n.borrow().kind() == LayoutObjectKind::Block {
                n.borrow_mut().compute_size(parent_size); ── ❶
            }

            let first_child = n.borrow().first_child();
            Self::calculate_node_size(&first_child, n.borrow().size());

            let next_sibling = n.borrow().next_sibling();
            Self::calculate_node_size(&next_sibling, parent_size);

            // 子ノードのサイズが決まったあとにサイズを計算する
            // ブロック要素のとき、高さは子ノードの高さに依存する
            // インライン要素のとき、高さも横幅も子ノードに依存する
            n.borrow_mut().compute_size(parent_size); ── ❷
        }
    }
}
```

compute_size メソッドは、1つのノードのサイズを計算するメソッドです。

ユーザーによって CSS で明示的に width や height が指定されている場合は
その値を使用しますが、今回は CSS で横幅と高さは指定できないので関係あり
ません。

ノードがブロック要素の場合（❶）、親ノードの横幅がそのまま自身の横幅に
なります。本来であれば、ボックスモデルにおけるマージン（margin）やパディン
グ（padding）を考慮するのですが、本書のブラウザではマージンやパディン
グを実装していないので、親ノードの横幅がそのまま自身の横幅になります。ブ
ロック要素の高さはすべての子ノードの高さを足し合わせた結果になります。た
だし、インライン要素が横に並んでいる場合は、高さが増えることはありません。

ノードがインライン要素の場合（❷）、高さも横幅も子要素のサイズを足し合
わせたものです。本実装ではインライン要素の子ノードは常にテキストノードで

270

レイアウトツリーの構築

あることが想定です。

　ノードがテキストの場合（❸）、まずはフォントのサイズ（font-size）によって文字の大きさの比率を決定します（❹）。1 文字の大きさは定数を追加したファイル（constants.rs）に記載されているとおり、高さが 16、横幅が 8 です。文字の大きさの比率、1 文字の横幅、文字列の長さからを計算し（❺）、ブラウザの描画可能なエリアの横幅（CONTENT_AREA_WIDTH）に収まるかを判断します。もし文字列の長さが描画可能なエリアの横幅より大きいとき（❻）、テキストを複数行に折り返します。文字列の長さを描画可能なエリアの横幅で割った結果の数値が行数になります。割った余りがぴったり 0 でないときは、最後の行が中途半端な位置で終わることになるので、1 行追加することも忘れないようにしましょう（❼）。

```
saba_core/src/renderer/layout/layout_object.rs
use crate::constants::CONTENT_AREA_WIDTH;
use crate::constants::CHAR_WIDTH;
use crate::constants::CHAR_HEIGHT_WITH_PADDING;
use crate::renderer::layout::computed_style::FontSize;

impl LayoutObject {
    pub fn compute_size(&mut self, parent_size: LayoutSize) {
        let mut size = LayoutSize::new(0, 0);

        match self.kind() {
            LayoutObjectKind::Block => {  ──── ❶
                size.set_width(parent_size.width());

                // すべての子ノードの高さを足し合わせた結果が高さになる。
                // ただし、インライン要素が横に並んでいる場合は注意が必要
                let mut height = 0;
                let mut child = self.first_child();
                let mut previous_child_kind = LayoutObjectKind::Block;
                while child.is_some() {
                    let c = match child {
                        Some(c) => c,
                        None => panic!("first child should exist"),
                    };

                    if previous_child_kind == LayoutObjectKind::Block
                        || c.borrow().kind() == LayoutObjectKind::Block
                    {
                        height += c.borrow().size.height();
```

271

第5章 CSS で装飾する —— CSSOM とレイアウトツリーの構築

```
                    }

                previous_child_kind = c.borrow().kind();
                child = c.borrow().next_sibling();
            }
            size.set_height(height);
        }
        LayoutObjectKind::Inline => {  ── ❷
            // すべての子ノードの高さと横幅を足し合わせた結果が現在のノードの高さと横幅
            // とになる
            let mut width = 0;
            let mut height = 0;
            let mut child = self.first_child();
            while child.is_some() {
                let c = match child {
                    Some(c) => c,
                    None => panic!("first child should exist"),
                };

                width += c.borrow().size.width();
                height += c.borrow().size.height();

                child = c.borrow().next_sibling();
            }

            size.set_width(width);
            size.set_height(height);
        }
        LayoutObjectKind::Text => {  ── ❸
            if let NodeKind::Text(t) = self.node_kind() {
                let ratio = match self.style.font_size() {  ── ❹
                    FontSize::Medium => 1,
                    FontSize::XLarge => 2,
                    FontSize::XXLarge => 3,
                };
                let width = CHAR_WIDTH * ratio * t.len() as i64;  ── ❺
                if width > CONTENT_AREA_WIDTH {  ── ❻
                    // テキストが複数行のとき
                    size.set_width(CONTENT_AREA_WIDTH);
                    let line_num = if width.wrapping_rem(CONTENT_AREA_WIDTH) == 0 {
                        width.wrapping_div(CONTENT_AREA_WIDTH)
                    } else {
                        width.wrapping_div(CONTENT_AREA_WIDTH) + 1  ── ❼
                    };
                    size.set_height(CHAR_HEIGHT_WITH_PADDING * ratio * line_num);
                } else {
```

```
                        // テキストが1行に収まるとき
                        size.set_width(width);
                        size.set_height(CHAR_HEIGHT_WITH_PADDING * ratio);
                    }
                }
            }
        }

        self.size = size;
    }
}
```

■ 位置の計算

calculate_node_position 関数は、レイアウトツリーのノードの位置を再帰的に計算する関数です。

関数の第1引数が計算するターゲットとなるノード（node）です。第2引数が親ノードの位置（parent_point）を表し、第3引数は自分より前の兄弟ノードの種類（previous_sibling_kind）、第4引数は自分より前の兄弟ノードの位置（previous_sibling_point）、第5引数は自分より前の兄弟ノードのサイズ（previous_sibling_size）を表します。

compute_position メソッドを呼んで現在のノードの位置を計算したあとに、calculate_node_position 関数を子ノードと兄弟ノードに対して再帰的に呼ぶことでほかのノードの位置の計算を行います。

子ノードは、自分より前の兄弟ノードが存在しないため、第4引数と第5引数に None を渡します。これにより、子ノードの描画は新しい行から始まります（❶）。

```
saba_core/src/renderer/layout/layout_view.rs
impl LayoutView {
    fn calculate_node_position(
        node: &Option<Rc<RefCell<LayoutObject>>>,
        parent_point: LayoutPoint,
        previous_sibling_kind: LayoutObjectKind,
        previous_sibling_point: Option<LayoutPoint>,
        previous_sibling_size: Option<LayoutSize>,
    ) {
        if let Some(n) = node {
            n.borrow_mut().compute_position(
                parent_point,
                previous_sibling_kind,
```

第5章 CSSで装飾する——CSSOMとレイアウトツリーの構築

```
        previous_sibling_point,
        previous_sibling_size,
    );

    // ノード（node）の子ノードの位置を計算をする
    let first_child = n.borrow().first_child();
    Self::calculate_node_position( ──❶
        &first_child,
        n.borrow().point(),
        LayoutObjectKind::Block,
        None,
        None,
    );

    // ノード（node）の兄弟ノードの位置を計算する
    let next_sibling = n.borrow().next_sibling();
    Self::calculate_node_position(
        &next_sibling,
        parent_point,
        n.borrow().kind(),
        Some(n.borrow().point()),
        Some(n.borrow().size()),
    );
    }
  }
}
```

compute_position メソッドは、1つのノードの位置を計算するメソッドです。ノードの位置は現在のノードと、親ノードの位置、隣り合わせの兄弟ノードによって決定します。

もし自分自身がブロック要素、または、兄弟ノードがブロック要素の場合（❶）、このノードは新しい行から描画されることになります。よってウィンドウの下方向に向かって位置を調整します。兄弟ノードが存在する場合（❷）、兄弟ノードのY位置と高さを足し合わせたものが次の位置になります。兄弟ノードが存在しない場合（❸）、親ノードのY座標をセットします。新しい行から始まるため、X座標は常に親要素のX座標と同じです（❹）。

もし自分自身と兄弟ノードがともにインライン要素の場合（❺）、同じ行に続けて配置されるため、ウィンドウの右方向に向かって位置を調整します。兄弟ノードが存在する場合、兄弟ノードのX位置と横幅を足し合わせたものが次の位置になります（❻）。また、インライン要素は兄弟ノードと同じ行に並ぶため、兄

274

レイアウトツリーの構築

弟ノードの Y 位置が自身の Y 位置になります（❼）。兄弟ノードが存在しない場合、親ノードの X 座標（❽）と Y 座標をセットします。

それ以外の場合（❾）、つまりテキストノードのときは親ノードの位置と同じ位置に描画します。

```
saba_core/src/renderer/layout/layout_object.rs
impl LayoutObject {
    pub fn compute_position(
        &mut self,
        parent_point: LayoutPoint,
        previous_sibling_kind: LayoutObjectKind,
        previous_sibling_point: Option<LayoutPoint>,
        previous_sibling_size: Option<LayoutSize>,
    ) {
        let mut point = LayoutPoint::new(0, 0);

        match (self.kind(), previous_sibling_kind) { ── ❶
            // もしブロック要素が兄弟ノードの場合、Y軸方向に進む
            (LayoutObjectKind::Block, _) | (_, LayoutObjectKind::Block) => {
                if let (Some(size), Some(pos)) = (previous_sibling_size, ↵
previous_sibling_point) {
                    point.set_y(pos.y() + size.height()); ── ❷
                } else {
                    point.set_y(parent_point.y()); ── ❸
                }
                point.set_x(parent_point.x()); ── ❹
            }
            // もしインライン要素が並ぶ場合、X軸方向に進む
            (LayoutObjectKind::Inline, LayoutObjectKind::Inline) => { ── ❺
                if let (Some(size), Some(pos)) = (previous_sibling_size, ↵
previous_sibling_point) {
                    point.set_x(pos.x() + size.width()); ── ❻
                    point.set_y(pos.y()); ── ❼
                } else {
                    point.set_x(parent_point.x()); ── ❽
                    point.set_y(parent_point.y());
                }
            }
            _ => { ── ❾
                point.set_x(parent_point.x());
                point.set_y(parent_point.y());
            }
        }
```

275

第 **5** 章 CSS で装飾する──CSSOM とレイアウトツリーの構築

```
        self.point = point;
    }
}
```

ユニットテストによるレイアウトの動作確認

　レイアウトツリーが期待どおりに動くかどうか、ユニットテストを追加して確かめましょう。

LayoutObject 構造体に PartialEq トレイトの実装

　レイアウトツリーを構成する LayoutObject 構造体は、第 4 章で実装した Node 構造体と同じく、そのままでは比較ができません。PartialEq トレイトを実装して 2 つの値を比較できるようにしましょう。フィールドの一つである LayoutObjectKind が等しい場合、2 つの値が等しいということにします。

```
saba_core/src/renderer/layout/layout_object.rs
impl PartialEq for LayoutObject {
    fn eq(&self, other: &Self) -> bool {
        self.kind == other.kind
    }
}
```

テスト用の便利関数の作成

　create_layout_view 関数は、引数の HTML 文字列からレイアウトツリーを作成する関数です。ユニットテストで毎回レイアウトツリーを作成するため、関数にまとめておきます。

```
saba_core/src/renderer/layout/layout_view.rs
#[cfg(test)]
mod tests {
    use super::*;
    use crate::alloc::string::ToString;
    use crate::renderer::css::cssom::CssParser;
```

276

ユニットテストによるレイアウトの動作確認

```
        use crate::renderer::css::token::CssTokenizer;
        use crate::renderer::dom::api::get_style_content;
        use crate::renderer::dom::node::Element;
        use crate::renderer::dom::node::NodeKind;
        use crate::renderer::html::parser::HtmlParser;
        use crate::renderer::html::token::HtmlTokenizer;
        use alloc::string::String;
        use alloc::vec::Vec;

        fn create_layout_view(html: String) -> LayoutView {
            let t = HtmlTokenizer::new(html);
            let window = HtmlParser::new(t).construct_tree();
            let dom = window.borrow().document();
            let style = get_style_content(dom.clone());
            let css_tokenizer = CssTokenizer::new(style);
            let cssom = CssParser::new(css_tokenizer).parse_stylesheet();
            LayoutView::new(dom, &cssom)
        }
}
```

<style> タグのコンテンツを取得できる便利関数も追加しましょう。

```
saba_core/src/renderer/dom/api.rs
use alloc::string::String;

pub fn get_style_content(root: Rc<RefCell<Node>>) -> String {
    let style_node = match get_target_element_node(Some(root), ElementKind::Style) {
        Some(node) => node,
        None => return "".to_string(),
    };
    let text_node = match style_node.borrow().first_child() {
        Some(node) => node,
        None => return "".to_string(),
    };
    let content = match &text_node.borrow().kind() {
        NodeKind::Text(ref s) => s.clone(),
        _ => "".to_string(),
    };
    content
}
```

277

第5章 CSS で装飾する——CSSOM とレイアウトツリーの構築

空文字のテスト

まずは空文字の入力のテストをします。LayoutView 構造体の root ノードは None であることを確認します。

```
saba_core/src/renderer/layout/layout_view.rs
#[cfg(test)]
mod tests {
    #[test]
    fn test_empty() {
        let layout_view = create_layout_view("".to_string());
        assert_eq!(None, layout_view.root());
    }
}
```

\<body\> タグのみのテスト

\<html\> タグ、\<head\> タグ、\<body\> タグのみを持つシンプルな構造の HTML のテストです。LayoutView 構造体の root ノードは LayoutObjectKind::Block であり、かつ body の NodeKind::Element であることを確かめます。

```
saba_core/src/renderer/layout/layout_view.rs
#[cfg(test)]
mod tests {
    #[test]
    fn test_body() {
        let html = "<html><head></head><body></body></html>".to_string();
        let layout_view = create_layout_view(html);

        let root = layout_view.root();
        assert!(root.is_some());
        assert_eq!(
            LayoutObjectKind::Block,
            root.clone().expect("root should exist").borrow().kind()
        );
        assert_eq!(
            NodeKind::Element(Element::new("body", Vec::new())),
            root.clone()
                .expect("root should exist")
                .borrow()
                .node_kind()
```

ユニットテストによるレイアウトの動作確認

```
        );
    }
}
```

テキスト要素のテスト

<body> タグの中にテキストを持つ HTML のテストです。LayoutView 構造体の root ノードは LayoutObjectKind::Block であり、かつ body の NodeKind::Element であることを確かめます。root ノードの子ノードは LayoutObjectKind::Text であり、かつ NodeKind::Text であることを確かめます。

```
saba_core/src/renderer/layout/layout_view.rs
#[cfg(test)]
mod tests {
    #[test]
    fn test_text() {
        let html = "<html><head></head><body>text</body></html>".to_string();
        let layout_view = create_layout_view(html);

        let root = layout_view.root();
        assert!(root.is_some());
        assert_eq!(
            LayoutObjectKind::Block,
            root.clone().expect("root should exist").borrow().kind()
        );
        assert_eq!(
            NodeKind::Element(Element::new("body", Vec::new())),
            root.clone()
                .expect("root should exist")
                .borrow()
                .node_kind()
        );

        let text = root.expect("root should exist").borrow().first_child();
        assert!(text.is_some());
        assert_eq!(
            LayoutObjectKind::Text,
            text.clone()
                .expect("text node should exist")
                .borrow()
```

第5章 / CSSで装飾する——CSSOMとレイアウトツリーの構築

```
                .kind()
        );
        assert_eq!(
            NodeKind::Text("text".to_string()),
            text.clone()
                .expect("text node should exist")
                .borrow()
                .node_kind()
        );
    }
}
```

body が display:none のテスト

CSS によって `<body>` タグに対し、`{display: none;}` が指定されている場合のテストです。レイアウトツリーは描画されない要素はノードとして持たないので、root ノードは None になります。

```
saba_core/src/renderer/layout/layout_view.rs
#[cfg(test)]
mod tests {
    #[test]
    fn test_display_none() {
        let html = "<html><head><style>body{display:none;}</style></head><b↵
ody>text</body></html>"
            .to_string();
        let layout_view = create_layout_view(html);

        assert_eq!(None, layout_view.root());
    }
}
```

複数の要素が hidden:none のテスト

`.hidden` クラスに対し、`{display: none;}` が CSS によって指定されている場合のテストです。`<body>` タグの子どもとして 3 つの要素が存在しますが、レイアウトツリーに存在するのはそのうちの 1 つだけです。

ユニットテストによるレイアウトの動作確認

```
saba_core/src/renderer/layout/layout_view.rs
#[cfg(test)]
mod tests {
    #[test]
    fn test_hidden_class() {
        let html = r#"<html>
<head>
<style>
  .hidden {
    display: none;
  }
</style>
</head>
<body>
  <a class="hidden">link1</a>
  <p></p>
  <p class="hidden"><a>link2</a></p>
</body>
</html>"#
            .to_string();
        let layout_view = create_layout_view(html);

        let root = layout_view.root();
        assert!(root.is_some());
        assert_eq!(
            LayoutObjectKind::Block,
            root.clone().expect("root should exist").borrow().kind()
        );
        assert_eq!(
            NodeKind::Element(Element::new("body", Vec::new())),
            root.clone()
                .expect("root should exist")
                .borrow()
                .node_kind()
        );

        let p = root.expect("root should exist").borrow().first_child();
        assert!(p.is_some());
        assert_eq!(
            LayoutObjectKind::Block,
            p.clone().expect("p node should exist").borrow().kind()
        );
        assert_eq!(
            NodeKind::Element(Element::new("p", Vec::new())),
            p.clone().expect("p node should exist").borrow().node_kind()
        );
```

第 5 章 CSS で装飾する──CSSOM とレイアウトツリーの構築

```
    assert!(p
        .clone()
        .expect("p node should exist")
        .borrow()
        .first_child()
        .is_none());
    assert!(p
        .expect("p node should exist")
        .borrow()
        .next_sibling()
        .is_none());
    }
}
```

　saba_core ディレクトリに移動して、cargo test コマンドを実行するとテストを開始できます。cargo test layout のように実行するテストを指定することも可能です。

```
$ cd saba_core
$ cargo test layout
(省略)
running 5 tests
test renderer::layout::layout_view::tests::test_empty ... ok
test renderer::layout::layout_view::tests::test_display_none ... ok
test renderer::layout::layout_view::tests::test_text ... ok
test renderer::layout::layout_view::tests::test_body ... ok
test renderer::layout::layout_view::tests::test_hidden_class ... ok
```

GUI 描画のための準備

　レイアウトツリーをルートノードから走査することによって画面への描画を行います。レイアウトツリーの各ノードは、画面に描画するための paint メソッドを持ち、ノードによって行う動作が異なります。

　描画に関しても特に仕様書などで決まっているわけではありません。なのでブラウザによって戦略は異なります。

　私たちのブラウザでは、paint メソッドの戻り値として、描画のための情報を

GUI 描画のための準備

格納する DisplayItem 列挙型のベクタを返すことにします。次の章で紹介する
GUI の実装で、この DisplayItem の情報を見て、GUI に描画していきます。

　paint メソッドは paint_node メソッドを再帰的に呼び出すことでレイアウト
ツリーを走査します。paint_node メソッドは現在のノードを DisplayItem 列
挙型のベクタに変換したものを返し、各ノードで変換された DisplayItem 列挙
型のベクタを extend メソッドによってつなぎ合わせることで（❶）、描画に必
要な情報のベクタを作成します。

```
saba_core/src/renderer/layout/layout_view.rs
use crate::display_item::DisplayItem;
use alloc::vec::Vec;

impl LayoutView {
    fn paint_node(node: &Option<Rc<RefCell<LayoutObject>>>, display_items: ↵
& mut Vec<DisplayItem>) {
        match node {
            Some(n) => {
                display_items.extend(n.borrow_mut().paint()); ── ❶

                let first_child = n.borrow().first_child();
                Self::paint_node(&first_child, display_items);

                let next_sibling = n.borrow().next_sibling();
                Self::paint_node(&next_sibling, display_items);
            }
            None => (),
        }
    }

    pub fn paint(&self) -> Vec<DisplayItem> {
        let mut display_items = Vec::new();

        Self::paint_node(&self.root, &mut display_items);

        display_items
    }
}
```

DisplayItem 列挙型の作成

　次の GUI の章で画面に描画するために使用する DisplayItem 列挙体を作成し

283

第5章 CSSで装飾する——CSSOMとレイアウトツリーの構築

ます。display_item.rs ファイルを新しく作成します。

```
$ touch saba_core/src/display_item.rs
```

display_item モジュールの追加も忘れないでください。

saba_core/src/lib.rs
```
#![no_std]

extern crate alloc;

pub mod browser;
pub mod constants;
pub mod display_item;
pub mod error;
pub mod http;
pub mod renderer;
pub mod url;
pub mod utils;
```

本書のブラウザでは、四角（Rect）とテキスト（Text）を描画できます。

saba_core/src/display_item.rs
```
use crate::renderer::layout::computed_style::ComputedStyle;
use crate::renderer::layout::layout_object::LayoutPoint;
use crate::renderer::layout::layout_object::LayoutSize;
use alloc::string::String;

#[derive(Debug, Clone, PartialEq)]
pub enum DisplayItem {
    Rect {
        style: ComputedStyle,
        layout_point: LayoutPoint,
        layout_size: LayoutSize,
    },
    Text {
        text: String,
        style: ComputedStyle,
        layout_point: LayoutPoint,
    }
}
```

GUI 描画のための準備

LayoutObject ノードの描画

各ノードに実装されている paint メソッドでは、そのノードを DisplayItem に変換します。

ノードがブロック要素の場合（❶）、ノードのスタイル、位置、サイズをそのまま使用して DisplayItem::Rect を作成して返します。

ノードがインライン要素の場合（❷）、本書のブラウザでは描画するインライン要素はないため何もしません。もし今後 <img> などをサポートする場合はこのアームの中で処理をします。

ノードがテキストノードの場合（❸）、ノードのサイズを計算したときと同じように、フォントのサイズと 1 文字の横幅の情報をもとに、改行するべき位置を探します。もしテキストが複数行になるときは複数の DisplayItem::Text オブジェクトを返します。

```
saba_core/src/renderer/layout/layout_object.rs
use crate::display_item::DisplayItem;
use alloc::vec;

impl LayoutObject {
    pub fn paint(&mut self) -> Vec<DisplayItem> {
        if self.style.display() == DisplayType::DisplayNone {
            return vec![];
        }

        match self.kind {
            LayoutObjectKind::Block => { ——— ❶
                if let NodeKind::Element(_e) = self.node_kind() {
                    return vec![DisplayItem::Rect {
                        style: self.style(),
                        layout_point: self.point(),
                        layout_size: self.size(),
                    }];
                }
            }
            LayoutObjectKind::Inline => { ——— ❷
                // 本書のブラウザでは、描画するインライン要素はない。
                // <img> タグなどをサポートした場合はこのアームの中で処理をする
            }
            LayoutObjectKind::Text => { ——— ❸
                if let NodeKind::Text(t) = self.node_kind() {
```

第5章 CSSで装飾する──CSSOMとレイアウトツリーの構築

```rust
        let mut v = vec![];

        let ratio = match self.style.font_size() {
            FontSize::Medium => 1,
            FontSize::XLarge => 2,
            FontSize::XXLarge => 3,
        };
        let plain_text = t
            .replace("\n", " ")
            .split(' ')
            .filter(|s| !s.is_empty())
            .collect::<Vec<_>>()
            .join(" ");
        let lines = split_text(plain_text, CHAR_WIDTH * ratio);
        let mut i = 0;
        for line in lines {
            let item = DisplayItem::Text {
                text: line,
                style: self.style(),
                layout_point: LayoutPoint::new(
                    self.point().x(),
                    self.point().y() + CHAR_HEIGHT_WITH_PADDING * i,
                ),
            };
            v.push(item);
            i += 1;
        }

        return v;
    }
    }
    }

    vec![]
    }
}
```

■ テキストを折り返す

split_text 関数は、ウィンドウの大きさによってテキストを指定された幅内
に収まるように単語の途中で折り返すことなく、スペースで区切られた部分ごと
に分割する処理を行っています。

この動作は、CSS の word-break プロパティが normal のときと同じ動作です。
word-break プロパティのデフォルトの挙動では、単語は途中で折り返されませ

ん。要素の幅を超えてテキストが入力された場合、単語の境界であるホワイトスペースで改行が行われます。1 行に収まらない長い単語は要素の外にはみ出してしまう可能性があります。find_index_for_line_break 関数は、改行すべき位置を見つけるための関数です。

```
saba_core/src/renderer/layout/layout_object.rs
use crate::constants::WINDOW_PADDING;
use crate::constants::WINDOW_WIDTH;
use alloc::string::String;

fn find_index_for_line_break(line: String, max_index: usize) -> usize {
    for i in (0..max_index).rev() {
        if line.chars().collect::<Vec<char>>()[i] == ' ' {
            return i;
        }
    }
    max_index
}

fn split_text(line: String, char_width: i64) -> Vec<String> {
    let mut result: Vec<String> = vec![];
    if line.len() as i64 * char_width > (WINDOW_WIDTH + WINDOW_PADDING) {
        let s = line.split_at(find_index_for_line_break(
            line.clone(),
            ((WINDOW_WIDTH + WINDOW_PADDING) / char_width) as usize,
        ));
        result.push(s.0.to_string());
        result.extend(split_text(s.1.trim().to_string(), char_width))
    } else {
        result.push(line);
    }
    result
}
```

DisplayItem の管理

ブラウザの 1 つのタブに対応する Page 構造体で描画するための DisplayItem
オブジェクトのベクタを管理することにします。

■ Page 構造体にフィールドを追加する

描画に関する情報を持っている DisplayItem のベクタは Page 構造体で管理

第5章 / CSSで装飾する──CSSOMとレイアウトツリーの構築

することにします。Page構造体にフィールドを追加します。

```
saba_core/src/renderer/page.rs
use crate::display_item::DisplayItem;
use crate::renderer::css::cssom::StyleSheet;
use crate::renderer::layout::layout_view::LayoutView;
use alloc::vec::Vec;

#[derive(Debug, Clone)]
pub struct Page {
    browser: Weak<RefCell<Browser>>,
    frame: Option<Rc<RefCell<Window>>>,
    style: Option<StyleSheet>,
    layout_view: Option<LayoutView>,
    display_items: Vec<DisplayItem>,
}

impl Page {
    pub fn new() -> Self {
        Self {
            browser: Weak::new(),
            frame: None,
            style: None,
            layout_view: None,
            display_items: Vec::new(),
        }
    }
}
```

■receive_response メソッドを更新する

Page構造体の receive_response メソッドを更新して、このメソッドの中でレイアウトツリーを作成し、paint_tree メソッドを呼び出すようにします。

```
saba_core/src/renderer/page.rs
// use crate::alloc::string::ToString; // もう使用していないためこの行を消す
// use crate::utils::convert_dom_to_string; // もう使用していないためこの行を消す

impl Page {
    pub fn receive_response(&mut self, response: HttpResponse) {
        self.create_frame(response.body());

        self.set_layout_view();
```

288

GUI 描画のための準備

```rust
        self.paint_tree();
    }
}
```

receive_response メソッドの呼び出し元である main 関数も変更しておきま
しょう。

```rust
src/main.rs
fn main() -> u64 {
    let browser = Browser::new();

    let response =
        HttpResponse::new(TEST_HTTP_RESPONSE.to_string()).↵
expect("failed to parse http response");
    let page = browser.borrow().current_page();
    page.borrow_mut().receive_response(response);

    0
}
```

■ create_frame メソッドを更新する

create_frame メソッドを更新して、本章で作成した CssTokenizer と
CssParser を使用して CSS の解釈を行います。パースした結果得られた
StyleSheet は Page 構造体のフィールドに保存します。

```rust
saba_core/src/renderer/page.rs
use crate::renderer::css::cssom::CssParser;
use crate::renderer::css::token::CssTokenizer;
use crate::renderer::dom::api::get_style_content;

impl Page {
    fn create_frame(&mut self, html: String) {
        let html_tokenizer = HtmlTokenizer::new(html);
        let frame = HtmlParser::new(html_tokenizer).construct_tree();
        let dom = frame.borrow().document();

        let style = get_style_content(dom);
        let css_tokenizer = CssTokenizer::new(style);
        let cssom = CssParser::new(css_tokenizer).parse_stylesheet();

        self.frame = Some(frame);
        self.style = Some(cssom);
```

第5章 CSSで装飾する──CSSOMとレイアウトツリーの構築

```
        }
}
```

■ set_layout_view メソッドを追加する

set_layout_view メソッドは、LayoutView 構造体を作成して、Page 構造体のフィールドに値を設定します。

```
saba_core/src/renderer/page.rs
impl Page {
    fn set_layout_view(&mut self) {
        let dom = match &self.frame {
            Some(frame) => frame.borrow().document(),
            None => return,
        };

        let style = match self.style.clone() {
            Some(style) => style,
            None => return,
        };

        let layout_view = LayoutView::new(dom, &style);

        self.layout_view = Some(layout_view);
    }
}
```

■ paint_tree メソッドを追加する

paint_tree メソッドは、作成したレイアウトツリーの paint メソッドの戻り値である DisplayItem のベクタをフィールドにセットします。

```
saba_core/src/renderer/page.rs
impl Page {
    fn paint_tree(&mut self) {
        if let Some(layout_view) = &self.layout_view {
            self.display_items = layout_view.paint();
        }
    }
}
```

GUI 描画のための準備

■ DisplayItem のベクタのゲッタメソッドを追加する

最後に、paint_tree メソッドによって作成された DisplayItem 構造体のベクタを外部のライブラリから取得できるようにします。また、そのベクタをリセットする clear_display_items メソッドも追加します。

```
saba_core/src/renderer/page.rs
impl Page {
    pub fn display_items(&self) -> Vec<DisplayItem> {
        self.display_items.clone()
    }

    pub fn clear_display_items(&mut self) {
        self.display_items = Vec::new();
    }
}
```

レイアウトツリーの走査によって作成された DisplayItem オブジェクトを使用して、ついに次の章で GUI に描画します。

第6章

GUIを実装する
ユーザーとのやりとり

第6章 GUIを実装する──ユーザーとのやりとり

本章では、ブラウザのGUI（*Graphical User Interface*）の実装を行います。本章を終えると、図6-1のように今まで書いたコードがQEMU上でGUIアプリケーションとして起動できるようになります。

図6-1 ブラウザアプリケーションのウィンドウ

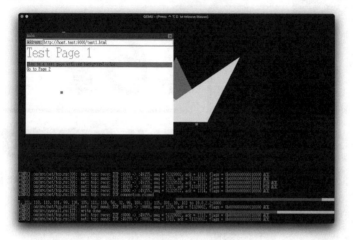

本章で書かれているコードはsababook/ch6/saba[注1]のリポジトリに掲載されています。

GUIとは

GUIとは、コンピュータに対する操作手法の一つです。マウスやタッチスクリーンなどの画面上の位置情報を利用して人間がコンピュータに指示を行います。

対照的なものとして、CUI（*Character User Interface*）があります。これは今まで行ってきたように、文字列によってコンピュータに指示を行う手法です[注2]。

通常、GUIのアプリケーションを実装したいときは、すでに実装されているGUIに関するライブラリやフレームワークに頼ることになります。具体的なライブラリやフレームワークは、プログラミング言語やプラットフォームによっ

注1 https://github.com/d0iasm/sababook/tree/main/ch6/saba
注2 似た用語でCLI（*Command Line Interface*）も存在します。コマンドラインから操作するシステムのことを指し、CUIの一種です。

て異なります。たとえば、RustでGUIのアプリケーションを開発したいとき、GTK、Qt、Druid、Iced、Azulなどのライブラリがあります。特に、GTKとQtはRust以外のプログラミング言語でもよく使用されるツールキットです。

今回、私たちのブラウザはWasabiOS[注3]の上で動かします。よって、既存のGUIライブラリを使用するのではなく、WasabiOSが提供するGUI関連のAPIを使用することによって描画します。WasabiOSが提供するGUI関連のAPIはnoliライブラリ[注4]と言います。WasabiOSのリポジトリの配下に実装されているため、もし興味があれば覗いてみてください。

今までの章とは異なり、本章で実装するGUIは何かの仕様や決め事にのっとっているわけではありません。もっと簡単な実装にできそうなら、ぜひ自由に変更してみてください。

GUIアプリケーションのウィンドウの作成

まずは、noliライブラリを使用して、真っ白な背景のGUIアプリケーションのウィンドウを作成します（**図6-2**）。

図6-2 ブラウザアプリケーションのウィンドウ

注3 https://github.com/hikalium/wasabi
注4 https://github.com/hikalium/wasabi/tree/main/noli

第6章 GUIを実装する──ユーザーとのやりとり

サブプロジェクトの作成

　GUIに関する実装は、uiディレクトリ以下に実装することにします。URLの解析やHTMLのパースが実装されているsaba_coreディレクトリと分けている理由は、UIの実装をメインの実装から分離することで、ほかのOSやプラットフォームの実装を追加しやすくするためです。たとえば、WasabiOSではなくLinuxの上でこのブラウザを動かしたい場合、UIに関する実装は新たに追加する必要があります。その場合、uiディレクトリに新しいプラットフォームの実装を追加するだけで、saba_coreディレクトリの実装は変更する必要がありません。

```
$ mkdir ui
$ cd ui
$ cargo new wasabi --lib
```

■ サブプロジェクトの Cargo.toml の変更

　cargo newコマンドによって自動的に生成されたCargo.tomlに、saba_coreとnoliライブラリの依存関係を追加します。

　パッケージの名前（name）を変更することを忘れないでください。デフォルトではwasabiという名前が自動的に付けられているはずです。

```
ui/wasabi/Cargo.toml
[package]
name = "ui_wasabi" # 忘れずにこの名前を変更すること
version = "0.1.0"
edition = "2021"

[dependencies]
saba_core = { path = "../../saba_core" }
noli = { git = "https://github.com/hikalium/wasabi.git", branch = "for_saba" }
```

■ 実装するファイルの作成

　アプリケーションのUIに関するコードはapp.rsファイルに実装することにします。プロジェクトのトップディレクトリに戻って、以下のコマンドによって新しいファイルを作成します。

GUI アプリケーションのウィンドウの作成

```
$ touch ui/wasabi/src/app.rs
```

app モジュールを lib.rs に追加します。

ui/wasabi/src/lib.rs
```
#![no_std]

extern crate alloc;

pub mod app;
```

現在のディレクトリの構造は以下のとおりです。ビルドディレクトリなどは省略してあります。

```
$ tree
.
├── Cargo.toml
├── saba_core
│   ├── Cargo.toml
│   └── src
│       └── (省略)
├── src
│   └── main.rs
├── net
│   └── wasabi
│       ├── Cargo.toml
│       └── src
│           ├── http.rs
│           └── lib.rs
└── ui
    └── wasabi
        ├── Cargo.toml
        └── src
            ├── app.rs
            └── lib.rs
```

背景となる白い四角を描画する

まず、ブラウザの背景となるウィンドウを作成します。UI の描画は OS の力を借りることが必要です。今回はすでに WasabiOS に実装されている API を使用して描画することにします。OS がどのように描画しているかが気になる人

297

第6章 GUIを実装する——ユーザーとのやりとり

は、ぜひもう一冊の本『[作って学ぶ] OSのしくみ』を購入して読んでみてください。

APIは、noliというライブラリに実装されています。このライブラリはとても簡易的なものなので、四角を描く、線を描く、文字を描くなどの簡単な描画しかできません。

ウィンドウを描画するには、noliライブラリで用意されているWindow構造体のコンストラクタを呼ぶことで描画できます。

ブラウザのウィンドウに必要なのは、まず大枠となるウィンドウの四角を描画することと、ユーザーが入力できるツールバーを描画することです。これらはすべて自分で実装します。

まずはUIを管理するWasabiUI構造体を作成します。この構造体はウィンドウのインスタンスをwindow、ブラウザの実装をbrowserとして保持します。ブラウザはRcとRefCellでラップして複数の箇所から参照できるようにします。

```
ui/wasabi/src/app.rs
use alloc::rc::Rc;
use core::cell::RefCell;
use noli::window::Window;
use saba_core::browser::Browser;

#[derive(Debug)]
pub struct WasabiUI {
    browser: Rc<RefCell<Browser>>,
    window: Window,
}
```

UIに関する定数は、グローバル変数として定義しておきます。Rustでは、C言語と違って、簡単にグローバル変数を使用することはできません。しかし、値が不変なら、staticプロパティを使用して以下のように定義できます。第5章で作成した定数を定義しているconstants.rsでウィンドウに関する新しい定数を追加します。

```
saba_core/src/constants.rs
pub static WHITE: u32 = 0xffffff;

pub static WINDOW_INIT_X_POS: i64 = 30;
pub static WINDOW_INIT_Y_POS: i64 = 50;
```

```
pub static WINDOW_WIDTH: i64 = 600;
pub static WINDOW_HEIGHT: i64 = 400;
pub static WINDOW_PADDING: i64 = 5;
```

　WasabiUI 構造体のコンストラクタで Window 構造体の new メソッドを呼びます。第 1 引数にはウィンドウの名前、第 2 引数には色、第 3 引数にはウィンドウの初期位置の x 座標、第 4 引数にはウィンドウの初期位置の y 座標、第 5 引数にはウィンドウの横幅、第 6 引数にはウィンドウの縦幅を指定します。

`ui/wasabi/src/app.rs`
```
use crate::alloc::string::ToString;
use saba_core::constants::WHITE;
use saba_core::constants::WINDOW_HEIGHT;
use saba_core::constants::WINDOW_INIT_X_POS;
use saba_core::constants::WINDOW_INIT_Y_POS;
use saba_core::constants::WINDOW_WIDTH;

impl WasabiUI {
    pub fn new(browser: Rc<RefCell<Browser>>) -> Self {
        Self {
            browser,
            window: Window::new(
                "saba".to_string(),
                WHITE,
                WINDOW_INIT_X_POS,
                WINDOW_INIT_Y_POS,
                WINDOW_WIDTH,
                WINDOW_HEIGHT,
            )
            .unwrap(),
        }
    }
}
```

　これで、背景が白色の大枠となるウィンドウが描画できました。

ツールバーを描画する

　次に、ツールバーを描画していきます。ツールバーとは**図 6-3** の**❷**に当たる部分です。**❶**はウィンドウのタイトルバーで、noli ライブラリによって描画されています。また、ツールバーはアドレスを入力できるアドレスバー（**❸**）を持ちます。

第6章 GUIを実装する──ユーザーとのやりとり

図 6-3 タイトルバー（❶）とツールバー（❷）とアドレスバー（❸）

■ 定数を追加する

色に関する定数とウィンドウのツールバーやアドレスバーの高さの定数を constants.rs に追加します。

```
saba_core/src/constants.rs
pub static WHITE: u32 = 0xffffff;
pub static LIGHTGREY: u32 = 0xd3d3d3;
pub static GREY: u32 = 0x808080;
pub static DARKGREY: u32 = 0x5a5a5a;
pub static BLACK: u32 = 0x000000;

pub static ADDRESSBAR_HEIGHT: i64 = 20;
```

■ noli ライブラリの描画 API

noli ライブラリに実装されている fill_rect メソッド、draw_line メソッド、draw_string メソッドを使用して先ほど作成したウィンドウの中に四角や線や文字を描画します。

それぞれの関数の使い方は**表 6-1** のとおりです。

表 6-1 描画 API の引数と戻り値

	fill_rect	draw_line	draw_string
第1引数	色（u32）	色（u32）	色（u32）
第2引数	初期位置の x 座標（i64）	線の始点の x 座標（i64）	描画位置の x 座標（i64）
第3引数	初期位置の y 座標（i64）	線の始点の y 座標（i64）	描画位置の y 座標（i64）
第4引数	横幅（i64）	線の終点の x 座標（i64）	描画する文字（&str）
第5引数	高さ（i64）	線の終点の y 座標（i64）	文字のサイズ（StringSize）
第6引数			下線の有無（bool）
戻り値	Result<()>	Result<()>	Result<()>

■ ツールバーを描画する

WasabiUI が実装されているファイルに戻って、ツールバーを描画しましょう。setup_toolbar メソッドを作成し、その中で fill_rect メソッドと draw_line 関数などの描画 API を駆使してツールバーを描きます。

noli ライブラリは、独自の Error 型を返す Result 型を定義しています。すべての描画 API は OS 独自の Result 型を返します。Rust 言語自体にも Result 型が存在するので、名前の衝突が起きないように、use noli::error::Result as OsResult; のように異なる名前を付けてモジュールをインポートします。

setup_toolbar 関数は、ツールバーに関する描画を行い、OsResult を返します。Rust の？演算子は、Result 型のエラーハンドリングを行います。もしエラーが発生すればその時点で実行を中止し、エラーを呼び出し元に伝えます。

```
ui/wasabi/src/app.rs
use noli::error::Result as OsResult;
use noli::window::StringSize;
use saba_core::constants::*;

impl WasabiUI {
    fn setup_toolbar(&mut self) -> OsResult<()> {
        // ツールバーの背景の四角を描画
        self.window
            .fill_rect(LIGHTGREY, 0, 0, WINDOW_WIDTH, TOOLBAR_HEIGHT)?;

        // ツールバーとコンテンツエリアの境目の線を描画
        self.window
            .draw_line(GREY, 0, TOOLBAR_HEIGHT, WINDOW_WIDTH - 1, TOOLBAR_HEIGHT)?;
        self.window.draw_line(
            DARKGREY,
            0,
            TOOLBAR_HEIGHT + 1,
            WINDOW_WIDTH - 1,
            TOOLBAR_HEIGHT + 1,
        )?;

        // アドレスバーの横に "Address:" という文字列を描画
        self.window.draw_string(
            BLACK,
            5,
            5,
            "Address:",
            StringSize::Medium,
            /*underline=*/ false,
        )?;

        // アドレスバーの四角を描画
        self.window
            .fill_rect(WHITE, 70, 2, WINDOW_WIDTH - 74, 2 + ADDRESSBAR_HEIGHT)?;
```

第6章 GUIを実装する──ユーザーとのやりとり

```
        // アドレスバーの影の線を描画
        self.window.draw_line(GREY, 70, 2, WINDOW_WIDTH - 4, 2)?;
        self.window
            .draw_line(GREY, 70, 2, 70, 2 + ADDRESSBAR_HEIGHT)?;
        self.window.draw_line(BLACK, 71, 3, WINDOW_WIDTH - 5, 3)?;

        self.window
            .draw_line(GREY, 71, 3, 71, 1 + ADDRESSBAR_HEIGHT)?;

        Ok(())
    }
}
```

setup_toolbar メソッドは、ウィンドウの初期化を行う setup メソッドから呼ばれます。setup メソッドの戻り値は、私たちが定義した Error 型を返す Result 型であることに注意してください。

```
ui/wasabi/src/app.rs
use alloc::format;
use saba_core::error::Error;

impl WasabiUI {
    fn setup(&mut self) -> Result<(), Error> {
        if let Err(error) = self.setup_toolbar() {
            // OsResult と Result が持つ Error 型は異なるので、変換する
            return Err(Error::InvalidUI(format!(
                "failed to initialize a toolbar with error: {:#?}",
                error
            )));
        }
        // 画面を更新する
        self.window.flush();
        Ok(())
    }
}
```

UI を開始するメソッドを追加する

start メソッドでは、ツールバーの初期化を行い、アプリケーションの実行を開始する run_app メソッドを呼び出します。

GUI アプリケーションのウィンドウの作成

```
ui/wasabi/src/app.rs
impl WasabiUI {
    pub fn start(&mut self) -> Result<(), Error> {
        self.setup()?;

        self.run_app()?;

        Ok(())
    }
}
```

run_app メソッドは、アプリケーションを実行するための関数です。関数の中身はのちほど実装します。

```
ui/wasabi/src/app.rs
impl WasabiUI {
    fn run_app(&mut self) -> Result<(), Error> {
        // 後ほど実装
        Ok(())
    }
}
```

アプリケーションの開始時にウィンドウを描画する

まだ今の時点では実装した UI に関するコードをどこからも呼んでいません。main 関数が実装されている src/main.rs から WasabiUI を初期化しましょう。そして WasabiUI 構造体にある start メソッドを読んで、アプリケーションの UI をスタートさせます。

■ Cargo.toml を変更する

ルートディレクトリにある Cargo.toml を変更して、先ほど実装した UI に関するライブラリを依存関係に追加します。

```
Cargo.toml
[package]
（省略）

[features]
default = ["wasabi"]
```

303

第6章 GUIを実装する──ユーザーとのやりとり

```
wasabi = ["dep:net_wasabi", "dep:ui_wasabi", "dep:noli"]

[[bin]]
(省略)

[dependencies]
saba_core = { path = "./saba_core" }
net_wasabi = { path = "./net/wasabi", optional = true }
ui_wasabi = { path = "./ui/wasabi", optional = true }
noli = { git = "https://github.com/hikalium/wasabi.git", branch = "for_saba↵
", optional = true }
```

■ main.rs を変更する

main.rs を変更して、WasabiUI を初期化し、アプリケーションの実行を開始しましょう。

```
src/main.rs
#![no_std]
#![no_main]

extern crate alloc;

use alloc::rc::Rc;
use core::cell::RefCell;
use noli::*;
use saba_core::browser::Browser;
use ui_wasabi::app::WasabiUI;

fn main() -> u64 {
    // Browser 構造体を初期化
    let browser = Browser::new();

    // WasabiUI 構造体を初期化
    let ui = Rc::new(RefCell::new(WasabiUI::new(browser)));

    // アプリの実行を開始
    match ui.borrow_mut().start() {
        Ok(_) => {}
        Err(e) => {
            println!("browser fails to start {:?}", e);
            return 1;
        }
    };
```

```
    0
}

entry_point!(main);
```

run_on_wasabi.sh のスクリプトを実行して、アプリケーションを開始しましょう。

```
$ ./run_on_wasabi.sh
```

これで、アプリケーションが開始したときツールバーと真っ白な背景を持つウィンドウが描画されます（**図 6-4**）。

図 6-4 ブラウザアプリケーションのウィンドウ（再掲）

ユーザーの入力を取得

noli ライブラリを使用して、ユーザーの入力を取得します。これによりアドレスバーに文字を入力し、その結果がアドレスバーに表示されるようになります（**図 6-5**）。

第6章 GUIを実装する──ユーザーとのやりとり

図 6-5 URL が入力されたウィンドウ

マウスの位置を取得する

今までは、ユーザーの行動や入力にかかわらず、ブラウザのアプリケーションを起動したら必ず同じものを描画していました。しかし、ブラウザはユーザーの入力によって表示を変える必要があります。

まずは、マウスの位置とクリックを取得しましょう。そのためには、また OS が提供する noli ライブラリにある Api::get_mouse_cursor_info 関数を利用します。

Api::get_mouse_cursor_info 関数は戻り値として、MouseEvent 構造体を返します。これは OS 側で定義されている構造体で、マウスクリックの状態とマウスの位置から成り立ちます。

handle_mouse_input メソッドを作って、その中で Api::get_mouse_cursor_info 関数を呼んでみましょう。そして戻り値の MouseEvent 構造体の position フィールドの値を println で出力してみると、たとえば PointerPosition { x: 273, y: 210 } というような値を見ることができます。この値は OS が起動している QEMU の左上を (0, 0) としたときの位置になります。ブラウザのアプリケーションのウィンドウが存在している位置は考慮されていないことを注意してください。

```
ui/wasabi/src/app.rs
use noli::prelude::SystemApi;
use noli::println;
```

ユーザーの入力を取得

```
use noli::sys::api::MouseEvent;
use noli::sys::wasabi::Api;

impl WasabiUI {
    fn handle_mouse_input(&mut self) -> Result<(), Error> {
        if let Some(MouseEvent {
            button: _button,
            position,
        }) = Api::get_mouse_cursor_info()
        {
            println!("mouse position {:?}", position);
        }

        Ok(())
    }
}
```

run_app メソッドを変更して、マウスの位置を取得する handle_mouse_input メソッドを呼び出します。この関数を loop 文の中で呼んでいることに注意してください。これで、マウスが動くたびに値を取得できます。

```
ui/wasabi/src/app.rs
impl WasabiUI {
    fn run_app(&mut self) -> Result<(), Error> {
        loop {
            self.handle_mouse_input()?;
        }
    }
}
```

run_on_wasabi.sh を使用してブラウザを WasabiOS の上で開始すると、**図6-6** のようなログを見ることができます。

図6-6 マウス位置のログ

```
mouse position PointerPosition { x: 144, y: 220 }
mouse position PointerPosition { x: 142, y: 219 }
mouse position PointerPosition { x: 141, y: 218 }
mouse position PointerPosition { x: 140, y: 218 }
mouse position PointerPosition { x: 139, y: 217 }
mouse position PointerPosition { x: 138, y: 216 }
mouse position PointerPosition { x: 137, y: 216 }
mouse position PointerPosition { x: 136, y: 215 }
mouse position PointerPosition { x: 135, y: 215 }
mouse position PointerPosition { x: 135, y: 214 }
mouse position PointerPosition { x: 134, y: 214 }
```

第6章 GUI を実装する——ユーザーとのやりとり

マウスのクリックを取得する

OS が提供する noli ライブラリにある Api::get_mouse_cursor_info 関数では、マウスの位置だけではなく、ボタンがクリックされたかどうかも戻り値から知ることができます。戻り値の MouseEvent 構造体の button フィールドの値を使います。

button フィールドは MouseButtonState 型の値であり、l 関数、c 関数、r 関数の 3 種類の API を提供しています。

- **l 関数**
  マウスの左ボタンがクリックされたときに true を返す

- **c 関数**
  マウスのスクロールボタンがクリックされたときに true を返す

- **r 関数**
  マウスの右ボタンがクリックされたときに true を返す

いずれかのボタンが押されたときに println 関数によってログを出力してみましょう。

```
ui/wasabi/src/app.rs
impl WasabiUI {
    fn handle_mouse_input(&mut self) -> Result<(), Error> {
        if let Some(MouseEvent { button, position }) = Api::get_mouse_cursor_info() {
            println!("mouse position {:?}", position);
            if button.l() || button.c() || button.r() {
                println!("mouse clicked {:?}", button);
            }
        }
        Ok(())
    }
}
```

run_on_wasabi.sh を使用してブラウザを WasabiOS の上で開始すると、**図 6-7** のようなログを見ることができます。

308

ユーザーの入力を取得

図 6-7 マウス位置とクリックのログ

```
mouse position PointerPosition { x: 198, y: 208 }
mouse position PointerPosition { x: 198, y: 208 }
mouse clicked MouseButtonState(2)
mouse position PointerPosition { x: 198, y: 208 }
mouse position PointerPosition { x: 198, y: 208 }
mouse clicked MouseButtonState(2)
mouse position PointerPosition { x: 198, y: 208 }
mouse position PointerPosition { x: 198, y: 208 }
mouse clicked MouseButtonState(1)
mouse position PointerPosition { x: 198, y: 208 }
```

文字を入力する

続いては、ユーザーが入力する文字をブラウザに反映してみましょう。

文字を入力するための API は、ウィンドウを描画したときと同じく、OS に付属する noli というライブラリに実装されています。Api::read_key 関数は、文字入力があれば、呼び出すごとに入力された文字を 1 文字返してくれます。

文字入力を扱う handle_key_input メソッドを作成します。println マクロを使って戻り値を確認してみましょう。

```
ui/wasabi/src/app.rs
impl WasabiUI {
    fn handle_key_input(&mut self) -> Result<(), Error> {
        if let Some(c) = Api::read_key() {
            println!("input text: {:?}", c);
        }

        Ok(())
    }
}
```

run_app メソッドから handle_key_input メソッドを呼び出します。マウス入力のときと同様に、ループ文の中で呼び出すことで、キーが入力されるたびに値を取得できます。

```
ui/wasabi/src/app.rs
impl WasabiUI {
    fn run_app(&mut self) -> Result<(), Error> {
        loop {
            self.handle_mouse_input()?;
            self.handle_key_input()?;
```

309

第6章 / GUIを実装する——ユーザーとのやりとり

```
            }
        }
    }
}
```

run_on_wasabi.sh を使用してブラウザを WasabiOS の上で開始して、文字を打ってみると、**図6-8** のようなログを見ることができます。

図6-8 文字入力のログ

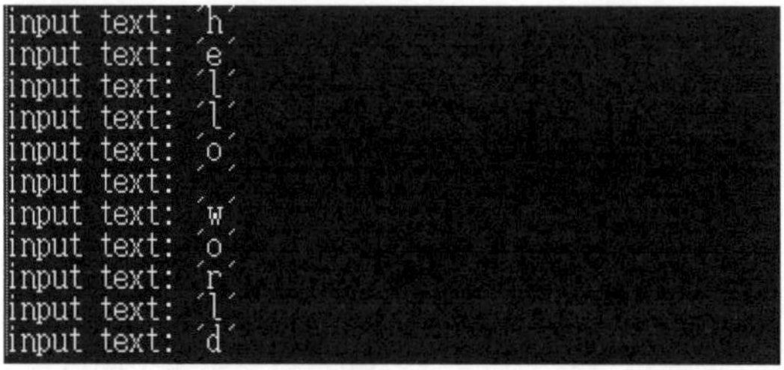

```
input text: 'h'
input text: 'e'
input text: 'l'
input text: 'l'
input text: 'o'
input text: 'w'
input text: 'o'
input text: 'r'
input text: 'l'
input text: 'd'
```

ツールバーをクリックして入力を開始する

ブラウザでは常に文字を入力できるわけではありません。URL をツールバーに入力したいときは、まず、ツールバーにマウスカーソルを持っていき、クリックする必要があります。今まで実装した関数を組み合わせて、少しずつブラウザっぽい挙動を実装していきましょう。

■ InputMode 列挙型を作成する

まず、現在のアプリケーションが文字を入力できる状態かどうかを表す InputMode 列挙型を作成します。

状態が Normal のとき文字入力はできず、状態が Editing のとき文字が入力できるようにします。

```
ui/wasabi/src/app.rs
#[derive(Clone, Copy, Debug, Eq, PartialEq)]
enum InputMode {
    Normal,
    Editing,
}
```

ユーザーの入力を取得

InputMode を WasabiUI 構造体のフィールドに追加します。

```
ui/wasabi/src/app.rs
#[derive(Debug)]
pub struct WasabiUI {
    browser: Rc<RefCell<Browser>>,
    input_mode: InputMode,
    window: Window,
}

impl WasabiUI {
    pub fn new(browser: Rc<RefCell<Browser>>) -> Self {
        Self {
            browser,
            input_mode: InputMode::Normal,
            window: Window::new(
                "saba".to_string(),
                WHITE,
                WINDOW_INIT_X_POS,
                WINDOW_INIT_Y_POS,
                WINDOW_WIDTH,
                WINDOW_HEIGHT,
            )
            .unwrap(),
        }
    }
}
```

■ URL の文字を保存する

ユーザーが入力した文字を保持するフィールドを WasabiUI 構造体に追加しましょう。input_url は文字入力 API によって文字が取得されるたびに更新されます。

```
ui/wasabi/src/app.rs
use alloc::string::String;

#[derive(Debug)]
pub struct WasabiUI {
    browser: Rc<RefCell<Browser>>,
    input_url: String,
    input_mode: InputMode,
    window: Window,
}

impl WasabiUI {
```

311

第6章 GUIを実装する──ユーザーとのやりとり

```rust
    pub fn new(browser: Rc<RefCell<Browser>>) -> Self {
        Self {
            browser,
            input_url: String::new(),
            input_mode: InputMode::Normal,
            window: Window::new(
                "saba".to_string(),
                WHITE,
                WINDOW_INIT_X_POS,
                WINDOW_INIT_Y_POS,
                WINDOW_WIDTH,
                WINDOW_HEIGHT,
            )
            .unwrap(),
        }
    }
}
```

　先ほど作成した handle_key_input メソッドを変更して、InputMode が Editing のとき、input_url を変更するようにします。

　InputMode が Normal のときにも Api::read_key 関数を呼び出す必要がある ことに注意してください。OS はキー入力の情報を、その情報が使用されるまで 保持し続けるため、Normal モードのときに入力された文字の情報を捨てるため です。

　Delete キー (0x7f) または Backspace キー (0x08) が押されたときは、 input_url の文字列の最後の文字を削除し、それ以外のときは入力された文字 を input_url に追加します。

```
ui/wasabi/src/app.rs
```
```rust
impl WasabiUI {
    fn handle_key_input(&mut self) -> Result<(), Error> {
        match self.input_mode {
            InputMode::Normal => {
                // InputMode が Normal のとき、キー入力を無視する
                let _ = Api::read_key();
            }
            InputMode::Editing => {
                if let Some(c) = Api::read_key() {
                    if c == 0x7F as char || c == 0x08 as char {
                        // デリートキーまたはバックスペースキーが押されたので、
                        // 最後の文字を削除する
```

312

ユーザーの入力を取得

```
                    self.input_url.pop();
                } else {
                    self.input_url.push(c);
                }
            }
        }
    }

    Ok(())
    }
}
```

■ URL の情報をツールバーに反映する

ユーザーが入力した URL の文字列をアドレスバーに反映しましょう。まずは update_address_bar メソッドを追加します。draw_string メソッドを使用して input_url の文字を描画します。

fill_rect メソッドや draw_string メソッドを呼んだあとに、flush_area メソッドを呼んでいることに注意してください（❶）。実は、fill_rect メソッドや draw_string メソッドなどの描画 API は、呼び出した瞬間に描画するのではありません。メソッドが呼ばれたときには、どの位置にどの色を塗るかの情報を蓄積しているだけです。flush メソッドまたは flush_area メソッドを呼び出したときに、初めて実際に画面に描画します。

```
ui/wasabi/src/app.rs
use noli::rect::Rect;

impl WasabiUI {
    fn update_address_bar(&mut self) -> Result<(), Error> {
        // アドレスバーを白く塗り潰す
        if self
            .window
            .fill_rect(WHITE, 72, 4, WINDOW_WIDTH - 76, ADDRESSBAR_HEIGHT - 2)
            .is_err()
        {
            return Err(Error::InvalidUI(
                "failed to clear an address bar".to_string(),
            ));
        }

        // input_url をアドレスバーに描画する
```

第6章 GUIを実装する──ユーザーとのやりとり

```rust
        if self
            .window
            .draw_string(
                BLACK,
                74,
                6,
                &self.input_url,
                StringSize::Medium,
                /*underline=*/ false,
            )
            .is_err()
        {
            return Err(Error::InvalidUI(
                "failed to update an address bar".to_string(),
            ));
        }

        // アドレスバーの部分の画面を更新する
        self.window.flush_area( ── ❶
            Rect::new(
                WINDOW_INIT_X_POS,
                WINDOW_INIT_Y_POS + TITLE_BAR_HEIGHT,
                WINDOW_WIDTH,
                TOOLBAR_HEIGHT,
            )
            .expect("failed to create a rect for the address bar"),
        );

        Ok(())
    }
```

以前書かれたURLの内容を消すために、clear_address_barメソッドも追加しましょう。アドレスバーの範囲を白い四角で塗りつぶすことによって、今まで書かれていた文字を消します。

```
ui/wasabi/src/app.rs
impl WasabiUI {
    fn clear_address_bar(&mut self) -> Result<(), Error> {
        // アドレスバーを白く塗り潰す
        if self
            .window
            .fill_rect(WHITE, 72, 4, WINDOW_WIDTH - 76, ADDRESSBAR_HEIGHT - 2)
            .is_err()
        {
```

ユーザーの入力を取得

```
                return Err(Error::InvalidUI(
                    "failed to clear an address bar".to_string(),
                ));
            }

            // アドレスバーの部分の画面を更新する
            self.window.flush_area(
                Rect::new(
                    WINDOW_INIT_X_POS,
                    WINDOW_INIT_Y_POS + TITLE_BAR_HEIGHT,
                    WINDOW_WIDTH,
                    TOOLBAR_HEIGHT,
                )
                .expect("failed to create a rect for the address bar"),
            );

            Ok(())
        }
    }
```

　input_url の文字列を変更したあとに、毎回 update_address_bar メソッド
を呼びましょう。ただ、まだ現時点では何もツールバーには反映されないはずで
す。InputMode を Editing に変更するコードはまだ実装されていないからです。

```
ui/wasabi/src/app.rs
impl WasabiUI {
    fn handle_key_input(&mut self) -> Result<(), Error> {
        match self.input_mode {
            InputMode::Normal => {
                let _ = Api::read_key();
            }
            InputMode::Editing => {
                if let Some(c) = Api::read_key() {
                    if c == 0x7F as char || c == 0x08 as char {
                        // Delete キーまたは BackSpace キーが押されたので、最後
                        // の文字を削除する
                        self.input_url.pop();
                        self.update_address_bar()?;
                    } else {
                        self.input_url.push(c);
                        self.update_address_bar()?;
                    }
                }
            }
```

315

第6章 GUIを実装する——ユーザーとのやりとり

```
      }
   }
}
```

■ ツールバーをクリックして InputMode を変更する

次にツールバーをクリックしてからキー入力を開始するようにします。ユーザーがマウスをクリックしたとき、そのクリック位置がツールバーの範囲内かどうかを確かめます。もし範囲内であれば、InputMode を Editing に変更します。

マウスの位置はブラウザのアプリケーションのウィンドウからの相対位置ではなく、OS が動いている QEMU 上の絶対位置になります。よって、まずウィンドウが描画されている位置を使用して相対位置を計算します。そこから、ウィンドウの範囲外かどうか、タイトルバーがクリックされたか、ツールバーがクリックされたか、それ以外がクリックされたかをチェックします。ツールバーをクリックされたときは InputMode を Editing に変更し、input_url の文字列もリセットします。

```rust
ui/wasabi/src/app.rs
impl WasabiUI {
    fn handle_mouse_input(&mut self) -> Result<(), Error> {
        if let Some(MouseEvent { button, position }) = Api::get_mouse_cursor_info() {
            if button.l() || button.c() || button.r() {
                // 相対位置を計算する
                let relative_pos = (
                    position.x - WINDOW_INIT_X_POS,
                    position.y - WINDOW_INIT_Y_POS,
                );

                // ウィンドウの外をクリックされたときは何もしない
                if relative_pos.0 < 0
                    || relative_pos.0 > WINDOW_WIDTH
                    || relative_pos.1 < 0
                    || relative_pos.1 > WINDOW_HEIGHT
                {
                    println!("button clicked OUTSIDE window: {button:?} {position:?}");

                    return Ok(());
                }

                // ツールバーの範囲をクリックされたとき、InputMode を Editing に変更する
                if relative_pos.1 < TOOLBAR_HEIGHT + TITLE_BAR_HEIGHT
                    && relative_pos.1 >= TITLE_BAR_HEIGHT
```

```
                {
                    self.clear_address_bar()?;
                    self.input_url = String::new();
                    self.input_mode = InputMode::Editing;
                    println!("button clicked in toolbar: {button:?} {position:?}");
                    return Ok(());
                }

                self.input_mode = InputMode::Normal;
            }
        }

        Ok(())
    }
}
```

　これで、ツールバーをクリックしたら、キー入力がブラウザに反映されるようになります（**図6-9**）。ただ、現在はマウスが描画されていないため、現在のマウスの位置がわかりにくいです。なので次はマウスを描画します。

図6-9　URL が入力されたウィンドウ（再掲）

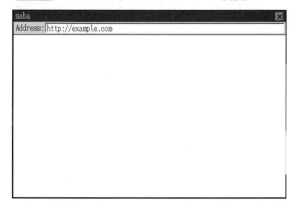

マウスを描画する

　通常であれば、アプリケーションがマウスを描画する必要はありません。しかし、WasabiOS はシンプルな機能しか持たない OS のため、マウスの描画はアプリケーションに任せられています。

第6章 GUIを実装する──ユーザーとのやりとり

■ Cursor 構造体を追加する

マウスカーソルの描画に関する実装を行う cursor.rs を追加します。

```
$ touch ui/wasabi/src/cursor.rs
```

cursor モジュールを追加します。このモジュールは外部ライブラリから使用
されないため、pub キーワードは必要ありません。

```rust
ui/wasabi/src/lib.rs
#![no_std]

extern crate alloc;

pub mod app;
mod cursor;
```

Cursor 構造体は、Sheet オブジェクトをフィールドに持つ構造体です。
Sheet 構造体は noli ライブラリに定義されており、位置とサイズを指定するこ
とで、描画範囲を指定できます。先ほど作成した Window も Sheet をもとに実装
されています。

Sheet は複数重ね合わせることができます。つまり、ブラウザのアプリケーショ
ンのウィンドウとマウスカーソルの Sheet が重なって存在する場合も、正しく
描画されます。

```rust
ui/wasabi/src/cursor.rs
use noli::bitmap::bitmap_draw_rect;
use noli::rect::Rect;
use noli::sheet::Sheet;

#[derive(Debug, Eq, PartialEq)]
pub struct Cursor {
    sheet: Sheet,
}

impl Cursor {
    pub fn new() -> Self {
        let mut sheet = Sheet::new(Rect::new(0, 0, 10, 10).unwrap());
        let bitmap = sheet.bitmap();
        bitmap_draw_rect(bitmap, 0xff0000, 0, 0, 10, 10).expect("failed to↵
draw a cursor");
```

318

ユーザーの入力を取得

```
        Self { sheet }
    }

    pub fn rect(&self) -> Rect {
        self.sheet.rect()
    }

    pub fn set_position(&mut self, x: i64, y: i64) {
        self.sheet.set_position(x, y);
    }

    pub fn flush(&mut self) {
        self.sheet.flush();
    }
}
```

■ WasabiUI にマウスカーソルを追加する

WasabiUI 構造体に Cursor 構造体のオブジェクトを持つフィールドを追加します。

```
ui/wasabi/src/app.rs
use crate::cursor::Cursor;

#[derive(Debug)]
pub struct WasabiUI {
    browser: Rc<RefCell<Browser>>,
    input_url: String,
    input_mode: InputMode,
    window: Window,
    cursor: Cursor,
}

impl WasabiUI {
    pub fn new(browser: Rc<RefCell<Browser>>) -> Self {
        Self {
            browser,
            input_url: String::new(),
            input_mode: InputMode::Normal,
            window: Window::new(
                "saba".to_string(),
                WHITE,
                WINDOW_INIT_X_POS,
                WINDOW_INIT_Y_POS,
```

319

第6章 GUIを実装する──ユーザーとのやりとり

```
                WINDOW_WIDTH,
                WINDOW_HEIGHT,
            )
            .unwrap(),
            cursor: Cursor::new(),
        }
    }
}
```

■ **マウスカーソルを描画する**

handle_mouse_input メソッドを変更して、APIで取得できるマウスの位置にマウスカーソルを描画します。

```
ui/wasabi/src/app.rs
impl WasabiUI {
    fn handle_mouse_input(
        &mut self,
        handle_url: fn(String) -> Result<HttpResponse, Error>,
    ) -> Result<(), Error> {
        if let Some(MouseEvent { button, position }) = Api::get_mouse_cursor_info() {
            self.window.flush_area(self.cursor.rect());
            self.cursor.set_position(position.x, position.y);
            self.window.flush_area(self.cursor.rect());
            self.cursor.flush();

            if button.l() || button.c() || button.r() {
                (省略)
            }
        }
    }
}
```

現在のマウスの位置に赤い四角が描画されるようになりました（**図6-10**）。これでツールバーをクリックしやすくなりました。

図6-10 マウスとURLが入力されたウィンドウ

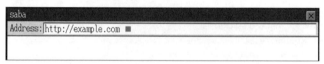

アドレスバーからナビゲーション

アドレスバーからナビゲーション

　マウスとキーボードからユーザーの入力を取得できるようになりました。これによって、ユーザーが入力した URL にナビゲーションできます。URL によって Web サイトを移動することをナビゲーションと呼びます。

Enter キーによってナビゲーションを開始する

　URL がツールバーで入力されたあと、ユーザーが Enter キーを押したときに、その URL に対してナビゲーションを行うことにします。先ほど作成したキー入力を扱う handle_key_input メソッドを変更して、Enter キーが押されたとき、start_navigation メソッドを呼び出します。

　また、引数に handle_url のナビゲーションを行う関数ポインタを追加します。handle_url は、引数が String で戻り値が Result<HttpResponse, Error> の関数です。この関数の実装は後述します。

　Enter キーは ASCII コードでは 0x0A で表されます。正しくは、これはラインフィード（LF）と呼ばれ、カーソルを次の行に移動させる動作を指します。Windows や古いバージョンの Mac では、CR（*Carriage Return*）と LF の組み合わせである 0x0D 0x0A だったり CR のみで行送りを表したりするので、ほかのプラットフォームで動かしたいときには注意が必要です。

```
ui/wasabi/src/app.rs
use saba_core::http::HttpResponse;

impl WasabiUI {
    fn handle_key_input(
        &mut self,
        handle_url: fn(String) -> Result<HttpResponse, Error>,
    ) -> Result<(), Error> {
        match self.input_mode {
            (省略)
            InputMode::Editing => {
                if let Some(c) = Api::read_key() {
                    if c == 0x0A as char {
                        // Enter キーが押されたので、ナビゲーションを開始する
```

321

第6章 GUIを実装する——ユーザーとのやりとり

```
                    self.start_navigation(handle_url, self.input_url.clone())?;

                    self.input_url = String::new();
                    self.input_mode = InputMode::Normal;
                } else if c == 0x7F as char || c == 0x08 as char {
                    // Delete キーまたは BackSpace キーが押されたので、最後の文字を
                    // 削除する
                    self.input_url.pop();
                    self.update_address_bar()?;
                } else {
                    self.input_url.push(c);
                    self.update_address_bar()?;
                }
            }
        }
    }

    Ok(())
    }
}
```

start_navigation メソッドでは、コンテンツエリアをリセットしてから、
URL に対してナビゲーションを行う handle_url 関数を呼び出します。

ui/wasabi/src/app.rs
```
impl WasabiUI {
    fn start_navigation(
        &mut self,
        handle_url: fn(String) -> Result<HttpResponse, Error>,
        destination: String,
    ) -> Result<(), Error> {
        self.clear_content_area()?;

        match handle_url(destination) {
            Ok(response) => {
                let page = self.browser.borrow().current_page();
                page.borrow_mut().receive_response(response);
            }
            Err(e) => {
                return Err(e);
            }
        }

        Ok(())
    }
}
```

アドレスバーからナビゲーション

コンテンツエリアをリセットする

コンテンツエリアとは HTML が実際に描画される部分です。本書のブラウザではツールバーとタイトルバー以外のウィンドウのすべてがコンテンツエリアです。

clear_content_area メソッドはコンテンツエリア、つまり、ツールバーより下の HTML によって描画可能な範囲を白く塗りつぶす関数です。次のナビゲーションをした際に、以前の描画内容をリセットできます。

```
ui/wasabi/src/app.rs
impl WasabiUI {
    fn clear_content_area(&mut self) -> Result<(), Error> {
        // コンテンツエリアを白く塗りつぶす
        if self
            .window
            .fill_rect(
                WHITE,
                0,
                TOOLBAR_HEIGHT + 2,
                CONTENT_AREA_WIDTH,
                CONTENT_AREA_HEIGHT - 2,
            )
            .is_err()
        {
            return Err(Error::InvalidUI(
                "failed to clear a content area".to_string(),
            ));
        }

        self.window.flush();

        Ok(())
    }
}
```

ネットワークの実装を UI コンポーネントに渡す

先ほど実装した start_navigation メソッドでは、引数に handle_url という関数ポインタが渡されていました。これは URL を解析して、HTTP リクエストを送り、レスポンスを受け取るという第 2 章と第 3 章のネットワークのやり

323

第6章 GUIを実装する——ユーザーとのやりとり

とりを実行する関数です。

■関数ポインタ

Rustにおける関数ポインタとは、関数のアドレスを格納できる変数の一種です。関数ポインタは fn 型で表されます。

```
fn add(a: i32, b: i32) -> i32 {
  a + b
}

fn double(f: fn(i32, i32) -> i32, a: i32, b: i32) -> i32 {
  f(a, b) * 2
}

let result = double(add, 1, 2); // 6
```

■クロージャ

Rustには、関数ポインタと似た概念のクロージャというしくみも存在します。クロージャは環境をキャプチャできるという特徴があります。つまり、クロージャ外で定義された変数をクロージャ内で使用できるということです。本書ではクロージャは使用していませんが、関数ポインタと似た概念なので紹介しました。

```
let x = 10;

let closure = |a: i32, b: i32| -> i32 { a + b + x };

let result = closure(1, 2); // result: 13
```

■handle_url の実装

handle_url 関数は、ネットワークコンポーネントとUIコンポーネントをつなぐための関数です。異なるプラットフォームにも移植しやすくするために、コンポーネント間の依存性を最小限に抑えています。このようなシステムの構成を疎結合なシステムと言います。第3章で実装したネットワークに関するAPIをhandle_url 関数の中で使用することで、UIコンポーネントの中ではネットワークに関するAPIを使用しなくてもよいようにします。

handle_url 関数は main.rs に実装します。この関数はURLの文字列を引数に取り、HttpResponse 構造体を返す関数です。もし途中で実行が失敗すれば、

324

アドレスバーからナビゲーション

エラーを返します。

まず、2章で実装した URL の解釈を行います（❶）。解釈した URL の情報を
もとに、HtmlClient 構造体の get メソッドを呼びます（❷）。解釈した URL の
ポート番号は文字列なので、16 ビットの符号なし整数を表す u16 に変換してい
ることに注意してください（❸）。

HTTP レスポンスが無事に取得できたとき（❹）、もしステータスコードが
302 であれば、転送処理を行います（❺）。転送先を示す Location というヘッ
ダの値の取得を試みます（❻）。もし値が存在すれば、その値に対して URL の
解釈を行い（❼）、もう一度 HTTP リクエストを送信します（❽）。

ステータスコードが 302 以外のときは（❾）、取得した HTTP レスポンスを
そのまま返します。

本書のブラウザでは転送処理を一度しか行いません。転送先のレスポンスも
302 のステータスコードを返してきた場合、何もしません。一般的に使用され
ているブラウザでも、無限に転送し続けることによる攻撃を防ぐために、転送回
数には制限があるようです。具体的な転送回数の制限はブラウザによって異なり
ます。

```rust
src/main.rs
use crate::alloc::string::ToString;
use alloc::format;
use alloc::string::String;
use net_wasabi::http::HttpClient;
use saba_core::error::Error;
use saba_core::http::HttpResponse;
use saba_core::url::Url;

fn handle_url(url: String) -> Result<HttpResponse, Error> {
    // URL を解釈する
    let parsed_url = match Url::new(url.to_string()).parse() { // ──❶
        Ok(url) => url,
        Err(e) => {
            return Err(Error::UnexpectedInput(format!(
                "input html is not supported: {:?}",
                e
            )));
        }
    };

    // HTTP リクエストを送信する
```

325

第6章 GUIを実装する──ユーザーとのやりとり

```rust
    let client = HttpClient::new();
    let response = match client.get( ── ❷
        parsed_url.host(),
        parsed_url.port().parse::<u16>().expect(&format!( ── ❸
            "port number should be u16 but got {}",
            parsed_url.port()
        )),
        parsed_url.path(),
    ) {
        Ok(res) => { ── ❹
            // HTTP レスポンスのステータスコードが 302 のとき、転送する(リダイレクト)
            if res.status_code() == 302 { ── ❺
                let location = match res.header_value("Location") { ── ❻
                    Ok(value) => value,
                    Err(_) => return Ok(res),
                };
                let redirect_parsed_url = Url::new(location); ── ❼

                let redirect_res = match client.get( ── ❽
                    redirect_parsed_url.host(),
                    redirect_parsed_url.port().parse::<u16>().expect(&format!(
                        "port number should be u16 but got {}",
                        parsed_url.port()
                    )),
                    redirect_parsed_url.path(),
                ) {
                    Ok(res) => res,
                    Err(e) => return Err(Error::Network(format!("{:?}", e))),
                };

                redirect_res
            } else { ── ❾
                res
            }
        }
        Err(e) => {
            return Err(Error::Network(format!(
                "failed to get http response: {:?}",
                e
            )))
        }
    };
    Ok(response)
}
```

326

アドレスバーからナビゲーション

■ handle_url 関数ポインタを渡す

main 関数を変更して、handle_url の関数ポインタを start メソッド経由で UI ライブラリに渡します。

```
src/main.rs
fn main() -> u64 {
    // Browser 構造体を初期化
    let browser = Browser::new();

    // WasabiUI 構造体を初期化
    let ui = Rc::new(RefCell::new(WasabiUI::new(browser)));

    // アプリの実行を開始
    match ui.borrow_mut().start(handle_url) {
        Ok(_) => {}
        Err(e) => {
            println!("browser fails to start {:?}", e);
            return 1;
        }
    };

    0
}
```

start メソッドと run_app メソッドの引数も変更して、handle_key_input メソッドまで handle_url 関数ポインタを渡しましょう。

```
ui/wasabi/src/app.rs
impl WasabiUI {
    pub fn start(
        &mut self,
        handle_url: fn(String) -> Result<HttpResponse, Error>,
    ) -> Result<(), Error> {
        self.setup()?;

        self.run_app(handle_url)?;

        Ok(())
    }
    (省略)
    fn run_app(
        &mut self,
        handle_url: fn(String) -> Result<HttpResponse, Error>,
```

327

第6章 GUIを実装する——ユーザーとのやりとり

```
    ) -> Result<(), Error> {
        loop {
            self.handle_mouse_input()?;
            self.handle_key_input(handle_url)?;
        }
    }
}
```

run_on_wasabi.sh を使用してブラウザのアプリケーションを WasabiOS の上で動かしてみましょう。ツールバーをクリックし、HTTP から始まる URL を入力し Enter キーを押すと、OS による通信のログを見ることができます。ログの中の具体的な IP アドレスはアクセスするサイトによって異なります。

```
[INFO]  os/src/net/tcp.rs:470:  Trying to open a socket with 93.184.215.14:80
[INFO]  os/src/net/tcp.rs:285:  net: tcp: send: TCP :49152 -> :80, seq = 123
4, ack = 0, flags = 0b0000000000000010 SYN
[INFO]  os/src/syscall.rs:171:  tx data enqueued. waiting...
[INFO]  os/src/net/tcp.rs:306:  net: tcp: recv: TCP :80 -> :49152, seq = 121
6001, ack = 1235, flags = 0b0000000000010010 SYN ACK
[INFO]  os/src/net/tcp.rs:349:  net: tcp: recv: TCP connection established
[INFO]  os/src/net/tcp.rs:285:  net: tcp: send: TCP :49152 -> :80, seq = 123
5, ack = 1216002, flags = 0b0000000000010000 ACK
```

ページの内容の描画

今までの章で実装してきた HTML の内容をウィンドウに描画しましょう。前章では、HTML と CSS の情報からレイアウトツリーを構築し、DisplayItem 列挙型のベクタを作成しました。ナビゲーションが終わったあとに、Browser 構造体を通じてこのベクタを取得することで、どのようなものを描画する必要があるのか知ることができます。

テキストを描画する

まずは HTML のテキストを画面に描画していきます。

328

ページの内容の描画

■文字を出力する API を使用する

文字を出力するための API も、WasabiOS の noli ライブラリによって提供されています。

たとえば、先ほど作った WasabiUI のインスタンスに対して、x 座標と y 座標が (10, 20) の位置に Hello World という文字列を描画したいとき、以下のように API を使用します。

```
self.window.draw_string(
    BLACK,
    /* x= */10,
    /* y= */20,
    "Hello World",
    StringSize::Medium,
    /* text_decolration= */false,
    ).unwrap();
```

StringSize とはその名のとおり、文字の大きさを表します。現在、WasabiOS では Medium、Large、XLarge の 3 種類の大きさしかサポートされていません。なので、CSS で font-size: 12px; のようにピクセルで指定することはできません。実装したければブラウザと OS のソースコードをどちらも変更する必要があります。もし興味があればぜひ挑戦してみてください。

■描画するための関数を実装する

update_ui メソッドを追加して、Browser 構造体から取得した DisplayItem 列挙型の配列を 1 つずつ描画していきます。まずは for ループの中でそれぞれの要素を表示してみましょう。

```
ui/wasabi/src/app.rs
impl WasabiUI {
    fn update_ui(&mut self) -> Result<(), Error> {
        let display_items = self
            .browser
            .borrow()
            .current_page()
            .borrow()
            .display_items();

        for item in display_items {
            println!("{:?}", item);
```

第**6**章 GUI を実装する──ユーザーとのやりとり

```
        }
        Ok(())
    }
}
```

start_navigation メソッドの中で URL に対して HTTP リクエスト／レスポンスの送受信が終わったあとに、update_ui メソッドを呼びましょう。

```
ui/wasabi/src/app.rs
impl WasabiUI {
    fn start_navigation(
        &mut self,
        handle_url: fn(String) -> Result<HttpResponse, Error>,
        destination: String,
    ) -> Result<(), Error> {
        (省略)
        match handle_url(destination) {
            (省略)
        }

        self.update_ui()?;

        Ok(())
    }
}
```

run_on_wasabi.sh を使用してブラウザのアプリケーションを WasabiOS 上で動かして、ツールバーをクリックし、HTTP から始まる URL をアドレスバーに入力してみましょう。Rect や Text などを含む DisplayItem のログが表示されるはずです。具体的なログの内容はアクセスするサイトによって異なります。

■ 文字の大きさの型変換を行う

OS のライブラリで使用されている文字の大きさを表す列挙型（StringSize）と、ブラウザで使用している文字の大きさを表す列挙型（FontSize）は違う型です。convert_font_size 関数を追加して、文字を表す型を変換しましょう。

```
ui/wasabi/src/app.rs
use saba_core::renderer::layout::computed_style::FontSize;

fn convert_font_size(size: FontSize) -> StringSize {
```

330

```
    match size {
        FontSize::Medium => StringSize::Medium,
        FontSize::XLarge => StringSize::Large,
        FontSize::XXLarge => StringSize::XLarge,
    }
}
```

■ update_ui メソッドを更新する

update_ui メソッドを更新して、DisplayItem::Text の情報を使用して文字を描画します。draw_string メソッドの引数に、文字の色、描画する位置、テキストの内容、テキストの大きさを指定します。

flush メソッドを呼んで、画面を更新するのも忘れないようにしてください。

ui/wasabi/src/app.rs

```
use saba_core::display_item::DisplayItem;

impl WasabiUI {
    fn update_ui(&mut self) -> Result<(), Error> {
        (省略)
        for item in display_items {
            match item {
                DisplayItem::Text {
                    text,
                    style,
                    layout_point,
                } => {
                    if self
                        .window
                        .draw_string(
                            style.color().code_u32(),
                            layout_point.x() + WINDOW_PADDING,
                            layout_point.y() + WINDOW_PADDING + TOOLBAR_HEI↵
GHT,
                            &text,
                            convert_font_size(style.font_size()),
                            false,
                        )
                        .is_err()
                    {
                        return Err(Error::InvalidUI("failed to draw a strin↵
g".to_string()));
                    }
                }
                _ => {
```

第**6**章　GUI を実装する——ユーザーとのやりとり

```
                // ほかの要素の描画
            }
        }
    }

    self.window.flush();

    Ok(())
    }
}
```

テキストリンクを描画する

次に、HTML の <a> にあたるテキストリンクを描画します。

■文字を出力する API で下線を引く

テキストリンクとは、Web ページ上の一部分がほかのページへのハイパーリンクになっているものを指します。通常、何も CSS が指定されていない Web ページでは、テキストリンクの下部にアンダーラインが引かれていることが多いです。

noli に実装されている draw_string 関数では、6 つ目の引数を true に設定するとアンダーラインを引いてくれます。

```
self.window.draw_string(
    BLACK,
    /* x= */10,
    /* y= */20,
    &line,
    StringSize::Medium,
    /* text_decolration= */true,
).unwrap();
```

■update_ui メソッドを更新する

update_ui メソッドを更新して、DisplayItem::Text の情報を使用してリンクテキストを描画します。

文字を描画したときと同じく、OS の noli ライブラリに実装されている draw_string 関数を使用します。6 つ目の引数を true にすることで、下線を引けます。もし CSS の text-decoration プロパティが TextDecoration::Underline だったら true を指定して下線を引きましょう。

332

ページの内容の描画

```
ui/wasabi/src/app.rs
use saba_core::renderer::layout::computed_style::TextDecoration;

impl WasabiUI {
    fn update_ui(&mut self) -> Result<(), Error> {
        (省略)
        for item in display_items {
            match item {
                DisplayItem::Text {
                    text,
                    style,
                    layout_point,
                } => {
                    if self
                        .window
                        .draw_string(
                            style.color().code_u32(),
                            layout_point.x() + WINDOW_PADDING,
                            layout_point.y() + WINDOW_PADDING + TOOLBAR_HEI↵
GHT,
                            &text,
                            convert_font_size(style.font_size()),
                            style.text_decoration() == TextDecoration::Unde↵
line,
                        )
                        .is_err()
                    {
                        return Err(Error::InvalidUI("failed to draw a strin↵
g".to_string()));
                    }
                }
                _ => {
                    // ほかの要素の描画
                }
            }
        }

        self.window.flush();

        Ok(())
    }
}
```

333

第6章 GUI を実装する──ユーザーとのやりとり

四角を描画する

update_ui メソッドを更新して、DisplayItem::Rect の情報を使用して四角を描画します。

要素の背景色が指定されている場合に使用されます。

`ui/wasabi/src/app.rs`
```rust
impl WasabiUI {
    fn update_ui(&mut self) -> Result<(), Error> {
        (省略)
        for item in display_items {
            match item {
                DisplayItem::Text {
                    text,
                    style,
                    layout_point,
                } => {
                    (省略)
                }
                DisplayItem::Rect {
                    style,
                    layout_point,
                    layout_size,
                } => {
                    if self
                        .window
                        .fill_rect(
                            style.background_color().code_u32(),
                            layout_point.x() + WINDOW_PADDING,
                            layout_point.y() + WINDOW_PADDING + TOOLBAR_HEI↵
GHT,
                            layout_size.width(),
                            layout_size.height(),
                        )
                        .is_err()
                    {
                        return Err(Error::InvalidUI("failed to draw a rect"↵
.to_string()));
                    }
                }
                // _ => {} // すべてのケースを網羅したため、デフォルトアーム
                //            は削除する
            }
        }
    }
```

334

ページの内容の描画

```
        self.window.flush();

        Ok(())
    }
}
```

WasabiOS の上で動かす

第 3 章で HTTP 通信を確かめたときに行ったように、ローカルサーバを使用して、文字が描画されるかどうか確かめましょう。

異なる文字の大きさを含むテストページを作成します。<h1> タグで囲まれた文字は大きく、<p> タグで囲まれた文字は小さく描画されるはずです。

```html
test1.html
<html>
<head>
  <style type="text/css">
    h1 {
      color: orange;
    }
    .red {
      background-color: red;
    }
  </style>
</head>
<body>
  <h1>Test Page 1</h1>
  <p class="red">This is a test page with red background color.</p>
</body>
</html>
```

Python3 を使用して、ローカルサーバを開始します。

```
$ python3 -m http.server 8000
```

run_on_wasabi.sh スクリプトを使用して OS を起動させたあと、ツールバーをクリックし、http://host.test:8000/test1.html を入力して Enter キーを押すと、**図 6-11** のように <h1> タグのコンテンツが大きな文字で、<p> タグのコンテンツが小さな文字で描画できているのがわかります。CSS による色指定

335

第6章 GUIを実装する —— ユーザーとのやりとり

もできていますね。

図6-11 `<h1>` と `<p>` による文字列の描画

リンククリックでナビゲーション

HTMLの描画ができ、ユーザーのキー入力とマウス入力を取得できるようになりました。私たちのブラウザは `<a>` タグをサポートしているので、リンクをクリックしてナビゲーションもできるようにしたいです。

handle_mouse_input メソッドを更新する

handle_mouse_input メソッドを更新して、Page 構造体にある clicked メソッドを呼び出します。

第2引数に handle_url の関数ポインタを追加することも忘れないでください。

```
ui/wasabi/src/app.rs
impl WasabiUI {
    fn handle_mouse_input(
        &mut self,
        handle_url: fn(String) -> Result<HttpResponse, Error>,
    ) -> Result<(), Error> {
        (省略)
        if button.l() || button.c() || button.r() {
            (省略)
            self.input_mode = InputMode::Normal;

            let position_in_content_area = (
                relative_pos.0,
                relative_pos.1 - TITLE_BAR_HEIGHT - TOOLBAR_HEIGHT,
```

```
            );
            let page = self.browser.borrow().current_page();
            let next_destination = page.borrow_mut().↵
clicked(position_in_content_area);

            if let Some(url) = next_destination {
                self.input_url = url.clone();
                self.update_address_bar()?;
                self.start_navigation(handle_url, url)?;
            }
        }
    }
}
```

handle_mouse_input メソッドの呼び出し元も更新しましょう。

```
ui/wasabi/src/app.rs
impl WasabiUI {
    fn run_app(
        &mut self,
        handle_url: fn(String) -> Result<HttpResponse, Error>,
    ) -> Result<(), Error> {
        loop {
            self.handle_key_input(handle_url)?;
            self.handle_mouse_input(handle_url)?;
        }
    }
}
```

clicked 関数を追加する

Page 構造体に clicked メソッドを追加します。これは、マウスの位置
(position) から、どのノードがクリックされたかを取得し、そのノードの親が
href 属性を持っていればその値を返す関数です。

```
saba_core/src/renderer/page.rs
use crate::renderer::dom::node::ElementKind;
use crate::renderer::dom::node::NodeKind;

impl Page {
    pub fn clicked(&self, position: (i64, i64)) -> Option<String> {
        let view = match &self.layout_view {
```

第6章 GUIを実装する——ユーザーとのやりとり

```
            Some(v) => v,
            None => return None,
        };

        if let Some(n) = view.find_node_by_position(position) {
            if let Some(parent) = n.borrow().parent().upgrade() {
                if let NodeKind::Element(e) = parent.borrow().node_kind() {
                    if e.kind() == ElementKind::A {
                        return e.get_attribute("href");
                    }
                }
            }
        }

        None
    }
}
```

■ DOM ツリーのノードの指定した属性の値を取得する

DOM ツリーのノードから指定した属性の値を取得する get_attribute メ
ソッドを追加します。もし指定した属性がなかった場合、None を返します。

```
saba_core/src/renderer/dom/node.rs
impl Element {
    pub fn get_attribute(&self, name: &str) -> Option<String> {
        for attr in &self.attributes {
            if attr.name() == name {
                return Some(attr.value());
            }
        }
        None
    }
}
```

■ find_node_by_position メソッドを追加する

LayoutView 構造体の find_node_by_position メソッドは、指定された位置
(position) がレイアウトツリーのどのノードを指しているかを見つける関数です。

```
saba_core/src/renderer/layout/layout_view.rs
impl LayoutView {
    pub fn find_node_by_position(&self, position: (i64, i64)) -> Option<Rc<R↵
efCell<LayoutObject>>> {
```

338

リンククリックでナビゲーション

```
            Self::find_node_by_position_internal(&self.root(), position)
    }
}
```

■find_node_by_position_internal 関数を追加する

find_node_by_position_internal 関数は再帰的に呼ばれます。クリックした位置にある葉ノード、つまり、木構造の下位の末端にあるノードを返します。たいていの場合、テキストノードが返ることになります。

`saba_core/src/renderer/layout/layout_view.rs`
```
impl LayoutView {
    fn find_node_by_position_internal(
        node: &Option<Rc<RefCell<LayoutObject>>>,
        position: (i64, i64),
    ) -> Option<Rc<RefCell<LayoutObject>>> {
        match node {
            Some(n) => {
                let first_child = n.borrow().first_child();
                let result1 = Self::find_node_by_position_internal(&first_c↵
hild, position);
                if result1.is_some() {
                    return result1;
                }

                let next_sibling = n.borrow().next_sibling();
                let result2 = Self::find_node_by_position_internal(&next_si↵
bling, position);
                if result2.is_some() {
                    return result2;
                }

                if n.borrow().point().x() <= position.0
                    && position.0 <= (n.borrow().point().x() + n.borrow().s↵
ize().width())
                    && n.borrow().point().y() <= position.1
                    && position.1 <= (n.borrow().point().y() + n.borrow().s↵
ize().height())
                {
                    return Some(n.clone());
                }
                None
            }
            None => None,
    }
```

339

第6章 GUIを実装する——ユーザーとのやりとり

```
    }
}
```

WasabiOS の上で動かす

先ほど文字の描画の確認を行ったときのように、ローカルサーバを使用して、リンクをクリックできるかを確かめましょう。

先ほどの test1.html に <a> タグを追加して、test2.html へのリンクを追加しましょう。./ などから始まる相対 URL には対応していないので、http:// から始まる絶対 URL を href に指定していることに注意してください。

```
test1.html
<html>
<head>
  <style type="text/css">
    h1 {
      color: orange;
    }
    .red {
      background-color: red;
    }
  </style>
</head>
<body>
  <h1>Test Page 1</h1>
  <p class="red">This is a test page with red background color.</p>
  <p><a href="http://host.test:8000/test2.html">Go to Page 2</a></p>
</body>
</html>
```

リンクの先となる test2.html も作成します。サポートしていないはずの <!doctype html> や <title> タグなども書き、この状態の HTML でも正しく動くか確かめます。

CSS の display が none と指定されている要素は描画されないことも確かめましょう。

340

リンククリックでナビゲーション

```
test2.html
<!doctype html>
<html>
<head>
  <title>title tag is unsupported</title>
  <style type="text/css">
    #blue {
      background-color: #0000ff;
    }
    .none {
      display: none;
    }
  </style>
</head>
<body>
  <h1 id="blue">Test Page 2</h1>
  <a class="none">First inline element.</a>
  <a class="none">Second inline element.</a>
  <p><a href="http://host.test:8000/test1.html">Go to Page 1</a></p>
</body>
</html>
```

Python3 を使用して、ローカルサーバを開始します。

```
$ python3 -m http.server 8000
```

run_on_wasabi.sh スクリプトを使用して OS を起動させたあと、ツールバーをクリックし、http://host.test:8000/test1.html を入力して Enter キーを押すと、1 つ目ページが確認できます（**図 6-12**）。

図 6-12 リンクテキストのあるテストページ

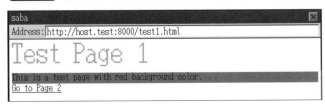

「Go to Page 2」と書かれているリンクテキストをクリックすると、2 つ目のページに移動できるはずです（**図 6-13**）。2 ページ目にも 1 ページ目に戻るため

341

第6章 GUIを実装する──ユーザーとのやりとり

のリンクがあるので、何度も行ったり来たりできます[注5]。

図6-13 リンククリックによって移動したあとのページ

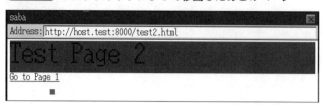

`http://`から始まるURLのサイトならばどんなWebサイトでもアクセスできるはずです。ためしに、`http://example.com`のサイトにアクセスしてみましょう。私たちのブラウザでは実装しているCSSが少ないため、見た目はまったく同じではありませんが、タイトル、文字、リンクがちゃんと描画されているのが見えます（**図6-14**）。リンクをクリックすることはできますが、リンク先はHTTPSから始まるURLなので、通信は失敗します。

図6-14 http://example.com へのアクセス

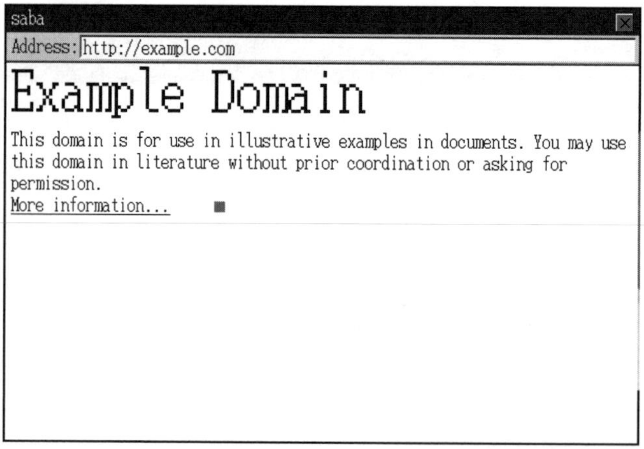

注5 ナビゲーションを繰り返すと、OSのアウトオブメモリのエラーが出る可能性があることに注意してください。OSはアプリケーションが使えるメモリを決め打ちで確保して、割り当ててくれます。しかし、メモリ解放をしない実装になっているため、メモリを使い続けるとこれ以上確保できず実行が中断してしまいます。詳しくは『[作って学ぶ] OSのしくみ』を参照してください。

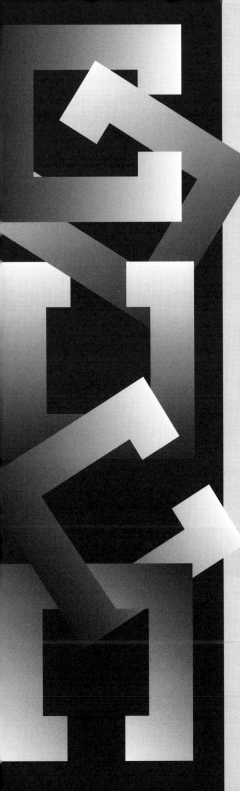

第7章
JavaScriptを動かす
ページの動的な変更

第7章 JavaScriptを動かす——ページの動的な変更

本章では、ブラウザ上で動かすことのできるプログラミング言語の一つである JavaScript の解説と、簡単な JavaScript を解釈し実行するためのプログラムを実装します。本章を終えると、以下のような JavaScript のコードが私たちのブラウザ上で実行できるようになります。

```html
<html>
<head>
  <script type="text/javascript">
    var target1=document.getElementById("target");
    target.textContent="dynamic text change!";

    function foo(a, b) {
        return a + b;
    }
    var target2=document.getElementById("target2");
    target2.textContent=foo(1, 2) - 1;
  </script>
</head>
<body>
  <h1>Hello World!</h1>
  <p class=blue>This is a test page for JavaScript.</p>
  <p id=target>abc</p>
  <p id=target2>abc</p>
</body>
</html>
```

本章で書かれているコードは sababook/ch7/saba[注1] のリポジトリに掲載されています。

JavaScript とは

JavaScript（JS）は、インタプリタまたは JIT（*Just-in-Time*）でコンパイルされるプログラミング言語です。JavaScript の一番の特徴としては、ブラウザが組込みで実行をサポートしていることです。また、JavaScript はほかのプログラミング言語と同様にブラウザ外の環境でも動かすことができます。

注1　https://github.com/d0iasm/sababook/tree/main/ch7/saba

インタプリタ、JIT、コンパイラ言語

インタプリタ言語とは、ソースコードを 1 行ずつ読み取り、それを逐次的に実行するプログラミング言語です。同じコードを何度も解釈するため、実行が遅い場合があります。

一方で、コンパイラ言語はソースコードを機械語に変換してから実行します。この変換のことをコンパイルと言います。コンパイルされた機械語は、特定の CPU に向けて作られるので、異なるプラットフォームに移したら動きません。機械語は CPU が直接理解し実行できる言語のため、実行速度がインタプリタ言語より速いという特徴がありますが、ソースコードを変換するためのコンパイルの時間が必要です。

コンパイラ言語とインタプリタ言語の良いとこ取りをした JIT (*Just-in-Time*) コンパイラも存在します。クラスや関数などの一定の単位のコードが実行される直前にソースコードをコンパイルし、機械語を生成して実行します。一般的には、ソースコードをまずバイトコードなどの中間表現に変換し、さらにそれを機械語に変換します。JIT コンパイラは実行中によく実行されるコードパスを見つけることで最適化を行うことができ、実行を高速化することが可能です。Chrome ブラウザで使用されている V8 や、Firefox で使用されている SpiderMonkey という JavaScript エンジンでは、この JIT コンパイラ方式を採用しています。

私たちが実装する JavaScript エンジンではインタプリタ方式を採用します。具体的には、JavaScript を解釈するための木構造を作成したあと、その木構造を走査しながらノードの実行を行うということです。対して、もしコンパイラ言語を作りたいならば、木構造を走査するときに実行はせずに中間表現や機械語に変換し、そのあとに実行を行います。どちらの方式も木構造を作るところまでは同じです。

動的なページと静的なページ

今までの章で実装してきたブラウザでは、まだ静的なページしかサポートしていません。静的なページとは、HTML や CSS を使ってあらかじめ作成されたコードが変更されることなく、常に同じ表示がされるページです。この種類のページは、サーバに対してリクエストが来た際に、事前に用意されたファイルをそのま

第7章 / JavaScriptを動かす──ページの動的な変更

ま返すだけで、動的な処理は行われません。静的なページは高速に表示される利点がありますが、ユーザーの操作や状況に応じてコンテンツを変更するなどの、ユーザーとのインタラクションを行えません。

動的なページとは、ユーザーの行動によって内容が変更されるページです。JavaScriptはページの動的な変更を可能にします。たとえば、JavaScriptによってDOMツリーを変更することで、特定のHTMLの要素を変更できます。また、ユーザーがボタンをクリックしたときに、JavaScriptで「ボタンをクリックした」というイベントをキャッチし、このイベントをきっかけに表示内容を変えることが可能です。

■ サーバサイドレンダリングとクライアントサイドレンダリング

厳密に言うと、動的なページには2種類存在します。サーバサイドで変更を行う場合とクライアントサイドで変更を行う場合です。

サーバサイドレンダリング（SSR／*Server-side Rendering*）は、ユーザーのリクエストに応じて、データベースからコンテンツを取得したりプログラムを実行して、サーバ側でHTMLを生成します。そして生成したHTMLをブラウザに送信します。サーバ側で実行するプログラムはJavaScript以外の言語も使用できます。

クライアントサイドレンダリング（CSR／*Client-side Rendering*）は、ユーザーのリクエストに対してあらかじめ用意してあるHTML、CSS、JavaScriptをブラウザに送ります。ユーザーのインタラクションが起こったときには、ブラウザ内でJavaScriptを実行しページの変更を行います。

本書で実装するのは、クライアントサイドレンダリングによる動的なコンテンツの変更です。

ブラウザAPI

第1章でも紹介したように、書き換えるAPIやサーバからデータを取得するAPIなどを総称してブラウザAPIと呼びます。API（*Application Programming Interface*）とは、ソフトウェア間のやりとりを行うためのインタフェースやプロトコルのことを指します。APIを使用すると、異なるソフトウェアやシステムが互いに通信し、機能を共有したりデータを交換したりすることが可能になります。

ブラウザAPIは、JavaScriptから直接呼ぶことができますが、JavaScriptの

言語自体に存在する組込み関数ではなく、ブラウザにしか存在しない機能です。

たとえば、ブラウザ API には以下のようなものがあります。

- DOM API
  DOM（*Document Object Model*）は、HTML や XML ドキュメントの内容を表すための API であり、JavaScript を使ってドキュメントの要素にアクセスや操作を行うことができる

- Fetch API
  Fetch API は、Web 上のリソースを取得するための新しい API であり、より強力で柔軟な HTTP リクエストとレスポンスの処理ができる

- Canvas API
  Canvas API は、HTML5 で導入された描画用の API であり、JavaScript を使ってグラフィックやアニメーションを描画できる

DOM API の一つである `getElementById` 関数は、ID を指定することで特定の DOM ノードにアクセス可能です。

ECMAScript

ブラウザ API と異なり、JavaScript 言語自体に関する仕様は ECMAScript と呼ばれます。この仕様は Ecma International という国際的な標準化団体によって管理されています。

ECMAScript は、プログラミング言語の構文や型を定義しています。ECMAScript の標準化のおかげで、異なるブラウザや環境で JavaScript を動かしたときも同じような動きをするようになりました。

ECMAScript は定期的に更新され、バージョンごとに新しい機能や改善が追加されます。たとえば、ECMAScript 5（ES5）は 2009 年にリリースされ、ECMAScript 6（ES6、または ECMAScript 2015）は 2015 年にリリースされました。

私たちの JavaScript エンジンは、ECMA Script 2024 を参考にしていますが、構文は簡易化してあるため名称が必ずしも一緒ではないことに注意してください。

第7章 JavaScript を動かす——ページの動的な変更

JavaScript の加算／減算の実装

HTML や CSS の章で行ってきたように、JavaScript も文字列を入力として受け取り、文字列をトークナイズし、データを木構造の形に変形し、そして実行します。

今回実装する JavaScript は、以下のような限られた機能しか持ちません。今回はこれらの機能をステップバイステップで実装します。

- 足し算や引き算といった簡単な演算ができる
- 変数を定義し、使うことができる
- 関数を定義し、呼び出すことができる

まずは以下のような四則演算を行うことのできる JavaScript エンジンを作成してみます。

```
1+2
```

実装するディレクトリの作成

JavaScript に関する実装を行うための js ディレクトリを作成します。字句解析を行うためのコードを token.rs、構文解析を行うためのコードを ast.rs に実装することにします。また、JavaScript を実行するためのランタイムを runtime.rs に実装します。

```
$ mkdir saba_core/src/renderer/js
$ touch saba_core/src/renderer/js/mod.rs
$ touch saba_core/src/renderer/js/token.rs
$ touch saba_core/src/renderer/js/ast.rs
$ touch saba_core/src/renderer/js/runtime.rs
```

mod.rs ファイルを変更して、モジュールを追加することも忘れないでください。

348

JavaScript の加算／減算の実装

```
saba_core/src/renderer/mod.rs
pub mod css;
pub mod dom;
pub mod html;
pub mod js;
pub mod layout;
pub mod page;
```

js ディレクトリの mod.rs ファイルも変更します。

```
saba_core/src/renderer/js/mod.rs
pub mod ast;
pub mod runtime;
pub mod token;
```

現在のディレクトリの構造は以下のとおりです。便利スクリプトや build ディレクトリなどは省略しています。

```
$ tree
src
├── Cargo.toml
├── net
│    └── (省略)
├── ui
│    └── (省略)
├── src
│    └── main.rs
└── saba_core
     ├── Cargo.toml
     └── src
          └── renderer
               ├── (省略)
               └── js
                    ├── mod.rs
                    ├── token.rs
                    ├── ast.rs
                    └── runtime.rs
```

トークン列挙型の作成

四則演算は数字と記号によって成り立ちます。Token 列挙型を作成し、記号と数字を表す Punctuator と Number を追加します。

349

第**7**章／**JavaScript を動かす**──ページの動的な変更

```rust
saba_core/src/renderer/js/token.rs
#[derive(Debug, Clone, PartialEq, Eq)]
pub enum Token {
    /// https://262.ecma-international.org/#sec-punctuators
    Punctuator(char),
    /// https://262.ecma-international.org/#sec-literals-numeric-literals
    Number(u64),
}
```

JsLexer 構造体の作成

JsLexer 構造体は、現在どこまで読み込んだかを表す pos と、入力の文字列を保存する input をフィールドに持ちます。

レキサー（Lexer）は、トークナイザーの同義語として使われることが多いです。正確にはレキサーはトークナイザーの機能を含む、より広範な解析を行うコンポーネントです。レキサーは、トークンを生成するだけでなく、トークンの分類や行番号などの追加情報の付加なども行います。本書のレキサーではトークナイザーと同じく単に字句解析を行うだけですが、JavaScript のインタプリタではレキサーという名前のほうが使われることが多いので、レキサーという名前を使用します。

```rust
saba_core/src/renderer/js/token.rs
use alloc::string::String;
use alloc::vec::Vec;

pub struct JsLexer {
    pos: usize,
    input: Vec<char>,
}

impl JsLexer {
    pub fn new(js: String) -> Self {
        Self {
            pos: 0,
            input: js.chars().collect(),
        }
    }
}
```

JavaScript の加算／減算の実装

次のトークンを返す関数の実装

HTML と CSS のトークナイザーでも行ったように、Iterator トレイトを実装することで、next メソッドを呼ぶごとに次のトークンを返すようにします。

```
saba_core/src/renderer/js/token.rs
impl Iterator for JsLexer {
    type Item = Token;

    fn next(&mut self) -> Option<Self::Item> {
        // トークンを返す
    }
}
```

■記号トークンを返す

next メソッドでは、ホワイトスペースまたは改行が現れたとき、現在の位置（pos）を1つ進めます（❶）。そして、記号が現れたら Token::Punctuator を作成して返します（❷）。

```
saba_core/src/renderer/js/token.rs
impl Iterator for JsLexer {
    type Item = Token;

    fn next(&mut self) -> Option<Self::Item> {
        if self.pos >= self.input.len() {
            return None;
        }

        // ホワイトスペースまたは改行文字が続く限り、次の位置に進める
        while self.input[self.pos] == ' ' || self.input[self.pos] == '\n' {   —— ❶
            self.pos += 1;

            if self.pos >= self.input.len() {
                return None;
            }
        }

        let c = self.input[self.pos];

        let token = match c {
            '+' | '-' | ';' | '=' | '(' | ')' | '{' | '}' | ',' | '.' => {   —— ❷
                let t = Token::Punctuator(c);
```

351

第7章 JavaScriptを動かす──ページの動的な変更

```
                self.pos += 1;
                t
            }
            _ => unimplemented!("char {:?} is not supported yet", c),
        };

        Some(token)
    }
}
```

■数字トークンを返す

nextメソッドで、数字が現れたらconsume_numberメソッドによって数字を読み込み（❶）、Token::Numberを返します。

consume_numberメソッドは、0から9までの数値が出続けている限りその文字を消費し、数字として解釈します。たとえば、123という文字列を数字トークンとして返す場合、まず1の文字をnum変数に追加します。次に2の文字が来るので、num変数の値を10倍にし、2を数値に変換しnum変数に足します（10 + 2）。最後に3の文字をまたnum変数を10倍し、3を数値に変換しnum変数に足します（120 + 3）。

```
saba_core/src/renderer/js/token.rs
use alloc::string::ToString;

impl JsLexer {
    fn consume_number(&mut self) -> u64 {
        let mut num = 0;

        loop {
            if self.pos >= self.input.len() {
                return num;
            }

            let c = self.input[self.pos];

            match c {
                '0'..='9' => {
                    num = num * 10 + (c.to_digit(10).unwrap() as u64);
                    self.pos += 1;
                }
                _ => break,
            }
        }
```

352

JavaScript の加算／減算の実装

```rust
        return num;
    }
}

impl Iterator for JsLexer {
    type Item = Token;

    fn next(&mut self) -> Option<Self::Item> {
        (省略)
        let token = match c {
            '+' | '-' | ';' | '=' | '(' | ')' | '{' | '}' | ',' | '.' => {
                (省略)
            }
            '0'..='9' => Token::Number(self.consume_number()),    ── ❶
            _ => unimplemented!("char {:?} is not supported yet", c),
        };

        Some(token)
    }
}
```

ユニットテストによるレキサーの動作確認

レキサーを実装したファイルにユニットテストを追加します。JavaScript の
文字列を入力とし、想定された出力と同じかどうかを確かめます。

■ 空文字のテスト

JavaScript の入力が空のときのテストをします。トークンが何も生成されな
いことを確認します。

```rust
saba_core/src/renderer/js/token.rs
#[cfg(test)]
mod tests {
    use super::*;

    #[test]
    fn test_empty() {
        let input = "".to_string();
        let mut lexer = JsLexer::new(input).peekable();
        assert!(lexer.peek().is_none());
```

353

第7章 JavaScript を動かす──ページの動的な変更

```
        }
}
```

■1つの数字トークンのみのテスト

数字が1つだけ存在するときのテストです。数字トークン（Token::Number）が1つ存在することを確認します。

```
saba_core/src/renderer/js/token.rs
#[cfg(test)]
mod tests {
    #[test]
    fn test_num() {
        let input = "42".to_string();
        let mut lexer = JsLexer::new(input).peekable();
        let expected = [Token::Number(42)].to_vec();
        let mut i = 0;
        while lexer.peek().is_some() {
            assert_eq!(Some(expected[i].clone()), lexer.next());
            i += 1;
        }
        assert!(lexer.peek().is_none());
    }
}
```

■足し算のテスト

簡単な足し算のときのテストです。数字トークン(Token::Number)と記号トークン（Token::Punctuator）と数字トークン（Token::Number）が合計3つ存在することを確認します。

```
saba_core/src/renderer/js/token.rs
#[cfg(test)]
mod tests {
    #[test]
    fn test_add_nums() {
        let input = "1 + 2".to_string();
        let mut lexer = JsLexer::new(input).peekable();
        let expected = [Token::Number(1), Token::Punctuator('+'), Token::Nu↵
mber(2)].to_vec();
        let mut i = 0;
        while lexer.peek().is_some() {
            assert_eq!(Some(expected[i].clone()), lexer.next());
```

JavaScript の加算／減算の実装

```
            i += 1;
        }
        assert!(lexer.peek().is_none());
    }
}
```

saba_core ディレクトリに移動して、cargo test コマンドを実行すると、テ
ストを開始できます。cargo test js のように、特定のテストを指定すること
も可能です。

```
$ cd saba_core
$ cargo test js
(省略)
running 3 tests
test renderer::js::token::tests::test_num ... ok
test renderer::js::token::tests::test_empty ... ok
test renderer::js::token::tests::test_add_nums ... ok
```

加算・減算の文法規則

次に足し算・引き算の構文解析を行います。

■ ECMAScript で定義されている文法規則

足し算や引き算を表す AdditiveExpression[注2] は、以下のように定義され
ています。1 章でも説明したように、BNF（バッカス・ナウア記法・*Backus-
Naur Form*）で定義されています。正確には、BNF を拡張した EBNF（*Extended
Backus-Naur Form*）と呼ばれるものですが、本書では BNF と呼びます。

BNF は左辺を右辺で置換できることを表しています。AdditiveExpression
は MultiplicativeExpression と 同 等、 ま た は、AdditiveExpression と
MultiplicativeExpression をプラス記号またはマイナス記号によってつなげ
たものと置換できます。

```
AdditiveExpression :
    MultiplicativeExpression
    AdditiveExpression + MultiplicativeExpression
    AdditiveExpression − MultiplicativeExpression
```

注2　https://262.ecma-international.org/#sec-additive-operators

第7章 JavaScript を動かす──ページの動的な変更

　右辺によって変換可能な記号を非終端記号と言い、これ以上変換できないものを終端記号と言います。

　MultiplicativeExpression をこれ以上置換できない終端記号までたどっていくと、足し算と引き算がどのように構成されているかがわかります。足し算と引き算において、終端記号は数値を表す NumericLiteral です。

```
MultiplicativeExpression :
    ExponentiationExpression
    MultiplicativeExpression MultiplicativeOperator ExponentiationExpression

MultiplicativeOperator : one of * / %

ExponentiationExpression :
    UnaryExpression
    UpdateExpression ** ExponentiationExpression

UnaryExpression :
    UpdateExpression
    delete UnaryExpression
    void UnaryExpression
    typeof UnaryExpression
    + UnaryExpression
    - UnaryExpression
    ~ UnaryExpression
    ! UnaryExpression
    AwaitExpression

UpdateExpression :
    LeftHandSideExpression
    LeftHandSideExpression [no LineTerminator here] ++
    LeftHandSideExpression [no LineTerminator here] --
    ++ UnaryExpression
    -- UnaryExpression

LeftHandSideExpression :
    NewExpression
    CallExpression
    OptionalExpression

OptionalExpression :
    MemberExpression OptionalChain
    CallExpression OptionalChain
    OptionalExpression OptionalChain
```

JavaScript の加算／減算の実装

```
MemberExpression :
    PrimaryExpression
    MemberExpression [ Expression ]
    MemberExpression . IdentifierName
    MemberExpression TemplateLiteral
    SuperProperty
    MetaProperty
    new MemberExpression Arguments
    MemberExpression . PrivateIdentifier

PrimaryExpression :
    this
    IdentifierReference
    Literal
    ArrayLiteral
    ObjectLiteral
    FunctionExpression
    ClassExpression
    GeneratorExpression
    AsyncFunctionExpression
    AsyncGeneratorExpression
    RegularExpressionLiteral
    TemplateLiteral
    CoverParenthesizedExpressionAndArrowParameterList

Literal :
    NullLiteral
    BooleanLiteral
    NumericLiteral
    StringLiteral
```

足し算／引き算をするだけなのにとても長いですね。でもこの定義によって、足し算／引き算の項が、関数呼び出しだったときも、インクリメント演算子を持つ変数だったとしても正しく動くのです。さらに、掛け算／割り算も 1 つの式に同時に現れる場合でも、正しい順番で計算できます。

しかし私たちの JavaScript エンジンではすべてを実装するわけではないので、簡略化したものを実装することにしましょう。

■実装する文法規則

私たちの JavaScript エンジンでは、簡略化した文法を実装することにします。先ほどの仕様書に載っていた構文規則よりは少しは短くなっていますが、それで

357

第7章 JavaScriptを動かす——ページの動的な変更

もまだ複雑ですね。私たちが書く BNF で使用する記号は以下の意味を持ちます。

- ::=
  記号の左辺を右辺で定義する。左側を右側で置き換え可能

- |
  記号の左辺または右辺

- <>
  終端記号。これ以上は置き換えることができない

- ?
  0回または1回の繰り返し

- *
  0回以上の繰り返し

- +
  1回以上の繰り返し

下記の BNF で、Program は JavaScript のプログラム全体を表します。Program は0または1つの SourceElements から成り立ち、ファイルの終了（<EOF>）まで解釈します（❶）。

SourceElements は1つ以上の SourceElement から成り立ちます（❷）。SourceElement は Statement で置換できます（❸）。SourceElements と SourceElement は昔の ECMAScript で使用されていた概念で、最新の ECMAScript ではもう使用されていないのですが、文法規則を簡単にするために今回は使用します。

Statement は ExpressionStatement で置換できます（❹）。ExpressionStatement は式文を表し、今は0または1つの AssignmentExpression の文を持ち、セミコロン（;）で終了します（❺）。

AssignmentExpression は AdditiveExpression で置換できます（❻）。

AdditiveExpression は足し算／引き算を表す式で、LeftHandSideExpression と、0回以上のプラス記号（+）とマイナス記号（-）と AssignmentExpression から成り立ちます（❼）。

LeftHandSideExpression は MemberExpression に（❽）、MemberExpression は PrimaryExpression に置き換え可能です（❾）。PrimaryExpression は現時点では数値のみをサポートします。

わざわざ足し算／引き算をするだけなのにずいぶんと回りくどいですよね。し

かし、徐々に実装を増やしていくにつれ、この回りくどいやり方のありがたさがわかるはずです。

```
Program ::= ( SourceElements )? <EOF> ── ❶
SourceElements ::= ( SourceElement )+ ── ❷
SourceElement ::= Statement ── ❸
Statement ::= ExpressionStatement ── ❹
ExpressionStatement ::= AssignmentExpression ( ";" )? ── ❺
AssignmentExpression ::= AdditiveExpression ── ❻
AdditiveExpression ::= LeftHandSideExpression ( AdditiveOperator Assignment↵
Expression )* ── ❼
AdditiveOperator ::= <"+"> | <"-">
LeftHandSideExpression ::= MemberExpression ── ❽
MemberExpression ::= PrimaryExpression ── ❾
PrimaryExpression ::= Literal
Literal ::= <digit>+
<digit> ::= 0 | 1 | 2 | 3 | 4 | 5 | 6 | 7 | 8 | 9
```

AST Explorer[注3]のサイトはJavaScriptのASTを可視化するのにとても役に立つサイトです（**図7-1**）。私たちのJavaScriptエンジンはまったく同じ構造ではないですが、似ている文法を実装するため、JavaScriptのASTを知るのに役に立ちます。

図7-1 JavaScriptのASTを可視化するサイト

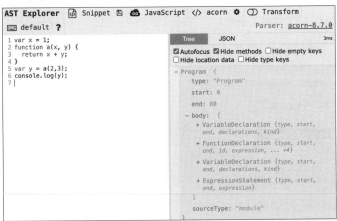

注3　https://astexplorer.net/

第7章 / JavaScriptを動かす――ページの動的な変更

抽象構文木（AST）の構築

続いて、トークン列から抽象構文木、通称 AST（*Abstract Syntax Tree*）を構築します。AST とは、HTML における DOM ツリーのように、プログラムのソースコードの構文を木構造で表現したデータ構造です。

JavaScript の AST は ECMAScript に基づいて実装されますが、具体的な実装はコンパイラや解析ツールによって異なります。

■式と文

式（*Expression*）と文（*Statement*）はプログラミングを構成する要素です。

式とは、値を計算して結果を返すコードの一部分です。たとえば、42、x + 2、foo() のようなコードが式です。

文とは、何らかのアクションを実行するコードです。JavaScript では、文の末尾にセミコロン（;）を置くことで文と文に区切りを付けます。たとえば、foo();、var x = 42;、if (x > 10) {} のようなコードが文です。

■ノードの作成

もう一度動かしたい足し算のコードを見てみましょう。AST を構築する際の入力トークンは [Number(1), Punctuator(+), Number(2)] です。このトークンをもとに AST のノードを構築します。

```
1+2 // ==> [Number, Punctuator, Number]
```

必要なノードを Node 列挙型で定義しましょう。ノードの種類は BNF で表した文法規則の一つに対応します。

```
saba_core/src/renderer/js/ast.rs
use alloc::rc::Rc;

#[derive(Debug, Clone, PartialEq, Eq)]
pub enum Node {
    ExpressionStatement(Option<Rc<Node>>),
    AdditiveExpression {
        operator: char,
        left: Option<Rc<Node>>,
        right: Option<Rc<Node>>,
```

360

```
    },
    AssignmentExpression {
        operator: char,
        left: Option<Rc<Node>>,
        right: Option<Rc<Node>>,
    },
    MemberExpression {
        object: Option<Rc<Node>>,
        property: Option<Rc<Node>>,
    },
    NumericLiteral(u64),
}
```

引数の値を使ってノードを初期化する関数も作成しましょう。

saba_core/src/renderer/js/ast.rs
```
impl Node {
    pub fn new_expression_statement(expression: Option<Rc<Self>>) -> Option<Rc<Self>> {
        Some(Rc::new(Node::ExpressionStatement(expression)))
    }

    pub fn new_additive_expression(
        operator: char,
        left: Option<Rc<Node>>,
        right: Option<Rc<Node>>,
    ) -> Option<Rc<Self>> {
        Some(Rc::new(Node::AdditiveExpression {
            operator,
            left,
            right,
        }))
    }

    pub fn new_assignment_expression(
        operator: char,
        left: Option<Rc<Node>>,
        right: Option<Rc<Node>>,
    ) -> Option<Rc<Self>> {
        Some(Rc::new(Node::AssignmentExpression {
            operator,
            left,
            right,
        }))
    }

    pub fn new_member_expression(
```

第 **7** 章 / **JavaScript を動かす**——ページの動的な変更

```
        object: Option<Rc<Self>>,
        property: Option<Rc<Self>>,
    ) -> Option<Rc<Self>> {
        Some(Rc::new(Node::MemberExpression { object, property }))
    }

    pub fn new_numeric_literal(value: u64) -> Option<Rc<Self>> {
        Some(Rc::new(Node::NumericLiteral(value)))
    }
}
```

■ JsParser 構造体の作成

AST を構築する JsParser 構造体を作成します。

```
saba_core/src/renderer/js/ast.rs
use crate::renderer::js::token::JsLexer;
use core::iter::Peekable;

pub struct JsParser {
    t: Peekable<JsLexer>,
}

impl JsParser {
    pub fn new(t: JsLexer) -> Self {
        Self { t: t.peekable() }
    }
}
```

■ Program 構造体の作成

Program 構造体は、AST のルートノードとなる構造体です。フィールドに Node のベクタを持ちます。これが BNF の SourceElements の部分を表します。

```
saba_core/src/renderer/js/ast.rs
use alloc::vec::Vec;

#[derive(Debug, Clone, PartialEq, Eq)]
pub struct Program {
    body: Vec<Rc<Node>>,
}

impl Program {
    pub fn new() -> Self {
```

JavaScript の加算／減算の実装

```
        Self { body: Vec::new() }
    }

    pub fn set_body(&mut self, body: Vec<Rc<Node>>) {
        self.body = body;
    }

    pub fn body(&self) -> &Vec<Rc<Node>> {
        &self.body
    }
}
```

■AST を構築するメソッドの作成

parse_ast メソッドでは、BNF の Program を定義する部分を実装します。

```
Program ::= ( SourceElements )? <EOF>
```

parse_ast メソッドは、AST を構築するためのメソッドです。まず AST のルートノードとなる Program 構造体を初期化します。ファイルの終端、つまり、ノードが作成できなくなるまでノードの生成を繰り返します（❶）。もしノードが作成できなかったら（❷）、今まで作成したノードのベクタを body にセットして、今まで構築した AST をメソッドから返します。

saba_core/src/renderer/js/ast.rs
```
impl JsParser {
    pub fn parse_ast(&mut self) -> Program {
        let mut program = Program::new();

        let mut body = Vec::new();

        loop {
            let node = self.source_element();  ── ❶

            match node {
                Some(n) => body.push(n),
                None => {  ── ❷
                    program.set_body(body);
                    return program;
                }
            }
        }
    }
}
```

363

```
}
```

■ SourceElement の解釈

source_element メソッドでは、BNF の SourceElement の部分を実装します。

```
SourceElement ::= Statement
```

source_element メソッドでは、現時点では、statement メソッドを呼び出すだけです。

```
saba_core/src/renderer/js/ast.rs
impl JsParser {
    fn source_element(&mut self) -> Option<Rc<Node>> {
        match self.t.peek() {
            Some(t) => t,
            None => return None,
        };

        self.statement()
    }
}
```

■ Statement の解釈

statement メソッドでは、BNF の Statement と ExpressionStatement の部分を実装しています。

```
Statement ::= ExpressionStatement
ExpressionStatement ::= AssignmentExpression ( ";" )?
```

statement メソッドは、現時点では、Statement は ExpressionStatement に置き換え可能なので、assignment_expression 関数を呼んで ExpressionStatement ノードを作成します。

最後にセミコロン（;）がある場合は、それをトークナイザーから消費します。

```
saba_core/src/renderer/js/ast.rs
use crate::renderer::js::token::Token;

impl JsParser {
    fn statement(&mut self) -> Option<Rc<Node>> {
        let node = Node::new_expression_statement(self.assignment_expression());
```

JavaScript の加算／減算の実装

```
        if let Some(Token::Punctuator(c)) = self.t.peek() {
            // ';' を消費する
            if c == &';' {
                assert!(self.t.next().is_some());
            }
        }

        node
    }
}
```

■ AssignmentExpression の解釈

assignment_expression メソッドでは、BNF の AssignmentExpression の
部分を実装します。

```
AssignmentExpression ::= AdditiveExpression
```

assignment_expression メソッドは、現時点では、AssignmentExpression
は常に AdditiveExpression に置き換え可能なので、additive_expression メ
ソッドを呼ぶのみです。

saba_core/src/renderer/js/ast.rs
```
impl JsParser {
    fn assignment_expression(&mut self) -> Option<Rc<Node>> {
        self.additive_expression()
    }
}
```

■ AdditiveExpression の解釈

additive_expression メソッドでは、BNF の AdditiveExpression の部分
を実装します。AdditiveExpression は左辺に LeftHandSideExpression を持
ちます。そして、加算（+）や減算（-）の演算子を表す AdditiveOperator と
AssignmentExpression を再帰的にいくつか持つ可能性があります。

```
AdditiveExpression ::= LeftHandSideExpression ( AdditiveOperator AssignmentExpression )*
```

additive_expression メソッドは、まず足し算または引き算の左辺となるノー
ドを left_hand_side_expression メソッドによって作成します（❶）。次の

第7章 JavaScriptを動かす——ページの動的な変更

トークンが存在しない場合は作成したノードをそのまま返します（❷）。その次のトークンがもしプラス記号（+）またはマイナス記号（-）（❸）、Node::new_additive_expression メソッドによって、AdditiveExpression ノードを作成し、そのノードを返します。

```
saba_core/src/renderer/js/ast.rs
impl JsParser {
    fn additive_expression(&mut self) -> Option<Rc<Node>> {
        let left = self.left_hand_side_expression(); ── ❶

        let t = match self.t.peek() {
            Some(token) => token.clone(),
            None => return left, ── ❷
        };

        match t {
            Token::Punctuator(c) => match c { ── ❸
                '+' | '-' => {
                    // '+' または '-' の記号を消費する
                    assert!(self.t.next().is_some());
                    Node::new_additive_expression(c, left, self.assignment_↵
expression())
                }
                _ => left,
            },
            _ => left,
        }
    }
}
```

■ LeftHandSideExpression の解釈

left_hand_side_expression メソッドでは、BNF の LeftHandSideExpression の部分を実装します。

```
LeftHandSideExpression ::= MemberExpression
```

left_hand_side_expression メソッドは、現時点では、LeftHandSideExpression は MemberExpression を表すのみなので、member_expression メソッドを呼び出すのみです。

366

JavaScript の加算／減算の実装

```
saba_core/src/renderer/js/ast.rs
impl JsParser {
    fn left_hand_side_expression(&mut self) -> Option<Rc<Node>> {
        self.member_expression()
    }
}
```

■ MemberExpression の解釈

member_expression メソッドでは、BNF の MemberExpression の部分を実装します。MemberExpression は、オブジェクトのプロパティやメソッドにドット（.）によってアクセスする式を表しますが、現時点では常に PrimaryExpression に置換されます。

```
MemberExpression ::= PrimaryExpression
```

member_expression メソッドは、現時点では、primary_expression メソッドを呼び出すのみです。

```
saba_core/src/renderer/js/ast.rs
impl JsParser {
    fn member_expression(&mut self) -> Option<Rc<Node>> {
        self.primary_expression()
    }
}
```

■ PrimaryExpression の解釈

primary_expression メソッドでは、BNF の PrimaryExpression の部分を実装します。PrimaryExpression は配列、変数や関数名、文字や数値リテラルを表します。現時点では、PrimaryExpression は数値を表すのみです。

```
PrimaryExpression ::= Literal
Literal ::= <digit>+
<digit> ::= 0 | 1 | 2 | 3 | 4 | 5 | 6 | 7 | 8 | 9
```

primary_expression メソッドは、現時点では、PrimaryExpression は数字を表すのみなので、new_numeric_literal 関数によって、NumericLiteral ノードを返します。

第7章 JavaScriptを動かす──ページの動的な変更

```
saba_core/src/renderer/js/ast.rs
impl JsParser {
    fn primary_expression(&mut self) -> Option<Rc<Node>> {
        let t = match self.t.next() {
            Some(token) => token,
            None => return None,
        };

        match t {
            Token::Number(value) => Node::new_numeric_literal(value),
            _ => None,
        }
    }
}
```

ユニットテストによるパーサの動作確認

AST のユニットテストも書いていきましょう。JavaScript の文字列をトークナイズ化する JsLexer を JsParser のコンストラクタに渡します。そして期待される出力を表す expected 変数と値を比べます。

■空文字のテスト

まずは JavaScript が空文字だったときのテストです。Program 構造体は空の body を持っているはずです。

```
saba_core/src/renderer/js/ast.rs
#[cfg(test)]
mod tests {
    use super::*;
    use alloc::string::ToString;

    #[test]
    fn test_empty() {
        let input = "".to_string();
        let lexer = JsLexer::new(input);
        let mut parser = JsParser::new(lexer);
        let expected = Program::new();
        assert_eq!(expected, parser.parse_ast());
    }
}
```

368

JavaScript の加算／減算の実装

■ 1 つの数値だけのテスト

1 つの数字だけが JavaScript のコードに存在する場合、Program 構造体の body は Node::ExpressionStatement で囲まれた Node::NumericLiteral を持っているはずです。

```
saba_core/src/renderer/js/ast.rs
#[cfg(test)]
mod tests {
    #[test]
    fn test_num() {
        let input = "42".to_string();
        let lexer = JsLexer::new(input);
        let mut parser = JsParser::new(lexer);
        let mut expected = Program::new();
        let mut body = Vec::new();
        body.push(Rc::new(Node::ExpressionStatement(Some(Rc::new(
            Node::NumericLiteral(42),
        )))));
        expected.set_body(body);
        assert_eq!(expected, parser.parse_ast());
    }
}
```

■ 足し算のテスト

簡単な足し算の場合、Program 構造体の body は Node::ExpressionStatement で囲まれた Node::AdditiveExpression を持っているはずです。そして Node::BinaryExpression は左辺と右辺に数値を表すノードを持ちます。

```
saba_core/src/renderer/js/ast.rs
#[cfg(test)]
mod tests {
    #[test]
    fn test_add_nums() {
        let input = "1 + 2".to_string();
        let lexer = JsLexer::new(input);
        let mut parser = JsParser::new(lexer);
        let mut expected = Program::new();
        let mut body = Vec::new();
        body.push(Rc::new(Node::ExpressionStatement(Some(Rc::new(
            Node::AdditiveExpression {
                operator: '+',
                left: Some(Rc::new(Node::NumericLiteral(1))),
```

第7章 JavaScript を動かす──ページの動的な変更

```
                right: Some(Rc::new(Node::NumericLiteral(2)))),
        },
    )))));
    expected.set_body(body);
    assert_eq!(expected, parser.parse_ast());
    }
}
```

saba_core ディレクトリに移動して、cargo test コマンドを実行すると、テストを開始できます。cargo test js::ast のように、先ほど追加したテストだけを実行するように指定することも可能です。

ランタイムの実装

生成された AST は、プログラミング言語の性質によって異なる方法で解釈されます。

C や C++ などのコンパイラ言語では、AST はバイトコードなどの中間表現や機械語に変換されます。そして変換されたコードを実行します。

私たちが実装する JavaScript エンジンは、インタプリタ方式を採用します。この方式では、AST をほかのコードに変換することなく、ツリーを走査しながら、各ノードを評価してプログラムを実行します。ノードの評価では、具体的には、変数の宣言、関数の呼び出し、演算などの処理が行われます。AST を評価／実行するための基盤、ランタイムを実装していきます。

■ JsRuntime 構造体の作成

まずはランタイムを表す JsRuntime という構造体を定義します。今のところはフィールドには何も必要ありません。

```
saba_core/src/renderer/js/runtime.rs
#[derive(Debug, Clone)]
pub struct JsRuntime {}

impl JsRuntime {
    pub fn new() -> Self {
        Self {}
    }
}
```

JavaScript の加算／減算の実装

■ AST の実行

execute メソッドでは program の body に含まれるノードを eval メソッドによってすべて評価していきます。

```
saba_core/src/renderer/js/runtime.rs
use crate::renderer::js::ast::Program;

impl JsRuntime {
    pub fn execute(&mut self, program: &Program) {
        for node in program.body() {
            self.eval(&Some(node.clone()));
        }
    }
}
```

■ 各ノードを評価する eval メソッドの実装

eval メソッドではノードの種類によって処理を変更します。

ノードが ExpressionStatement の場合、子ノードに対してもう一度 eval メソッドを呼んで、再度処理を行います（❶）。

ノードが AdditiveExpression の場合（❷）、最初に評価した値（left_value）（❸）と次に評価した値（right_value）（❹）を加算（❺）または減算（❻）します。

ノードが NumericLiteral の場合、RuntimeValue::Number を返します（❼）。

ノードが AssignmentExpression または MemberExpression の場合はのちほど実装します。

```
saba_core/src/renderer/js/runtime.rs
use crate::renderer::js::ast::Node;
use alloc::rc::Rc;
use core::borrow::Borrow;

impl JsRuntime {
    fn eval(
        &mut self,
        node: &Option<Rc<Node>>,
    ) -> Option<RuntimeValue> {
        let node = match node {
            Some(n) => n,
            None => return None,
```

371

第7章 JavaScriptを動かす——ページの動的な変更

```
    };

    match node.borrow() {
        Node::ExpressionStatement(expr) => return self.eval(&expr), ── ❶
        Node::AdditiveExpression {
            operator,
            left,
            right,
        } => { ── ❷
            let left_value = match self.eval(&left) { ── ❸
                Some(value) => value,
                None => return None,
            };
            let right_value = match self.eval(&right) { ── ❹
                Some(value) => value,
                None => return None,
            };

            if operator == &'+' {
                Some(left_value + right_value) ── ❺
            } else if operator == &'-' {
                Some(left_value - right_value) ── ❻
            } else {
                None
            }
        }
        Node::AssignmentExpression {
            operator: _,
            left: _,
            right: _,
        } => {
            // 後ほど実装
            None
        }
        Node::MemberExpression {
            object: _,
            property: _,
        } => {
            // 後ほど実装
            None
        }
        Node::NumericLiteral(value) => Some(RuntimeValue::Number(*value)), ── ❼
    }
  }
}
```

372

JavaScript の加算／減算の実装

■ RuntimeValue 列挙型の作成

RuntimeValue 列挙型は、JavaScript ランタイムで扱う値を表します。まずは
数値型を表す Number のみを持ちます。

```
saba_core/src/renderer/js/runtime.rs
#[derive(Debug, Clone, PartialEq)]
pub enum RuntimeValue {
    /// https://262.ecma-international.org/#sec-numeric-types
    Number(u64),
}
```

■ RuntimeValue どうしの加算・減算

RuntimeValue 列挙型どうしで加算／減算ができるように Add トレイトと Sub
トレイトを実装しましょう。

```
saba_core/src/renderer/js/runtime.rs
use core::ops::Add;
use core::ops::Sub;

impl Add<RuntimeValue> for RuntimeValue {
    type Output = RuntimeValue;

    fn add(self, rhs: RuntimeValue) -> RuntimeValue {
        let (RuntimeValue::Number(left_num), RuntimeValue::Number(right_↵
num)) = (&self, &rhs);
        return RuntimeValue::Number(left_num + right_num);
    }
}

impl Sub<RuntimeValue> for RuntimeValue {
    type Output = RuntimeValue;

    fn sub(self, rhs: RuntimeValue) -> RuntimeValue {
        let (RuntimeValue::Number(left_num), RuntimeValue::Number(right_↵
num)) = (&self, &rhs);
        return RuntimeValue::Number(left_num - right_num);
    }
}
```

373

第**7**章 / JavaScript を動かす──ページの動的な変更

ユニットテストによるランタイムの動作確認

JavaScript のランタイムのユニットテストも行いましょう。

■数値のみのテスト

JavaScript のスクリプトに数値のみが含まれる場合をテストします。JavaScript を評価した結果、数値（RuntimeValue::Number）が返ってくるはずです。

```
saba_core/src/renderer/js/runtime.rs
#[cfg(test)]
mod tests {
    use super::*;
    use crate::renderer::js::ast::JsParser;
    use crate::renderer::js::token::JsLexer;

    #[test]
    fn test_num() {
        let input = "42".to_string();
        let lexer = JsLexer::new(input);
        let mut parser = JsParser::new(lexer);
        let ast = parser.parse_ast();
        let mut runtime = JsRuntime::new();
        let expected = [Some(RuntimeValue::Number(42))];
        let mut i = 0;

        for node in ast.body() {
            let result = runtime.eval(&Some(node.clone()));
            assert_eq!(expected[i], result);
            i += 1;
        }
    }
}
```

■足し算のテスト

簡単な足し算のテストをします。ランタイムを評価した結果、1+2 の結果である 3 の数値を持つ RuntimeValue::Number が生成されることを確認しましょう。

```
saba_core/src/renderer/js/runtime.rs
use alloc::string::ToString;

#[cfg(test)]
```

374

JavaScript の加算／減算の実装

```
mod tests {
    #[test]
    fn test_add_nums() {
        let input = "1 + 2".to_string();
        let lexer = JsLexer::new(input);
        let mut parser = JsParser::new(lexer);
        let ast = parser.parse_ast();
        let mut runtime = JsRuntime::new();
        let expected = [Some(RuntimeValue::Number(3))];
        let mut i = 0;

        for node in ast.body() {
            let result = runtime.eval(&Some(node.clone()));
            assert_eq!(expected[i], result);
            i += 1;
        }
    }
}
```

■引き算のテスト

簡単な引き算のテストをします。ランタイムを評価した結果、2-1 の結果である 1 の数値を持つ RuntimeValue::Number が生成されることを確認しましょう。

```
saba_core/src/renderer/js/runtime.rs
#[cfg(test)]
mod tests {
    #[test]
    fn test_sub_nums() {
        let input = "2 - 1".to_string();
        let lexer = JsLexer::new(input);
        let mut parser = JsParser::new(lexer);
        let ast = parser.parse_ast();
        let mut runtime = JsRuntime::new();
        let expected = [Some(RuntimeValue::Number(1))];
        let mut i = 0;

        for node in ast.body() {
            let result = runtime.eval(&Some(node.clone()));
            assert_eq!(expected[i], result);
            i += 1;
        }
    }
}
```

第**7**章 JavaScript を動かす──ページの動的な変更

saba_core ディレクトリに移動して、cargo test コマンドを実行すると、テストを開始できます。cargo test js::runtime のように、先ほど追加したテストだけを実行するように指定することも可能です。

これで JavaScript で足し算／引き算が解釈できるようになりました。

JavaScript の変数の実装

続いて、変数を定義したり変数を使ったりできるようにしましょう。これにより、以下のような JavaScript のコードを実行できるようになります。

```
var foo = 42;
var bar = foo + 1;
```

変数、キーワード、文字列トークンの追加

変数を扱えるようにレキサーを変更していきましょう。

Token 構造体に、変数を表す Identifier メンバを付け加えます。そして、var やのちほど追加する return など、JavaScript の言語に組み込まれている予約語を表す Keyword メンバも付け加えます。さらに、文字列を表す StringLiteral も追加します。

```
saba_core/src/renderer/js/token.rs
#[derive(Debug, Clone, PartialEq, Eq)]
pub enum Token {
    (省略)
    /// https://262.ecma-international.org/#sec-identifier-names
    Identifier(String),
    /// https://262.ecma-international.org/#sec-keywords-and-reserved-words
    Keyword(String),
    /// https://262.ecma-international.org/#sec-literals-string-literals
    StringLiteral(String),
}
```

JavaScript の変数の実装

next メソッドの変更

次のトークンを取得するための next メソッドを変更していきます。

■ キーワードトークンを返す

next メソッドの中で、もし予約語が出てきた場合は Token::Keyword トークンを返します。予約語は RESERVED_WORDS として静的グローバル変数で定義されており、まずは var のキーワードだけを扱います。check_reserved_word メソッドによって、現在の位置（pos）から始まる文字が予約語と一致する場合、Token::Keyword トークンを返します。

```
saba_core/src/renderer/js/token.rs
static RESERVED_WORDS: [&str; 1] = ["var"];

impl JsLexer {
    fn contains(&self, keyword: &str) -> bool {
        for i in 0..keyword.len() {
            if keyword
                .chars()
                .nth(i)
                .expect("failed to access to i-th char")
                != self.input[self.pos + i]
            {
                return false;
            }
        }

        true
    }

    fn check_reserved_word(&self) -> Option<String> {
        for word in RESERVED_WORDS {
            if self.contains(word) {
                return Some(word.to_string());
            }
        }

        None
    }
}

impl Iterator for JsLexer {
```

377

第7章 JavaScriptを動かす──ページの動的な変更

```rust
    type Item = Token;

    fn next(&mut self) -> Option<Self::Item> {
        (省略)
        while self.input[self.pos] == ' ' || self.input[self.pos] == '\n' {
            self.pos += 1;

            if self.pos >= self.input.len() {
                return None;
            }
        }

        // 予約語が現れたら、Keywordトークンを返す
        if let Some(keyword) = self.check_reserved_word() {
            self.pos += keyword.len();
            let token = Some(Token::Keyword(keyword));
            return token;
        }

        let c = self.input[self.pos];

        let token = match c {
        (省略)
        }

        Some(token)
    }
}
```

■変数トークンを返す

また、nextメソッドの中で、数字でも記号でもなく、かつ、変数として受け入れ可能な文字列で始まった場合、consume_identifierメソッドを呼んで、変数が終了するまで入力の文字列を進めます。

```rust
saba_core/src/renderer/js/token.rs
impl JsLexer {
    fn consume_identifier(&mut self) -> String {
        let mut result = String::new();

        loop {
            if self.pos >= self.input.len() {
                return result;
            }
```

JavaScript の変数の実装

```
            if self.input[self.pos].is_ascii_alphanumeric()
            || self.input[s elf.pos] == '_'  || self.input[self.pos] == '$' {
                result.push(self.input[self.pos]);
                self.pos += 1;
            } else {
                return result;
            }
        }
    }
}

impl Iterator for JsLexer {
    type Item = Token;
    fn next(&mut self) -> Option<Self::Item> {
        (省略)
        let c = self.input[self.pos];

        let token = match c {
            (省略)
            'a'..='z' | 'A'..='Z' | '_' | '$' => Token::Identifier(self.con↵
sume_identifier()),
            _ => unimplemented!("char {:?} is not supported yet", c),
        };

        Some(token)
    }
}
```

変数や関数の名前などの識別子は特定の文字から始める必要があります。1 文字目として使用できる文字は、a から Z などの ASCII 文字[注4]、アンダースコア(_)、ドルマーク ($)、バックスラッシュ (\) から始まるエスケープシーケンスです。これは ECMAScript では IdentifierStart[注5] として定義されています。

本書の実装では Unicode はサポートしていないため、変数名として扱いません。

■ 文字列トークンを返す

next メソッドの中で、ダブルクォート (") が現れた場合、文字列の開始を表すので、consume_string メソッドを呼んで、もう一度ダブルクォートが出てくるまで入力の文字列を進めます。

注4　厳密には、ASCII ではなく Unicode です。なので日本語も識別子として使用できます。

注5　https://262.ecma-international.org/#prod-IdentifierStart

第7章 JavaScriptを動かす——ページの動的な変更

```
saba_core/src/renderer/js/token.rs
impl JsLexer {
    fn consume_string(&mut self) -> String {
        let mut result = String::new();
        self.pos += 1;

        loop {
            if self.pos >= self.input.len() {
                return result;
            }

            if self.input[self.pos] == '"' {
                self.pos += 1;
                return result;
            }

            result.push(self.input[self.pos]);
            self.pos += 1;
        }
    }
}

impl Iterator for JsLexer {
    type Item = Token;
    fn next(&mut self) -> Option<Self::Item> {
        (省略)
        let c = self.input[self.pos];

        let token = match c {
            (省略)
            '"' => Token::StringLiteral(self.consume_string()),
            _ => unimplemented!("char {:?} is not supported yet", c),
        };

        Some(token)
    }
}
```

レキサーのユニットテストの追加

レキサーのユニットテストを変更して、変数やキーワードを含んだ JavaScript のテストをしましょう。

380

JavaScript の変数の実装

■ 変数の定義のテスト

var foo="bar"; のように、変数を定義するテストをしましょう。var はキーワードトークンとして、foo は変数トークンとして取得できるはずです。

```
saba_core/src/renderer/js/token.rs
#[cfg(test)]
mod tests {
    #[test]
    fn test_assign_variable() {
        let input = "var foo=\"bar\";".to_string();
        let mut lexer = JsLexer::new(input).peekable();
        let expected = [
            Token::Keyword("var".to_string()),
            Token::Identifier("foo".to_string()),
            Token::Punctuator('='),
            Token::StringLiteral("bar".to_string()),
            Token::Punctuator(';'),
        ]
        .to_vec();
        let mut i = 0;
        while lexer.peek().is_some() {
            assert_eq!(Some(expected[i].clone()), lexer.next());
            i += 1;
        }
        assert!(lexer.peek().is_none());
    }
}
```

■ 変数の呼び出しのテスト

定義した変数を呼び出す場合のテストもしましょう。var foo=42; で使用されている foo も var result=foo+1; で使用されている foo もどちらも変数トークンとして取得できるはずです。

```
saba_core/src/renderer/js/token.rs
#[cfg(test)]
mod tests {
    #[test]
    fn test_add_variable_and_num() {
        let input = "var foo=42; var result=foo+1;".to_string();
        let mut lexer = JsLexer::new(input).peekable();
        let expected = [
            Token::Keyword("var".to_string()),
            Token::Identifier("foo".to_string()),
```

381

第7章 JavaScriptを動かす――ページの動的な変更

```
            Token::Punctuator('='),
            Token::Number(42),
            Token::Punctuator(';'),
            Token::Keyword("var".to_string()),
            Token::Identifier("result".to_string()),
            Token::Punctuator('='),
            Token::Identifier("foo".to_string()),
            Token::Punctuator('+'),
            Token::Number(1),
            Token::Punctuator(';'),
        ]
        .to_vec();
        let mut i = 0;
        while lexer.peek().is_some() {
            assert_eq!(Some(expected[i].clone()), lexer.next());
            i += 1;
        }
        assert!(lexer.peek().is_none());
    }
}
```

saba_coreディレクトリに移動して、cargo testコマンドを実行すると、テストを開始できます。cargo test js::token のように、特定のテストだけを実行するように指定することも可能です。

実装するBNFの確認

ASTに変更をする前に、もう一度実装する文法規則を確認してみましょう。

■ECMAScriptでの定義

ECMAScriptでは、変数の定義はVariableStatement[注6]として定義されています。varという予約語のあとに、VariableDeclarationListを置くことができます。

```
VariableStatement :
    var VariableDeclarationList
```

VariableDeclarationListとは、簡単にいうと、変数または初期化式付きの

注6　https://262.ecma-international.org/#prod-VariableStatement

382

変数のリストです。これにより、1 行で複数の変数を定義することが可能です。

```
var a = 1, b = 2, c = 3;
```

しかし今回実装する私たちのブラウザでは、1 つの var に対して 1 つの変数だけを定義できるようにします。

■実装する文法規則

加算／減算のときに実装した BNF を変更して、変数定義と変数の呼び出しを含めるようにします。具体的には Statement が今まで必ず ExpressionStatement で置換されていたのが、ExpressionStatement または VariableStatement のどちらかで置換可能になりました（❶）。VariableStatement は var のキーワードから始まる変数定義の文です（❷）。

VariableDeclaration は変数定義の式で、変数と初期化（Initialiser）によって成り立ちます（❸）。Initialiser は存在しない可能性もあります。つまり、var foo; と var foo=42; をどちらも表しています。

また、AssignmentExpression が今まで必ず AdditiveExpression で置換されていたのが、イコール（=）記号を伴って変数の値の変更ができるようになっています（❹）。

そして、PrimaryExpression が今まで必ず Literal で置換されていたのが、Identifier または Literal のどちらかで置換可能になりました（❺）。Identifier が変数の名前を表しており、終端記号です。

さらに、Litaral が今まで必ず数値で置換されていたのが、数値または文字列のどちらかで置き換え可能になりました（❻）。

```
Program ::= ( SourceElements )? <EOF>
SourceElements ::= ( SourceElement )+
SourceElement ::=   Statement

Statement ::= ExpressionStatement | VariableStatement ── ❶
VariableStatement ::= "var" VariableDeclaration ( ";" )? ── ❷
VariableDeclaration ::= Identifier ( Initialiser )? ── ❸
Initialiser ::= "=" AssignmentExpression

ExpressionStatement ::= AssignmentExpression ( ";" )?

AssignmentExpression ::= AdditiveExpression ( "=" AdditiveExpression )* ── ❹
```

第7章 JavaScript を動かす──ページの動的な変更

```
AdditiveExpression ::= LeftHandSideExpression ( AdditiveOperator AssignmentE↵
xpression )*
AdditiveOperator ::= <"+"> | <"-">
LeftHandSideExpression ::= MemberExpression
MemberExpression ::= PrimaryExpression

PrimaryExpression ::= Identifier | Literal ── ❺
Identifier ::= <identifier name>
<identifier name> ::= ($ | _ | a-z | A-Z)+
Literal ::= <digit>+ | <string> ── ❻
<string> ::= " (a-z | A-Z)* "
<digit> ::= 0 | 1 | 2 | 3 | 4 | 5 | 6 | 7 | 8 | 9
```

AST の変更

では AST を構築する JsParser を変更して、変数定義と変数呼び出しのノードを含む AST を構築しましょう。

■ノードの追加

Node 列挙型に VariableDeclaration、VariableDeclarator、Identifier、StringLiteral を追加します。VariableDeclaration は var から始まる宣言を表します。VariableDeclarator は変数と初期化式を表します。Identifier は変数を表します。StringLiteral は文字列を表します。

```rust
saba_core/src/renderer/js/ast.rs
use alloc::string::String;

#[derive(Debug, Clone, PartialEq, Eq)]
pub enum Node {
    (省略)
    VariableDeclaration { declarations: Vec<Option<Rc<Node>>> },
    VariableDeclarator {
        id: Option<Rc<Node>>,
        init: Option<Rc<Node>>,
    },
    Identifier(String),
    StringLiteral(String),
}
```

384

また、それぞれのノードを作成するための関数も追加しましょう。

```
saba_core/src/renderer/js/ast.rs
impl Node {
    pub fn new_variable_declarator(
        id: Option<Rc<Self>>,
        init: Option<Rc<Self>>,
    ) -> Option<Rc<Self>> {
        Some(Rc::new(Node::VariableDeclarator { id, init }))
    }

    pub fn new_variable_declaration(declarations: Vec<Option<Rc<Self>>>) ->↵
Option<Rc<Self>> {
        Some(Rc::new(Node::VariableDeclaration { declarations }))
    }

    pub fn new_identifier(name: String) -> Option<Rc<Self>> {
        Some(Rc::new(Node::Identifier(name)))
    }

    pub fn new_string_literal(value: String) -> Option<Rc<Self>> {
        Some(Rc::new(Node::StringLiteral(value)))
    }
}
```

■ Statement の解釈の変更

JsParser の関数を変更して新しい Statement の定義を解釈できるようにしましょう。Statement は ExpressionStatement または VariableStatement によって置換可能です。

```
Statement ::= ExpressionStatement | VariableStatement
```

statement メソッドの中で、次のトークンが var の予約後だった場合、variable_declaration メソッドを呼び出します（❶）。

それ以外の場合、今までどおり、new_expression_statement 関数によって ExpressionStatement ノードを作成します（❷）。

```
saba_core/src/renderer/js/ast.rs
impl JsParser {
    fn statement(&mut self) -> Option<Rc<Node>> {
        let t = match self.t.peek() {
```

第7章 JavaScript を動かす——ページの動的な変更

```
        Some(t) => t,
        None => return None,
    };

    let node = match t {
        Token::Keyword(keyword) => {
            if keyword == "var" {
                // "var" の予約語を消費する
                assert!(self.t.next().is_some());

                self.variable_declaration() ——— ❶
            } else {
                None
            }
        }
        _ => Node::new_expression_statement(self.assignment_expression()), ——— ❷
    };

    if let Some(t) = self.t.peek() {
        if let Token::Punctuator(c) = t {
            // ';' を消費する
            if c == ';' {
                assert!(self.t.next().is_some());
            }
        }
    }

    node
    }
}
```

■ VariableDeclaration の解釈

VariableDeclaration は変数とその初期化式によって成り立ちます。
variable_declaration メソッドは、BNF の VariableDeclaration の部分を
実装します。

```
VariableDeclaration ::= Identifier ( Initialiser )?
```

variable_declaration メソッドでは、まず identifier メソッドを呼び出し、
変数のノードを作成し（❶）、次に initialiser メソッドを呼び出して初期化式
を処理します。その結果を使用して、new_variable_declarator 関数によって、
VariableDeclarator ノードを作成します（❷）。本書の実装では、1 つの var

386

JavaScript の変数の実装

に対して 1 つの変数だけしか定義できないので、変数定義を表すベクタは常に 1 つの要素だけを持ちます（**❸**）。そのベクタを持つ VariableDeclaration ノードを作成し、メソッドから返します（**❹**）。

```rust
saba_core/src/renderer/js/ast.rs
impl JsParser {
    fn variable_declaration(&mut self) -> Option<Rc<Node>> {
        let ident = self.identifier(); ── ❶

        let declarator = Node::new_variable_declarator(ident, self.initiali↵
ser()); ── ❷

        let mut declarations = Vec::new();
        declarations.push(declarator); ── ❸

        Node::new_variable_declaration(declarations) ── ❹
    }
}
```

■ Identifier の解釈

Identifier は変数を表します。identifier メソッドは、BNF の Identifier の部分を実装します。

```
Identifier ::= <identifier name>
<identifier name> ::= (& | _ | a-z | A-Z) (& | a-z | A-Z)*
```

identifier メソッドは、トークンが Token::Identifier である場合、new_identifier 関数によって変数のノードを作成します。

```rust
saba_core/src/renderer/js/ast.rs
impl JsParser {
    fn identifier(&mut self) -> Option<Rc<Node>> {
        let t = match self.t.next() {
            Some(token) => token,
            None => return None,
        };

        match t {
            Token::Identifier(name) => Node::new_identifier(name),
            _ => None,
        }
```

第**7**章 JavaScript を動かす──ページの動的な変更

```
        }
}
```

■Initialiser の解釈

Initialiser は、イコール（=）と初期値を表す AssignmentExpression によっ
て置き換え可能です。initialiser メソッドは BNF の Initialiser の部分を
実装します。

```
Initialiser ::= "=" AssignmentExpression
```

initialiser メソッドでは、次のトークンがイコール（=）のとき、
assignment_expression メソッドを呼び、それを変数の初期値とします。それ
以外のときは None を返します。

```
saba_core/src/renderer/js/ast.rs
impl JsParser {
    fn initialiser(&mut self) -> Option<Rc<Node>> {
        let t = match self.t.next() {
            Some(token) => token,
            None => return None,
        };

        match t {
            Token::Punctuator(c) => match c {
                '=' => self.assignment_expression(),
                _ => None,
            },
            _ => None,
        }
    }
}
```

■AssignmentExpression の解釈の変更

AssignmentExpression の解釈を変更して、割り当て演算子を含む式を表し
ます。これにより、イコール文によって変数への値の再代入が可能になります。

```
AssignmentExpression ::= AdditiveExpression ( "=" AdditiveExpression )*
```

assignment_expression メソッドで、次のトークンがイコール（=）だった
場合、new_assignment_expression メソッドを呼んで AssignmentExpression

ノードを作成します（**❶**）。それ以外の場合は、今までどおり、additive_
expression メソッドによって作成したノードを返します（**❷**）。

```
saba_core/src/renderer/js/ast.rs
impl JsParser {
    fn assignment_expression(&mut self) -> Option<Rc<Node>> {
        let expr = self.additive_expression();

        let t = match self.t.peek() {
            Some(token) => token,
            None => return expr,
        };

        match t {
            Token::Punctuator('=') => {
                // '=' を消費する
                assert!(self.t.next().is_some());
                Node::new_assignment_expression('=', expr, self.assignment_↵
expression()) ── ❶
            }
            _ => expr, ── ❷
        }
    }
}
```

■ PrimaryExpression の解釈の変更

最後に PrimaryExpression の解釈を変更して、今までは数値だけ解釈をして
いたところを、変数と文字列も解釈できるようにしましょう。

```
PrimaryExpression ::= Identifier | Literal
```

primary_expression メソッドで、次のトークンが識別子（Token::Identifier）
だった場合、new_identifier 関数によって識別子ノード（Identifier）を作成
します（**❶**）。次のトークンが数字（Token::Number）だった場合、今までどおり、
new_numeric_literal 関数によって数字ノード（NumericLiteral）を作成しま
す（**❷**）。

```
saba_core/src/renderer/js/ast.rs
impl JsParser {
    fn primary_expression(&mut self) -> Option<Rc<Node>> {
        let t = match self.t.next() {
```

389

第7章 JavaScriptを動かす——ページの動的な変更

```
            Some(token) => token,
            None => return None,
        };

        match t {
            Token::Identifier(value) => Node::new_identifier(value),     ── ❶
            Token::StringLiteral(value) => Node::new_string_literal(value),  ── ❷
            Token::Number(value) => Node::new_numeric_literal(value),
            _ => None,
        }
    }
}
```

これで、追加した VariableDeclaration、VariableDeclarator、Identifier
のノードを持つ AST が構築できるようになりました。

パーサのユニットテストの追加

変数に関する AST のユニットテストを追加していきます。

今の状態で cargo test を走らせると、まだランタイムを変更していないので、
先ほど追加したノードが match 文でカバーされておらずエラーになります。そ
の場合は、ランタイムの eval メソッドを変更して、match 文にデフォルトアー
ムを追加しましょう。todo! は Rust のライブラリに実装されているマクロで、
まだ実装が完成していないことを表します。

```
saba_core/src/renderer/js/runtime.rs
impl JsRuntime {
    fn eval(&mut self, node: &Option<Rc<Node>>) -> Option<RuntimeValue> {
        (省略)
        match node.borrow() {
            (省略)
            // ノードの種類を追加したので、デフォルトアームを追加。
            // のちほど削除する
            _ => todo!(),
        }
    }
}
```

JavaScript の変数の実装

■変数定義のテスト

`var foo="bar";` を入力とするテストを追加します。Program の body には、変数定義文である VariableDeclaration が存在するはずです。そして変数名が foo、初期値が 42 であることを確認しましょう。

```
saba_core/src/renderer/js/ast.rs
#[cfg(test)]
mod tests {
    #[test]
    fn test_assign_variable() {
        let input = "var foo=\"bar\";".to_string();
        let lexer = JsLexer::new(input);
        let mut parser = JsParser::new(lexer);
        let mut expected = Program::new();
        let mut body = Vec::new();
        body.push(Rc::new(Node::VariableDeclaration {
            declarations: [Some(Rc::new(Node::VariableDeclarator {
                id: Some(Rc::new(Node::Identifier("foo".to_string()))),
                init: Some(Rc::new(Node::StringLiteral("bar".to_string()))),
            }))]
            .to_vec(),
        }));
        expected.set_body(body);
        assert_eq!(expected, parser.parse_ast());
    }
}
```

■変数呼び出しのテスト

`var foo=42; var result=foo+1;` を入力とするテストを追加します。Program の body には、2 つの文が存在するので、長さが 2 であるはずです。どちらの要素も VariableDeclaration の文です。それぞれ変数名と初期値が正しいかも確認しましょう。

```
saba_core/src/renderer/js/ast.rs
#[cfg(test)]
mod tests {
    #[test]
    fn test_add_variable_and_num() {
        let input = "var foo=42; var result=foo+1;".to_string();
        let lexer = JsLexer::new(input);
        let mut parser = JsParser::new(lexer);
        let mut expected = Program::new();
```

第7章 JavaScriptを動かす——ページの動的な変更

```
    let mut body = Vec::new();
    body.push(Rc::new(Node::VariableDeclaration {
        declarations: [Some(Rc::new(Node::VariableDeclarator {
            id: Some(Rc::new(Node::Identifier("foo".to_string()))),
            init: Some(Rc::new(Node::NumericLiteral(42))),
        }))]
        .to_vec(),
    }));
    body.push(Rc::new(Node::VariableDeclaration {
        declarations: [Some(Rc::new(Node::VariableDeclarator {
            id: Some(Rc::new(Node::Identifier("result".to_string()))),
            init: Some(Rc::new(Node::AdditiveExpression {
                operator: '+',
                left: Some(Rc::new(Node::Identifier("foo".to_string()))),
                right: Some(Rc::new(Node::NumericLiteral(1))),
            })),
        }))]
        .to_vec(),
    }));
    expected.set_body(body);
    assert_eq!(expected, parser.parse_ast());
    }
}
```

saba_core ディレクトリに移動して、cargo test コマンドを実行すると、テストを開始できます。cargo test js::ast のように、特定のテストだけを実行するように指定することも可能です。

ランタイムの変更

JsRuntime構造体に変数を保持するためのEnvironmentフィールドを追加します。

`saba_core/src/renderer/js/runtime.rs`
```rust
use core::cell::RefCell;

pub struct JsRuntime {
    env: Rc<RefCell<Environment>>,
}

impl JsRuntime {
    pub fn new() -> Self {
        Self {
```

```
                env: Rc::new(RefCell::new(Environment::new(None))),
        }
    }
}
```

■ 変数を扱う Environment 構造体の追加

Environment 構造体は JavaScript の変数のスコープ管理を行います。フィールドに変数の名前と値のタプルのベクタを持ちます。タプルとは、異なる型の集合で丸括弧(())で表現します。outer は、外部のスコープを表すフィールドです。

変数の名前と値を表す VariableMap も追加します。VariableMap は変数の名前を表す String と値を表す Option<RuntimeValue> のタプルのベクタ型です。

```
saba_core/src/renderer/js/runtime.rs
use alloc::vec::Vec;

type VariableMap = Vec<(String, Option<RuntimeValue>)>;

/// https://262.ecma-international.org/#sec-environment-records
#[derive(Debug, Clone)]
pub struct Environment {
    variables: VariableMap,
    outer: Option<Rc<RefCell<Environment>>>,
}

impl Environment {
    fn new(outer: Option<Rc<RefCell<Environment>>>) -> Self {
        Self {
            variables: VariableMap::new(),
            outer,
        }
    }
}
```

スコープとは、変数や関数が使用可能な範囲のことです。内側のスコープからは外側のスコープの値を参照できますが、逆はできません。たとえば、以下のJavaScript では、2 つの異なるスコープが存在します。foo 変数は一番外側のスコープに定義されており（❶）、内側のスコープである func 関数の中から参照できます。対して、bar 変数は内側のスコープで定義されており（❷）、関数の中からは参照できますが、関数の外からは参照できません。

第7章 JavaScriptを動かす──ページの動的な変更

```
var foo = 1; ──① ❶
// 内側のスコープで定義されている bar にはアクセスできない

function func() {
    var bar = 2; ──② ❷
    // 外側のスコープで定義されている `foo` にアクセスできる
}
```

　Environment 構造体は、外側のスコープを表すフィールド（outer）を持ちます。これにより、内側から外側へのスコープのアクセスはできますが、外側から内側へのアクセスはできないことを表現できます。

■ 変数の取得

　get_variable メソッドは、Environment 構造体の variables に保存されている変数をチェックし、もし同じ名前の変数が存在すればその値を返します（❶）。これがローカル変数になります。もし見つからない場合、外部のスコープ(outer)に対し、再帰的に同じ操作を行います(❷)。一番外部のスコープで変数が見つかった場合は、その変数がグローバル変数ということです。

```rust
use alloc::string::String;

impl Environment {
    pub fn get_variable(&self, name: String) -> Option<RuntimeValue> {
        for variable in &self.variables {
            if variable.0 == name {
                return variable.1.clone(); ── ❶
            }
        }
        if let Some(env) = &self.outer {
            env.borrow_mut().get_variable(name) ── ❷
        } else {
            None
        }
    }
}
```

■ 変数の追加と更新

　add_variable メソッドは、現在のスコープに新しい変数を追加します。
　update_variable メソッドは、現在のスコープにすでにある変数の値を更新

します。

```rust
impl Environment {
    fn add_variable(&mut self, name: String, value: Option<RuntimeValue>) {
        self.variables.push((name, value));
    }

    fn update_variable(&mut self, name: String, value: Option<RuntimeValue>) {
        for i in 0..self.variables.len() {
            // もし変数を見つけた場合、今までの名前と値のタプルを削除し、新しい値
            // とのタプルを追加する
            if self.variables[i].0 == name {
                self.variables.remove(i);
                self.variables.push((name, value));
                return;
            }
        }
    }
}
```

■ eval メソッドの変更

eval メソッドを変更して新しく追加した VariableDeclaration、VariableDeclarator、Identifier のノードを扱えるようにします。

まず、eval メソッドの引数に変数を扱うための env を追加しましょう（❶）。ExpressionStatement ノードを扱うアームを変更し、第 2 引数に env.clone() を追加しましょう（❷）。AdditiveExpression ノードを扱うアーム（❸）も同様に、eval メソッドの第 2 引数を追加します。

AssignmentExpression ノードを扱うアームを変更して、変数を再代入できるようにします。もし、イコール記号 (=) の左辺が識別子ノードの場合、update_variable メソッドによって変数の値を更新します（❹）。

ノードが VariableDeclaration の場合、declarations で保持している子ノードに対してもう一度 eval メソッドを呼んで、再度処理を行います（❺）。

ノードが VariableDeclarator の場合、もし id ノードが識別子ノードのとき、add_variable メソッドによって新しい変数の追加をします（❻）。

ノードが Identifier の場合、get_variable メソッドによって変数の値の取得を試みます（❼）。ただ、変数名が初めて使用される場合は、まだ値は保存されていないので、文字列として扱います（❽）。

第7章 JavaScript を動かす——ページの動的な変更

ノードが StringLiteral の場合、RuntimeValue の StringLiteral にそのまま変換します（❾）。

```
saba_core/src/renderer/js/runtime.rs
impl JsRuntime {
    fn eval(
        &mut self,
        node: &Option<Rc<Node>>,
        env: Rc<RefCell<Environment>>, ── ❶
    ) -> Option<RuntimeValue> {
        let node = match node {
            Some(n) => n,
            None => return None,
        };

        match node.borrow() {
            Node::ExpressionStatement(expr) => return self.eval(&expr, env.clone()), ── ❷
            Node::AdditiveExpression {
                operator,
                left,
                right,
            } => { ── ❸
                let left_value = match self.eval(left, env.clone()) {
                    Some(value) => value,
                    None => return None,
                };
                let right_value = match self.eval(right, env.clone()) {
                    Some(value) => value,
                    None => return None,
                };
                (省略)
            }
            Node::AssignmentExpression {
                operator,
                left,
                right,
            } => {
                if operator != &'=' {
                    return None;
                }
                // 変数の再割り当て
                if let Some(node) = left {
                    if let Node::Identifier(id) = node.borrow() {
                        let new_value = self.eval(right, env.clone());
                        env.borrow_mut().update_variable(id.to_string(), new_value); ── ❹
```

396

JavaScript の変数の実装

```
                    return None;
                }
            }
            None
        }
        Node::MemberExpression {
        (省略)
        }
        Node::NumericLiteral(value) => Some(RuntimeValue::Number(*value)),
        Node::VariableDeclaration { declarations } => {
            for declaration in declarations {
                self.eval(&declaration, env.clone());    ── ❺
            }
            None
        }
        Node::VariableDeclarator { id, init } => {
            if let Some(node) = id {
                if let Node::Identifier(id) = node.borrow() {
                    let init = self.eval(&init, env.clone());
                    env.borrow_mut().add_variable(id.to_string(), init);    ── ❻
                }
            }
            None
        }
        Node::Identifier(name) => {
            match env.borrow_mut().get_variable(name.to_string()) {    ── ❼
                Some(v) => Some(v),
                // 変数名が初めて使用される場合は、まだ値が保存されていないので、
                // 文字列として扱う
                // たとえば、var a = 42; のようなコードの場合、a は StringLiteral
                // として扱われる
                None => Some(RuntimeValue::StringLiteral(name.to_string())),    ── ❽
            }
        }
        Node::StringLiteral(value) => Some(RuntimeValue::StringLiteral(value.to_string↵
())),    ── ❾
        // _ => todo!(), // すべてのノードを網羅したため、この行は消す
        }
    }
}
```

execute メソッドから呼び出している eval メソッドの第 2 引数を変更するの
も忘れないでください。

第7章 JavaScriptを動かす──ページの動的な変更

```
saba_core/src/renderer/js/runtime.rs
impl JsRuntime {
    pub fn execute(&mut self, program: &Program) {
        for node in program.body() {
            self.eval(&Some(node.clone()), self.env.clone());
        }
    }
}
```

先ほど書いたユニットテストで使用しているすべての eval メソッドも変更が
必要です。

```
#[cfg(test)]
mod tests {
    let result = runtime.eval(&Some(node.clone()), runtime.env.clone());
}
```

■RuntimeValue に文字列の追加

ランタイムでは変数を文字列として扱うため、RuntimeValue に文字列を表す
StringLiteral を追加します。

```
saba_core/src/renderer/js/runtime.rs
#[derive(Debug, Clone)]
pub enum RuntimeValue {
    Number(u64),
    StringLiteral(String),
}
```

この変更に伴い、RuntimeValue どうしの足し算／引き算を実装していた add
メソッドと sub メソッドも変更しましょう。もし、RuntimeValue がどちらも数
値だった場合、数値の足し算／引き算が可能です。

もし片方の項が文字列だった場合、足し算では文字列と文字列の足し算として
扱い、引き算では不正な計算であったことを擬似的に表すための u64 型の一番
小さい値を返しています。たとえば、1 + "2" のような足し算は、1 が数値であ
るのに対し、2 は文字列です。片方が文字列の場合は、どちらも文字列として扱
い文字列通しの足し算になります。よって結果は文字列の "12" になるはずです。
この実装はあくまでも私たちのブラウザの実装で、ほかのブラウザでは結果が異
なる可能性があります。

398

JavaScript の変数の実装

```
saba_core/src/renderer/js/runtime.rs
impl Add<RuntimeValue> for RuntimeValue {
    type Output = RuntimeValue;

    fn add(self, rhs: RuntimeValue) -> RuntimeValue {
        if let (RuntimeValue::Number(left_num), RuntimeValue::Number(right_↵
num)) = (&self, &rhs) {
            return RuntimeValue::Number(left_num + right_num);
        }

        RuntimeValue::StringLiteral(self.to_string() + &rhs.to_string())
    }
}

impl Sub<RuntimeValue> for RuntimeValue {
    type Output = RuntimeValue;

    fn sub(self, rhs: RuntimeValue) -> RuntimeValue {
        if let (RuntimeValue::Number(left_num), RuntimeValue::Number(right_↵
num)) = (&self, &rhs) {
            return RuntimeValue::Number(left_num - right_num);
        }

        // NaN: Not a Number
        RuntimeValue::Number(u64::MIN)
    }
}
```

RuntimeValue の値を文字列に変更するための fmt 関数も追加しましょう。

```
saba_core/src/renderer/js/runtime.rs
use alloc::format;
use core::fmt::Display;
use core::fmt::Formatter;

impl Display for RuntimeValue {
    fn fmt(&self, f: &mut Formatter) -> core::fmt::Result {
        let s = match self {
            RuntimeValue::Number(value) => format!("{}", value),
            RuntimeValue::StringLiteral(value) => value.to_string(),
        };
        write!(f, "{}", s)
    }
}
```

399

第7章 JavaScriptを動かす──ページの動的な変更

ランタイムのユニットテストの追加

ランタイムのユニットテストを変更して、変数の割り当てや変数を使った加算のテストを追加しましょう。

■変数定義のテスト

var foo=42; を入力とするテストを追加します。Program の body に含まれる文を評価すると、None が返ってくるはずです。変数の定義式は、それ自体は値を返さないためです。

```
saba_core/src/renderer/js/runtime.rs
#[cfg(test)]
mod tests {
    #[test]
    fn test_assign_variable() {
        let input = "var foo=42;".to_string();
        let lexer = JsLexer::new(input);
        let mut parser = JsParser::new(lexer);
        let ast = parser.parse_ast();
        let mut runtime = JsRuntime::new();
        let expected = [None];
        let mut i = 0;

        for node in ast.body() {
            let result = runtime.eval(&Some(node.clone()), runtime.env.clone());
            assert_eq!(expected[i], result);
            i += 1;
        }
    }
}
```

■変数呼び出しのテスト

var foo=42; foo+1 を入力とするテストを追加します。Program の body に含まれる文を評価すると、最初の文は None、次の文は 43 の値を含む RuntimeValue になるはずです。

```
saba_core/src/renderer/js/runtime.rs
#[cfg(test)]
mod tests {
    #[test]
```

400

JavaScript の変数の実装

```
    fn test_add_variable_and_num() {
        let input = "var foo=42; foo+1".to_string();
        let lexer = JsLexer::new(input);
        let mut parser = JsParser::new(lexer);
        let ast = parser.parse_ast();
        let mut runtime = JsRuntime::new();
        let expected = [None, Some(RuntimeValue::Number(43))];
        let mut i = 0;

        for node in ast.body() {
            let result = runtime.eval(&Some(node.clone()), runtime.env.clone());
            assert_eq!(expected[i], result);
            i += 1;
        }
    }
}
```

■ 変数変更のテスト

var foo=42; foo=1; foo を入力とするテストを追加します。Program の
body に含まれる文を評価すると、最初の文は None、次の文は None、最後の文
は 1 の値を含む RuntimeValue になるはずです。

```
saba_core/src/renderer/js/runtime.rs
#[cfg(test)]
mod tests {
    #[test]
    fn test_reassign_variable() {
        let input = "var foo=42; foo=1; foo".to_string();
        let lexer = JsLexer::new(input);
        let mut parser = JsParser::new(lexer);
        let ast = parser.parse_ast();
        let mut runtime = JsRuntime::new();
        let expected = [None, None, Some(RuntimeValue::Number(1))];
        let mut i = 0;

        for node in ast.body() {
            let result = runtime.eval(&Some(node.clone()), runtime.env.clone());
            assert_eq!(expected[i], result);
            i += 1;
        }
    }
}
```

saba_core ディレクトリに移動して、cargo test コマンドを実行すると、テ

401

第7章 / JavaScript を動かす――ページの動的な変更

ストを開始できます。cargo test js::runtime のように、特定のテストだけ
を実行するように指定することも可能です。

JavaScript の関数呼び出しの実装

最後に、関数の定義と呼び出しも追加します。これができたら、かなりプログ
ラミング言語っぽくなってきますね。

レキサーの変更

今回、レキサーで変更する箇所は1行のみです。関数の定義と関数からの戻
り値を返せるように function と return の予約語を追加します。

saba_core/src/renderer/js/token.rs
```
static RESERVED_WORDS: [&str; 3] = ["var", "function", "return"];
```

レキサーのテストの変更

これだけでこんな複雑な文をトークン化できるようになります。一気にプログ
ラミング言語っぽくなってきました。

saba_core/src/renderer/js/token.rs
```
#[cfg(test)]
mod tests {
    #[test]
    fn test_add_local_variable_and_num() {
        let input = "function foo() { var a=42; return a; } var result = ↵
foo() + 1;".to_string();
        let mut lexer = JsLexer::new(input).peekable();
        let expected = [
            Token::Keyword("function".to_string()),
            Token::Identifier("foo".to_string()),
            Token::Punctuator('('),
            Token::Punctuator(')'),
            Token::Punctuator('{'),
            Token::Keyword("var".to_string()),
            Token::Identifier("a".to_string()),
```

402

```
                Token::Punctuator('='),
                Token::Number(42),
                Token::Punctuator(';'),
                Token::Keyword("return".to_string()),
                Token::Identifier("a".to_string()),
                Token::Punctuator(';'),
                Token::Punctuator('}'),
                Token::Keyword("var".to_string()),
                Token::Identifier("result".to_string()),
                Token::Punctuator('='),
                Token::Identifier("foo".to_string()),
                Token::Punctuator('('),
                Token::Punctuator(')'),
                Token::Punctuator('+'),
                Token::Number(1),
                Token::Punctuator(';'),
            ]
            .to_vec();
        let mut i = 0;
        while lexer.peek().is_some() {
            assert_eq!(Some(expected[i].clone()), lexer.next());
            i += 1;
        }
        assert!(lexer.peek().is_none());
    }
}
```

saba_core ディレクトリに移動して、cargo test コマンドを実行すると、テストを開始できます。cargo test js::token::tests::test_add_local_variable_and_num のように、特定のテストだけを実行するように指定することも可能です。

実装する BNF の確認

AST に変更をする前に、もう一度実装する文法規則を確認してみましょう。

■ECMAScript での定義

ECMAScript では、変数の定義は FunctionDeclaration[注7] として定義されて

注 7　https://262.ecma-international.org/#prod-FunctionDeclaration

いまず。

function という予約語のあとに、関数名を表す名前、丸括弧で囲まれたパラメータ、波括弧で囲まれた関数の中身が続きます。

```
FunctionDeclaration :
    function BindingIdentifier ( FormalParameters ) { FunctionBody }
```

また関数呼び出しは CallExpression[注8] として定義されています。super キーワードから始まる SuperCall や、モジュールをインポートするための import キーワードから始まる ImportCall などさまざまな種類の呼び出し式が存在しますが、今回実装するのは、引数と一緒に関数を呼び出す CallExpression Arguments の部分だけです。

```
CallExpression :
    CoverCallExpressionAndAsyncArrowHead
    SuperCall
    ImportCall
    CallExpression Arguments
    CallExpression [ Expression ]
    CallExpression . IdentifierName
    CallExpression TemplateLiteral
    CallExpression . PrivateIdentifier
```

■実装する文法規則

今までに実装した BNF を変更して、関数定義と関数呼び出しを含めるようにします。具体的には SourceElement が今まで必ず Statement で置換されていたのが、FunctionDeclaration または Statement のどちらかで置き換え可能になりました（❶）。FunctionDeclaration は function のキーワードから始まる関数定義の文です（❷）。

FunctionDeclaration は関数定義の式で、変数、パラメータ、そして関数ブロックによって成り立ちます。

また、Statement が ReturnStatement を含むようにもなりました（❸）。これで return から始まるキーワードが文として解釈されます。

さらに、LeftHandSideExpression が今まで必ず MemberExpression で置換

注8　https://262.ecma-international.org/#prod-CallExpression

JavaScript の関数呼び出しの実装

されていたのが、CallExpression または MemberExpression のどちらかで置き換え可能になりました（❹）。

CallExpression は関数呼び出しを表現しています（❺）。これは変数名、またはドットによるオブジェクトのプロパティへのアクセスを表す MemberExpression と丸括弧（()）で囲まれた引数のリストから成り立ちます。

MemberExpression にも変更があります。MemberExpression は今まで必ず PrimaryExpression で置換されていたのが、ドット（.）を伴って変数を追加できるようになりました（❻）。これにより、foo.bar のような foo オブジェクトの bar 変数にアクセスする書き方が可能になります。

```
Program ::= ( SourceElements )? <EOF>
SourceElements ::= ( SourceElement )+

SourceElement ::= FunctionDeclaration | Statement ── ❶
FunctionDeclaration ::= "function" Identifier ( "(" ( FormalParameterList )?↵
 ")" ) FunctionBody ── ❷
FormalParameterList ::= Identifier ( "," Identifier )*
FunctionBody ::= "{" ( SourceElements )? "}"

Statement ::= ExpressionStatement | VariableStatement | ReturnStatement ── ❸

VariableStatement ::= "var" VariableDeclaration ( ";" )?
VariableDeclaration ::= Identifier ( Initialiser )?
Initialiser ::= "=" AssignmentExpression
ExpressionStatement ::= AssignmentExpression ( ";" )?
AssignmentExpression ::= AdditiveExpression ( "=" AdditiveExpression )*
AdditiveExpression ::= LeftHandSideExpression ( AdditiveOperator ↵
AssignmentExpression )*
AdditiveOperator ::= <"+"> | <"-">

LeftHandSideExpression ::= CallExpression | MemberExpression ── ❹
CallExpression ::= MemberExpression Arguments ── ❺
Arguments ::= "(" ( ArgumentList )? ")"
ArgumentList ::= AssignmentExpression ( "," AssignmentExpression )*

MemberExpression ::= PrimaryExpression ( "." Identifier)* ── ❻

PrimaryExpression ::= Identifier | Literal
Identifier ::= <identifier name>
<identifier name> ::= (& | _ | a-z | A-Z) (& | a-z | A-Z)*
Literal ::= <digit>+
<digit> ::= 0 | 1 | 2 | 3 | 4 | 5 | 6 | 7 | 8 | 9
```

第7章 JavaScript を動かす──ページの動的な変更

ノードの追加

抽象構文木のノードに BlockStatement、ReturnStatement、FunctionDeclaration そして CallExpression を追加します。

BlockStatement は括弧（{}）で囲まれるブロックを表します。ReturnStatement は return の予約語から始まる文を表します。FunctionDeclaration は function の予約語から始まる関数定義を表します。CallExpression は関数呼び出しを表します。

```
saba_core/src/renderer/js/ast.rs
#[derive(Debug, Clone, PartialEq, Eq)]
pub enum Node {
    (省略)
    BlockStatement {
        body: Vec<Option<Rc<Node>>>,
    },
    ReturnStatement {
        argument: Option<Rc<Node>>,
    },
    FunctionDeclaration {
        id: Option<Rc<Node>>,
        params: Vec<Option<Rc<Node>>>,
        body: Option<Rc<Node>>,
    },
    CallExpression {
        callee: Option<Rc<Node>>,
        arguments: Vec<Option<Rc<Node>>>,
    },
}
```

それぞれのノードを作成する関数も追加しておきましょう。

```
saba_core/src/renderer/js/ast.rs
impl Node {
    pub fn new_block_statement(body: Vec<Option<Rc<Self>>>) -> Option<Rc<Self>> {
        Some(Rc::new(Node::BlockStatement { body }))
    }

    pub fn new_return_statement(argument: Option<Rc<Self>>) -> Option<Rc<Self>> {
        Some(Rc::new(Node::ReturnStatement { argument }))
    }
```

406

JavaScript の関数呼び出しの実装

```rust
    pub fn new_function_declaration(
        id: Option<Rc<Self>>,
        params: Vec<Option<Rc<Self>>>,
        body: Option<Rc<Self>>,
    ) -> Option<Rc<Self>> {
        Some(Rc::new(Node::FunctionDeclaration { id, params, body }))
    }

    pub fn new_call_expression(
        callee: Option<Rc<Self>>,
        arguments: Vec<Option<Rc<Self>>>,
    ) -> Option<Rc<Self>> {
        Some(Rc::new(Node::CallExpression { callee, arguments }))
    }
}
```

パーサの変更

JsParser のメソッドを変更して、関数定義ができるようにします。

■ SourceElement の解釈の変更

SourceElement は関数定義または文を表します。

```
SourceElement ::= FunctionDeclaration | Statement
```

source_element メソッドでは、BNF の SourceElement の部分を実装します。
次のトークンが function キーワードの場合、function_declaration メソッド
を呼び出します (❶)。そのほかの場合、今までどおり statement メソッドを呼
び出します (❷)。

```rust
impl JsParser {
    fn source_element(&mut self) -> Option<Rc<Node>> {
        let t = match self.t.peek() {
            Some(t) => t,
            None => return None,
        };

        match t {
            Token::Keyword(keyword) => {
```

saba_core/src/renderer/js/ast.rs

第**7**章 JavaScript を動かす——ページの動的な変更

```
                if keyword == "function" {
                    // "function" キーワードを消費する
                    assert!(self.t.next().is_some());
                    self.function_declaration()  ——— ❶
                } else {
                    self.statement()
                }
            }
            _ => self.statement(),  ——— ❷
        }
    }
}
```

■ **FunctionDeclaration の解釈**

FunctionDeclaration は関数定義を表します。

```
FunctionDeclaration ::= "function" Identifier ( "(" ( FormalParameterList )?↵
")" ) FunctionBody
```

function_declaration メソッドでは、BNF の FunctionDeclaration の実
装をします。関数名と引数のリストを解釈し、FunctionDeclaration ノードを
作成します。

```
saba_core/src/renderer/js/ast.rs
impl JsParser {
    fn function_declaration(&mut self) -> Option<Rc<Node>> {
        let id = self.identifier();
        let params = self.parameter_list();
        Node::new_function_declaration(id, params, self.function_body())
    }
}
```

■ **FormalParameterList の解釈**

FormalParameterList は関数の引数のリストを表します。

```
FormalParameterList ::= Identifier ( "," Identifier )*
```

parameter_list メソッドでは、丸括弧（(）を消費し（❶）、閉じ丸括弧（)）
に到達するまで（❷）、カンマ（,）で区切られた変数をパラメータに追加します（❸）。

408

JavaScript の関数呼び出しの実装

```
saba_core/src/renderer/js/ast.rs
impl JsParser {
    fn parameter_list(&mut self) -> Vec<Option<Rc<Node>>> {
        let mut params = Vec::new();

        // '(' を消費する。もし次のトークンが '(' でない場合、エラーになる
        match self.t.next() { ── ❶
            Some(t) => match t {
                Token::Punctuator(c) => assert!(c == '('),
                _ => unimplemented!("function should have `(` but got {:?}", t),
            },
            None => unimplemented!("function should have `(` but got None"),
        }

        loop {
            // ')' に到達するまで、params に仮引数となる変数を追加する
            match self.t.peek() {
                Some(t) => match t {
                    Token::Punctuator(c) => {
                        if c == &')' { ── ❷
                            // ')' を消費する
                            assert!(self.t.next().is_some());
                            return params;
                        }
                        if c == &',' {
                            // ',' を消費する
                            assert!(self.t.next().is_some());
                        }
                    }
                    _ => {
                        params.push(self.identifier()); ── ❸
                    }
                },
                None => return params,
            }
        }
    }
}
```

■ FunctionBody の解釈

FunctionBody は関数のボディを表します。

```
FunctionBody ::= "{" ( SourceElements )? "}"
```

409

第7章 JavaScript を動かす──ページの動的な変更

function_body メソッドでは、開き波括弧（{）を消費し（❶）、閉じ波括弧（}）が現れるまで（❷）、その関数の文として解釈します（❸）。

```rust
saba_core/src/renderer/js/ast.rs
impl JsParser {
    fn function_body(&mut self) -> Option<Rc<Node>> {
        // '{' を消費する
        match self.t.next() {  ──── ❶
            Some(t) => match t {
                Token::Punctuator(c) => assert!(c == '{'),
                _ => unimplemented!("function should have open curly blacke↵
t but got {:?}", t),
            },
            None => unimplemented!("function should have open curly blacket↵
but got None"),
        }

        let mut body = Vec::new();
        loop {
            // '}' に到達するまで、関数内のコードとして解釈する
            match self.t.peek() {
                Some(t) => match t {
                    Token::Punctuator(c) => {
                        if c == &'}' {  ──── ❷
                            // '}' を消費し、BlockStatement ノードを返す
                            assert!(self.t.next().is_some());
                            return Node::new_block_statement(body);
                        }
                    }
                    _ => {}
                },
                None => {}
            }

            body.push(self.source_element());  ──── ❸
        }
    }
}
```

■Statement の解釈の変更

次に、statement メソッドを変更して、return キーワードを扱うようにします。

```
Statement ::= ExpressionStatement | VariableStatement | ReturnStatement
```

JavaScript の関数呼び出しの実装

statement メソッドで、もし次のトークンが return のキーワードトークンの
場合（❶）、new_return_statement 関数によって ReturnStatement を作成し
返します。

```
saba_core/src/renderer/js/ast.rs
impl JsParser {
    fn statement(&mut self) -> Option<Rc<Node>> {
        let t = match self.t.peek() {
            Some(t) => t,
            None => return None,
        };

        let node = match t {
            Token::Keyword(keyword) => {
                if keyword == "var" {
                    // "var" の予約語を消費する
                    assert!(self.t.next().is_some());

                    self.variable_declaration()
                } else if keyword == "return" {  ──── ❶
                    // "return" の予約語を消費する
                    assert!(self.t.next().is_some());

                    Node::new_return_statement(self.assignment_expression())
                } else {
                    None
                }
            }
            _ => Node::new_expression_statement(self.assignment_expression()),
        };

        if let Some(t) = self.t.peek() {
            if let Token::Punctuator(c) = t {
                // ';' を消費する
                if c == ';' {
                    assert!(self.t.next().is_some());
                }
            }
        }

        node
    }
}
```

411

第7章 / JavaScript を動かす──ページの動的な変更

■ LeftHandSideExpression の解釈の変更

left_hand_side_expression メソッドを変更して、関数呼び出しをできるようにします。

```
LeftHandSideExpression ::= CallExpression | MemberExpression
```

left_hand_side_expression メソッドでもし次のトークンが開き丸括弧（(()の場合（❶）、関数呼び出しが行われることを表します。なので、new_call_expression 関数によって CallExpression ノードを作成し、メソッドから返します。それ以外の場合は、今までどおり、MemberExpression ノードを作成し、メソッドから返します。

```
saba_core/src/renderer/js/ast.rs
impl JsParser {
    fn left_hand_side_expression(&mut self) -> Option<Rc<Node>> {
        let expr = self.member_expression();

        let t = match self.t.peek() {
            Some(token) => token,
            None => return expr,
        };

        match t {
            Token::Punctuator(c) => { ──── ❶
                if c == &'(' {
                    // '(' を消費する
                    assert!(self.t.next().is_some());
                    // 関数呼び出しのため、CallExpression ノードを返す
                    return Node::new_call_expression(expr, self.arguments());
                }

                expr
            }
            _ => expr,
        }
    }
}
```

■ Arguments の解釈

Arguments は、関数呼び出しに必要な引数を表します。

JavaScript の関数呼び出しの実装

```
Arguments ::= "(" ( ArgumentList )? ")"
ArgumentList ::= AssignmentExpression ( "," AssignmentExpression )*
```

arguments メソッドは BNF の Arguments の部分を実装します。arguments メソッドでは、閉じ丸括弧 ()) が現れるまで、解釈した値を arguments 変数に追加します。閉じ丸括弧 ()) が現れたら、今まで解釈した値のベクタを返します。

saba_core/src/renderer/js/ast.rs
```rust
impl JsParser {
    fn arguments(&mut self) -> Vec<Option<Rc<Node>>> {
        let mut arguments = Vec::new();

        loop {
            // ) に到達するまで、解釈した値を arguments ベクタに追加する
            match self.t.peek() {
                Some(t) => match t {
                    Token::Punctuator(c) => {
                        if c == &')' {
                            // ')' を消費する
                            assert!(self.t.next().is_some());
                            return arguments;
                        }
                        if c == &',' {
                            // ',' を消費する
                            assert!(self.t.next().is_some());
                        }
                    }
                    _ => arguments.push(self.assignment_expression()),
                },
                None => return arguments,
            }
        }
    }
}
```

■ MemberExpression の解釈の変更

MemberExpression の解釈を変更して、ドット (.) によって呼び出されるオブジェクトのメソッドまたは変数にも対応しましょう。

```
MemberExpression ::= PrimaryExpression ( "." Identifier )*
```

member_expression メソッドを変更して、次のトークンがドット (.) の場合、

第7章 JavaScriptを動かす──ページの動的な変更

new_member_expression 関数によって MemberExpression ノードを作成します
（❶）。それ以外のとき、今までどおり primary_expression 関数によって作ら
れたノードを返します（❷）。

```rust
saba_core/src/renderer/js/ast.rs
impl JsParser {
    fn member_expression(&mut self) -> Option<Rc<Node>> {
        let expr = self.primary_expression();

        let t = match self.t.peek() {
            Some(token) => token,
            None => return expr,
        };

        match t {
            Token::Punctuator(c) => {
                if c == &'.' {
                    // '.' を消費する
                    assert!(self.t.next().is_some());
                    return Node::new_member_expression(expr, self.identifier()); ── ❶
                }

                expr
            }
            _ => expr, ── ❷
        }
    }
}
```

これで、関数定義、関数呼び出しのノードが AST に追加されるようになりま
した。

AST のユニットテストの追加

関数を定義するテストケース、引数付きの関数を定義するテストケース、そし
て関数を呼び出すテストケースを追加してみましょう。

■関数定義のテスト

まずは関数の定義のテストです。foo 関数内では、return 文によって数値が
返されます。

414

JavaScript の関数呼び出しの実装

```
saba_core/src/renderer/js/ast.rs
#[cfg(test)]
mod tests {
    #[test]
    fn test_define_function() {
        let input = "function foo() { return 42; }".to_string();
        let lexer = JsLexer::new(input);
        let mut parser = JsParser::new(lexer);
        let mut expected = Program::new();
        let mut body = Vec::new();
        body.push(Rc::new(Node::FunctionDeclaration {
            id: Some(Rc::new(Node::Identifier("foo".to_string()))),
            params: [].to_vec(),
            body: Some(Rc::new(Node::BlockStatement {
                body: [Some(Rc::new(Node::ReturnStatement {
                    argument: Some(Rc::new(Node::NumericLiteral(42))),
                }))]
                .to_vec(),
            })),
        }));
        expected.set_body(body);
        assert_eq!(expected, parser.parse_ast());
    }
}
```

■ 引数付き関数定義のテスト

引数を持つ関数の定義のテストも行います。foo 関数は a と b の 2 つの引数
を持ち、それらを足したものを return 文で返します。

```
saba_core/src/renderer/js/ast.rs
#[cfg(test)]
mod tests {
    #[test]
    fn test_define_function_with_args() {
        let input = "function foo(a, b) { return a+b; }".to_string();
        let lexer = JsLexer::new(input);
        let mut parser = JsParser::new(lexer);
        let mut expected = Program::new();
        let mut body = Vec::new();
        body.push(Rc::new(Node::FunctionDeclaration {
            id: Some(Rc::new(Node::Identifier("foo".to_string()))),
            params: [
                Some(Rc::new(Node::Identifier("a".to_string()))),
```

415

第**7**章／JavaScriptを動かす──ページの動的な変更

```
                    Some(Rc::new(Node::Identifier("b".to_string()))),
                ]
                .to_vec(),
                body: Some(Rc::new(Node::BlockStatement {
                    body: [Some(Rc::new(Node::ReturnStatement {
                        argument: Some(Rc::new(Node::AdditiveExpression {
                            operator: '+',
                            left: Some(Rc::new(Node::Identifier("a".to_string()))),
                            right: Some(Rc::new(Node::Identifier("b".to_string()))),
                        })),
                    }))]
                    .to_vec(),
                })),
            }));
        expected.set_body(body);
        assert_eq!(expected, parser.parse_ast());
    }
}
```

■ 関数呼び出しのテスト

関数の呼び出しのテストも行いましょう。数値を返す foo 関数とリテラルの
数値を足す場合です。

```
saba_core/src/renderer/js/ast.rs
#[cfg(test)]
mod tests {
    #[test]
    fn test_add_function_add_num() {
        let input = "function foo() { return 42; } var result = foo() + 1;".to_string();
        let lexer = JsLexer::new(input);
        let mut parser = JsParser::new(lexer);
        let mut expected = Program::new();
        let mut body = Vec::new();
        body.push(Rc::new(Node::FunctionDeclaration {
            id: Some(Rc::new(Node::Identifier("foo".to_string()))),
            params: [].to_vec(),
            body: Some(Rc::new(Node::BlockStatement {
                body: [Some(Rc::new(Node::ReturnStatement {
                    argument: Some(Rc::new(Node::NumericLiteral(42))),
                }))]
                .to_vec(),
            })),
        }));
```

416

JavaScript の関数呼び出しの実装

```
        body.push(Rc::new(Node::VariableDeclaration {
            declarations: [Some(Rc::new(Node::VariableDeclarator {
                id: Some(Rc::new(Node::Identifier("result".to_string()))),
                init: Some(Rc::new(Node::AdditiveExpression {
                    operator: '+',
                    left: Some(Rc::new(Node::CallExpression {
                        callee: Some(Rc::new(Node::Identifier("foo".to_string()))),
                        arguments: [].to_vec(),
                    })),
                    right: Some(Rc::new(Node::NumericLiteral(1))),
                })),
            }))]
            .to_vec(),
        }));
        expected.set_body(body);
        assert_eq!(expected, parser.parse_ast());
    }
}
```

　今の状態で cargo test を走らせると、先ほどと同じく、まだランタイムを変更していないので、先ほど追加したノードが match 文でカバーされておらずエラーになります。その場合は、ランタイムの eval メソッドを変更して、match 文にデフォルトアームを追加しましょう。todo! は Rust のライブラリに実装されているマクロで、まだ実装が完成していないことを表します。

```
saba_core/src/renderer/js/runtime.rs
impl JsRuntime {
    fn eval(&mut self, node: &Option<Rc<Node>>) -> Option<RuntimeValue> {
        (省略)
        match node.borrow() {
            (省略)
            // ノードの種類を追加したので、デフォルトアームを追加。のちほど削除
            // する
            _ => todo!(),
        }
    }
}
```

　saba_core ディレクトリに移動して、cargo test コマンドを実行すると、テストを開始できます。cargo test js::ast のように、特定のテストだけを実行するように指定することも可能です。

第**7**章 / JavaScript を動かす──ページの動的な変更

ランタイムの変更

新しく追加した BlockStatement、ReturnStatement、FunctionDeclaration、そして CallExpression をランタイムの eval メソッドで扱えるようにしましょう。

■eval メソッドの変更

eval メ ソ ッ ド の match 文 に BlockStatement、ReturnStatement、FunctionDeclaration、CallExpression を扱うアームを追加します。

BlockStatement ノードの場合（❶）、波括弧で囲まれたブロックの中の文を eval メソッドを再び呼ぶことですべて解釈します。ブロックの中で最後に return 文によって値が返る場合、その値をブロック分の外側にも伝えたいため、最後に解釈した式の値（result）を返します。

ReturnStatement ノードの場合（❷）、戻り値は argument なので、戻り値を eval メソッドで解釈して、解釈した値を返します。

FunctionDeclaration ノードの場合（❸）、もし関数名が文字列のとき、今までに定義された関数を保持する functions フィールドに Function 構造体を追加します。Function 構造体はのちほど解説します（❹）。

CallExpression ノードの場合（❺）、まず Environment 構造体のオブジェクトを作成することで、新しいスコープを作成します（❻）。コンストラクタに現在のスコープである env を渡すことで、現在のスコープが新しく作成するスコープの外側のスコープになります。次に、関数名を表す callee ノードを解釈し（❼）、その関数名と一致する関数を探します（❽）。関数は FunctionDeclaration ノードを解釈したときに追加した関数から探します。もし関数名に一致するものが見つからなければ、関数が存在しないというメッセージとともに panic! マクロを呼びます（❾）。さらに、関数呼び出し時に渡される引数を新しく作成したスコープのローカル変数として割り当てます。たとえば、function foo(a, b) という関数があり、foo(1, 2); のように呼び出されるとすると、関数の中では var a=1;、var b=2; というように a と b の変数があらかじめ定義されているようにします。❻で新しく作成したスコープに対し、add_variable メソッドを呼ぶことで引数の割り当てを行います（❿）。最後に関数の中身を新しいスコープとともに eval メソッドで解釈したら、関数を呼び出したことになります。

418

JavaScript の関数呼び出しの実装

saba_core/src/renderer/js/runtime.rs
```rust
impl JsRuntime {
    fn eval(
        &mut self,
        node: &Option<Rc<Node>>,
        env: Rc<RefCell<Environment>>,
    ) -> Option<RuntimeValue> {
        (省略)
        match node.borrow() {
            (省略)
            Node::BlockStatement { body } => {  ── ❶
                let mut result: Option<RuntimeValue> = None;
                for stmt in body {
                    result = self.eval(&stmt, env.clone());
                }
                result
            }
            Node::ReturnStatement { argument } => {  ── ❷
                return self.eval(&argument, env.clone());
            }
            Node::FunctionDeclaration { id, params, body } => {  ── ❸
                if let Some(RuntimeValue::StringLiteral(id)) = self.eval(&id, env.clone↲
()) {

                    let cloned_body = match body {
                        Some(b) => Some(b.clone()),
                        None => None,
                    };
                    self.functions
                        .push(Function::new(id, params.to_vec(), cloned_body));  ── ❹
                };
                None
            }
            Node::CallExpression { callee, arguments } => {  ── ❺
                // 新しいスコープを作成する
                let new_env = Rc::new(RefCell::new(Environment::new(Some(env))));  ── ❻

                let callee_value = match self.eval(callee, new_env.clone()) {  ── ❼
                    Some(value) => value,
                    None => return None,
                };

                // 既に定義されている関数を探す
                let function = {  ── ❽
                    let mut f: Option<Function> = None;

                    for func in &self.functions {
```

第7章 JavaScriptを動かす――ページの動的な変更

```
                    if callee_value == RuntimeValue::StringLiteral(func.id.to_string↵
()) {
                        f = Some(func.clone());
                    }
                }

                match f {
                    Some(f) => f,
                    None => panic!("function {:?} doesn't exist", callee),  ── ❾
                }
            };

            // 関数呼び出し時に渡される引数を新しく作成したスコープのローカル変数として
            // 割り当てる
            assert!(arguments.len() == function.params.len());
            for (i, item) in arguments.iter().enumerate() {
                if let Some(RuntimeValue::StringLiteral(name)) =
                    self.eval(&function.params[i], new_env.clone())
                {
                    new_env
                        .borrow_mut()
                        .add_variable(name, self.eval(item, new_env.clone()));
                } ── ❿
            }

            // 関数の中身を新しいスコープとともに eval メソッドで解釈する
            self.eval(&function.body.clone(), new_env.clone())  ── ⓫
        }
        // _ => todo!(), // すべてのケースを網羅したので、この行は消す
    }
  }
}
```

■Function 構造体の追加

どんな関数が定義してあるかの情報を保持する Function 構造体を作成します。FunctionDeclaration ノードを評価しているときに、この構造体を作成することで、あとからこの関数を呼び出すことができます。

saba_core/src/renderer/js/runtime.rs

```
#[derive(Debug, Clone, PartialEq, Eq)]
pub struct Function {
    id: String,
    params: Vec<Option<Rc<Node>>>,
    body: Option<Rc<Node>>,
```

420

```
}

impl Function {
    fn new(id: String, params: Vec<Option<Rc<Node>>>, body: Option<Rc<Node>>) -> Self {
        Self { id, params, body }
    }
}
```

Function 構造体のベクタを JsRuntime に追加します。これで関数はどこから
でも呼び出すことができます、つまり、すべてグローバル関数として扱われます。
本来ならば、JavaScript の関数は関数の中にも定義できるので、変数を扱った
ときのようにスコープを考慮しないといけないのですが、本書では簡略化のため
に関数はすべてグローバル関数として扱います。

```
saba_core/src/renderer/js/runtime.rs
#[derive(Debug, Clone)]
pub struct JsRuntime {
    functions: Vec<Function>,
    env: Rc<RefCell<Environment>>,
}

impl JsRuntime {
    pub fn new() -> Self {
        Self {
            functions: Vec::new(),
            env: Rc::new(RefCell::new(Environment::new(None))),
        }
    }
}
```

ランタイムのユニットテストの追加

ランタイムのテストを変更して、関数定義、関数呼び出し、ローカル変数のテ
ストケースを追加しましょう。

■関数定義／呼び出しのテスト

foo 関数を定義し、その関数の戻り値と足し算を行うコードのテストを行いま
す。最初の式では None が、次の式では 43 の数値が返ってくるはずです。

第7章 JavaScript を動かす——ページの動的な変更

```
saba_core/src/renderer/js/runtime.rs
#[cfg(test)]
mod tests {
    #[test]
    fn test_add_function_and_num() {
        let input = "function foo() { return 42; } foo()+1".to_string();
        let lexer = JsLexer::new(input);
        let mut parser = JsParser::new(lexer);
        let ast = parser.parse_ast();
        let mut runtime = JsRuntime::new();
        let expected = [None, Some(RuntimeValue::Number(43))];
        let mut i = 0;

        for node in ast.body() {
            let result = runtime.eval(&Some(node.clone()), runtime.env.clone());
            assert_eq!(expected[i], result);
            i += 1;
        }
    }
}
```

■引数付き関数定義／呼び出しのテスト

2つのパラメータを持つ foo 関数を定義し、その関数の戻り値と足し算を行う
コードのテストを行います。最初の式では None が、次の式では 6 の数値が返っ
てくるはずです。

```
saba_core/src/renderer/js/runtime.rs
#[cfg(test)]
mod tests {
    #[test]
    fn test_define_function_with_args() {
        let input = "function foo(a, b) { return a + b; } foo(1, 2) + 3;".to_string();
        let lexer = JsLexer::new(input);
        let mut parser = JsParser::new(lexer);
        let ast = parser.parse_ast();
        let mut runtime = JsRuntime::new();
        let expected = [None, Some(RuntimeValue::Number(6))];
        let mut i = 0;

        for node in ast.body() {
            let result = runtime.eval(&Some(node.clone()), runtime.env.clone());
            assert_eq!(expected[i], result);
            i += 1;
```

```
      }
    }
}
```

■ ローカル変数のテスト

　なんとローカル変数までちゃんと実装できているのです。グローバル変数の a
と foo 関数内で定義されているローカル変数の a の違いをテストしてみましょ
う。同じ変数名ですが、関数内ではローカル変数の値が、関数外ではグローバル
変数の値が見えています。

```
saba_core/src/renderer/js/runtime.rs
#[cfg(test)]
mod tests {
    #[test]
    fn test_local_variable() {
        let input = "var a=42; function foo() { var a=1; return a; } foo()+↩
a".to_string();
        let lexer = JsLexer::new(input);
        let mut parser = JsParser::new(lexer);
        let ast = parser.parse_ast();
        let mut runtime = JsRuntime::new();
        let expected = [None, None, Some(RuntimeValue::Number(43))];
        let mut i = 0;

        for node in ast.body() {
            let result = runtime.eval(&Some(node.clone()), runtime.env.clon↩
e());

            assert_eq!(expected[i], result);
            i += 1;
        }
    }
}
```

　saba_core ディレクトリに移動して、cargo test コマンドを実行すると、テ
ストを開始できます。cargo test js::runtime のように、特定のテストだけ
を実行するように指定することも可能です。

　これで、ECMAScript に基づく JavaScript の言語自体の実装は終了です。足
し算・引き算、変数定義、変数呼び出し、関数定義、関数呼び出しができるよう
になりました。次は JavaScript 上で行った計算を DOM に反映させていきます。

第 **7** 章 JavaScript を動かす──ページの動的な変更

ブラウザ API の追加

ブラウザの JavaScript の役割は、JavaScript の言語を実行するだけではありません。第 1 章や本章のはじめでも紹介したように、ブラウザは、ブラウザ API と呼ばれる JavaScript から利用できるさまざまな機能の集合体も提供しています。

たとえば、HTML の特定のエレメントを取得するための getElementById メソッドは、DOM API の一部であり、ブラウザ自体に組み込まれています。

```
var target1 = document.getElementById("target");
```

getElementById メソッドはブラウザの内部で実装されており、特定の JavaScript ファイルや外部のライブラリから読み込まれるわけではありません。このメソッドはブラウザ以外の JavaScript の実行環境で使おうとしても使えません。ブラウザ内部の JavaScript エンジンがこのメソッドを実装しており、Web 開発者はこのメソッドを呼び出すことで、Web ページ上の特定の要素にアクセスできます。

getElementById メソッドのサポート

getElementById メソッドをサポートしてみましょう。

getElementById メソッドは、document.getElementById で呼び出すことからわかるように、DOM ツリーのエントリポイントである document オブジェクトに関連したメソッドとして定義されています。つまり、本来ならば、第 4 章で実装した NodeKind::Document のノードを JavaScript からアクセスできるようにし、かつ、そのノードに紐付く形で getElementById メソッドを実装するべきです。しかし、本書のブラウザでは、正しくはないがもっと簡単な実装をすることにします。

■MemberExpression の解釈の変更

まずランタイムを変更して、ドット（.）によるメソッドへのアクセスをできるようにします。document.getElementById は MemberExpression のノードと

して表現され、ドットの左側が object、右側が property として保持されます。

本来ならば、オブジェクトの特定のプロパティにアクセスする、という意味なのですが、本書のブラウザでは、オブジェクトとプロパティを文字列でつなげて、"object.property" という文字列の変数または関数にアクセスするというように簡略化します。

この実装の何が正しくないかというと、document.getElementById と window.document.getElementById は本来同じメソッドを呼び出すはずですが、私たちのブラウザではそれぞれ違う文字列として扱うため、異なる行動をする可能性があります。本書の実装では、document.getElementById だけに対応するため、window.document.getElementById という書き方でメソッドを呼び出すことはできません。

```rust
saba_core/src/renderer/js/runtime.rs
impl JsRuntime {
    fn eval(
        &mut self,
        node: &Option<Rc<Node>>,
        env: Rc<RefCell<Environment>>,
    ) -> Option<RuntimeValue> {
        match node.borrow() {
            (省略)
            Node::MemberExpression { object, property } => {
                let object_value = match self.eval(object, env.clone()) {
                    Some(value) => value,
                    None => return None,
                };
                let property_value = match self.eval(property, env.clone()) {
                    Some(value) => value,
                    // プロパティが存在しないため、`object_value` をここで返す
                    None => return Some(object_value),
                };

                // document.getElementById は、"document.getElementById"
                // という一つの文字列として扱う。
                // このメソッドへの呼び出しは、"document.getElementById"
                // という名前の関数への呼び出しになる
                return Some(
                    object_value + RuntimeValue::StringLiteral(".".to_strin↵
g()) + property_value,
                );
            }
```

425

第7章 JavaScriptを動かす——ページの動的な変更

```
        (省略)
      }
    }
}
```

■ ブラウザ API を呼び出すメソッドの追加

ブラウザがサポートしているブラウザ API を呼び出すために、call_browser_api メソッドを追加しましょう。

call_browser_api メソッドは、関数名 (func)、引数 (arguments)、そしてスコープ (env) を引数に取ります。そして、bool と Option<RuntimeValue> のタプルを返します。bool はブラウザ API が呼ばれたかどうかを表し、Option<RuntimeValue> はブラウザ API の呼び出しによって得られた結果を表します。

先ほど MemberExpression の解釈で説明したように、document.getElementById は一つのまとまりの文字列として扱います。よって、どの関数が呼ばれているのかを判断するときに、関数名の名前に注意してください (❶)。

もし関数名が document.getElementById のとき、まず、引数の 1 つ目を解釈します (❷)。これは ID 名を表す文字列のはずです。次に、この ID 名を使用して、DOM ツリーから特定の要素を取得します (❸)。DOM ツリーから特定の要素を取得するための関数である get_element_by_id 関数はのちほど実装します。

そして、DOM ツリーのノードを表す HtmlElement をメソッドから返します (❹)。HtmlElement はのちほど追加します。

```rust
saba_core/src/renderer/js/runtime.rs
use crate::renderer::dom::api::get_element_by_id;

impl JsRuntime {
    /// (bool, Option<RuntimeValue>) のタプルを返す
    /// bool: ブラウザ API が呼ばれたかどうか。true なら何かしらの API が呼ばれた
    /// ことを示す
    /// Option<RuntimeValue>: ブラウザ API の呼び出しによって得られた結果
    fn call_browser_api(
        &mut self,
        func: &RuntimeValue,
        arguments: &[Option<Rc<Node>>],
        env: Rc<RefCell<Environment>>,
    ) -> (bool, Option<RuntimeValue>) {
```

ブラウザ API の追加

```
        if func == &RuntimeValue::StringLiteral("document.getElementById".↵
to_string()) {  ── ❶
            let arg = match self.eval(&arguments[0], env.clone()) {  ── ❷
                Some(a) => a,
                None => return (true, None),
            };
            let target = match get_element_by_id(Some(self.dom_root.clone()↵
), &arg.to_string()) {  ── ❸
                Some(n) => n,
                None => return (true, None),
            };
            return (
                true,
                Some(RuntimeValue::HtmlElement {  ── ❹
                    object: target,
                    property: None,
                }),
            );
        }

        (false, None)
    }
}
```

■特定の ID の要素を取得する便利関数

DOM ツリーから特定の ID の要素を取得する便利関数を追加します。第 5 章で追加した get_target_element_node 関数のように、ノードを再帰的にたどっていって、ノードの ID 名が id_name で指定されたものと一致すれば、そのノードを返します。

```
saba_core/src/renderer/dom/api.rs
pub fn get_element_by_id(
    node: Option<Rc<RefCell<Node>>>,
    id_name: &String,
) -> Option<Rc<RefCell<Node>>> {
    match node {
        Some(n) => {
            if let NodeKind::Element(e) = n.borrow().kind() {
                for attr in &e.attributes() {
                    if attr.name() == "id" && attr.value() == *id_name {
                        return Some(n.clone());
                    }
                }
```

427

第7章 JavaScript を動かす──ページの動的な変更

```
        }
        let result1 = get_element_by_id(n.borrow().first_child(), id_name);
        let result2 = get_element_by_id(n.borrow().next_sibling(), id_name);
        if result1.is_none() {
            return result2;
        }
        result1
    }
    None => None,
    }
}
```

■RuntimeValue に HtmlElement を追加する

RuntimeValue 列挙型に HtmlElement を追加して、DOM ノードを JavaScript のランタイムで扱えるようにします。HtmlElement は DOM ノードを表す object と、DOM ノードの何にアクセスするかを表す property を持ちます。

```
saba_core/src/renderer/js/runtime.rs
use crate::renderer::dom::node::Node as DomNode;

#[derive(Debug, Clone, PartialEq)]
pub enum RuntimeValue {
    Number(u64),
    StringLiteral(String),
    HtmlElement {
        object: Rc<RefCell<DomNode>>,
        property: Option<String>,
    },
}
```

新しい列挙子を追加したため、コンパイルをしようとすると、match 文によって RuntimeValue を処理している部分で、HtmlElement がカバーされていないよというエラーが出ます。match 文を使用している fmt メソッドを変更して、HtmlElement の値も文字列に変換できるようにしましょう。

```
saba_core/src/renderer/js/runtime.rs
impl Display for RuntimeValue {
    fn fmt(&self, f: &mut Formatter) -> core::fmt::Result {
        let s = match self {
```

ブラウザ API の追加

```
        RuntimeValue::Number(value) => format!("{}", value),
        RuntimeValue::StringLiteral(value) => value.to_string(),
        RuntimeValue::HtmlElement {
            object,
            property: _,
        } => {
            format!("HtmlElement: {:#?}", object)
        }
    };
    write!(f, "{}", s)
    }
}
```

■ランタイムに DOM ツリーを渡す

JsRuntime 構造体のフィールドに、DOM ツリーのノードを保持する dom_root を追加します。コンストラクタの引数も変更して、JsRuntime 構造体を初期化するときに、DOM ツリーを渡すようにします。

```
saba_core/src/renderer/js/runtime.rs
pub struct JsRuntime {
    dom_root: Rc<RefCell<DomNode>>,
    env: Rc<RefCell<Environment>>,
    functions: Vec<Function>,
}

impl JsRuntime {
    pub fn new(dom_root: Rc<RefCell<DomNode>>) -> Self {
        Self {
            dom_root,
            functions: Vec::new(),
            env: Rc::new(RefCell::new(Environment::new(None))),
        }
    }
}
```

このままだとコンパイルが失敗してしまうので、今まで書いたユニットテストの JsRuntime::new 関数の呼び出し部分を変更します。Document ノードのみを持つ擬似的な DOM ツリーを作成して、JsRuntime に渡すようにします。

```
saba_core/src/renderer/js/runtime.rs
use crate::renderer::dom::node::NodeKind as DomNodeKind;

#[cfg(test)]
```

429

第**7**章 JavaScript を動かす——ページの動的な変更

```
mod tests {
    fn test.. (省略) ..() {
        let dom = Rc::new(RefCell::new(DomNode::new(DomNodeKind::Document)));
        (省略)
        let mut runtime = JsRuntime::new(dom);
    }
}
```

■ ブラウザ API を呼び出す

eval メソッドの CallExpression ノードを解釈しているアームを変更して、ユーザーが定義した関数を探す前に、call_browser_api メソッドによってブラウザ API の呼び出しを試みましょう。もしブラウザ API が使用された場合は（❶）、ブラウザ API によって取得した RuntimeValue の値を返します。

```
saba_core/src/renderer/js/runtime.rs
impl JsRuntime {
    fn eval(
        &mut self,
        node: &Option<Rc<Node>>,
        env: Rc<RefCell<Environment>>,
    ) -> Option<RuntimeValue> {
        (省略)
        match node.borrow() {
            (省略)
            Node::CallExpression { callee, arguments } => {
                // 新しいスコープを作成する
                let new_env = Rc::new(RefCell::new(Environment::new(Some(env))));

                let callee_value = match self.eval(callee, new_env.clone()) {
                    Some(value) => value,
                    None => return None,
                };

                // ブラウザ API の呼び出しを試みる
                let api_result = self.call_browser_api(&callee_value, arguments,↵
new_env.clone());
                if api_result.0 {  ─── ❶
                    // もしブラウザ API を呼び出していたら、ユーザーが定義した関数は
                    // 実行しない
                    return api_result.1;
                }

                // 既に定義されている関数を探す
```

430

ブラウザ API の追加

```
            let function = {
                let mut f: Option<Function> = None;

                for func in &self.functions {
                    if callee_value == RuntimeValue::StringLiteral(func.id.to↵
_string()) {
                        f = Some(func.clone());
                    }
                }

                match f {
                    Some(f) => f,
                    None => panic!("function {:?} doesn't exist", callee),
                }
            };

            // 関数呼び出し時に渡される引数を新しく作成したスコープのローカル変数
            // として割り当てる
            assert!(arguments.len() == function.params.len());
            for (i, item) in arguments.iter().enumerate() {
                if let Some(RuntimeValue::StringLiteral(name)) =
                    self.eval(&function.params[i], new_env.clone())
                {
                    new_env
                        .borrow_mut()
                        .add_variable(name, self.eval(item, new_env.clone()));
                }
            }

            // 関数を新しいスコープとともに呼ぶ
            self.eval(&function.body.clone(), new_env.clone())
        }
    }
}
```

　これで、document.getElementById が呼ばれた場合には、DOM ツリーから
指定された ID を持つノードを取得できるようになります。

textContent による DOM ノードの操作

最後に、JavaScript から DOM ツリーの操作をできるようにしましょう。
先ほど追加した getElementById メソッドと組み合わせて、DOM ツリーか

431

ら特定のノードを取得、そして、そのノードのテキストを変更することを行える
ようにします。ノードのテキストの変更は textContent によって行うことがで
きます。

```
var target=document.getElementById("target");
target.textContent="Change text from JavaScript!!!";
```

textContent[注9] は DOM の ノ ー ド に 定 義 さ れ て い る 属 性 で す。
getElementById メソッドを実装したときと同じく、正しくはないがもっと簡単
な実装をすることにします。

■MemberExpression の解釈の変更

eval メソッドの MemberExpression を扱うアームを変更して、HtmlElement
のプロパティに文字列をセットするようにしましょう。target.textContent の
ような JavaScript のコードがあったときに、target が DOM のノードを表し
ているのか、単なる変数なのかによって行動が変わります。

```
saba_core/src/renderer/js/runtime.rs
impl JsRuntime {
    (省略)
    fn eval(
        &mut self,
        node: &Option<Rc<Node>>,
        env: Rc<RefCell<Environment>>,
    ) -> Option<RuntimeValue> {
        (省略)
        match node.borrow() {
            (省略)
            Node::MemberExpression { object, property } => {
                let object_value = match self.eval(object, env.clone()) {
                    Some(value) => value,
                    None => return None,
                };
                let property_value = match self.eval(property, env.clone()) {
                    Some(value) => value,
                    // プロパティが存在しないため、object_value をここで返す
                    None => return Some(object_value),
                };
```

注9   https://dom.spec.whatwg.org/#dom-node-textcontent

ブラウザ API の追加

```
                    // もしオブジェクトが DOM ノードの場合、HtmlElement の
                    // property を更新する
                    if let RuntimeValue::HtmlElement { object, property } = ↵
object_value {
                        assert!(property.is_none());
                        // HtmlElement の property に property_value の文字列を
                        // セットする
                        return Some(RuntimeValue::HtmlElement {
                            object,
                            property: Some(property_value.to_string()),
                        });
                    }

                    // document.getElementById は、"document.getElementById"
                    // という一つの文字列として扱う
                    // このメソッドへの呼び出しは、"document.getElementById"
                    // という名前の関数への呼び出しになる
                    return Some(
                        object_value + RuntimeValue::StringLiteral(".".to_↵
string()) + property_value,
                    );
                }
                (省略)
            }
        }
}
```

■ AssignmentExpression の解釈の変更

eval メソッドの MemberExpression を扱うアームを変更して、イコール記号
(=) の左辺が DOM ノードのときに、プロパティの文字列が textContent だっ
たらテキストノードを作成して DOM に追加するようにしましょう。これにより、
target.textContent="new text" のような JavaScript のコードで、target が
DOM ノードのときに、新しいテキスト（"new text"）のノードを target ノー
ドの子ノードとして追加できます。

```
saba_core/src/renderer/js/runtime.rs
impl JsRuntime {
    (省略)
    fn eval(
        &mut self,
        node: &Option<Rc<Node>>,
```

第7章 JavaScriptを動かす——ページの動的な変更

```
        env: Rc<RefCell<Environment>>,
    ) -> Option<RuntimeValue> {
        (省略)
        match node.borrow() {
            (省略)
            Node::AssignmentExpression {
                operator,
                left,
                right,
            } => {
                if operator != &'=' {
                    None
                }
                // 変数の再割り当て
                if let Some(node) = left {
                    if let Node::Identifier(id) = node.borrow() {
                        let new_value = self.eval(right, env.clone());
                        env.borrow_mut().update_variable(id.to_string(), ↵
new_value);

                        return None;
                    }
                }

                // もし左辺の値がDOMツリーのノードを表すHtmlElementならば、
                // DOMツリーを更新する
                if let Some(RuntimeValue::HtmlElement { object, property }) =
                    self.eval(left, env.clone())
                {
                    let right_value = match self.eval(right, env.clone()) {
                        Some(value) => value,
                        None => return None,
                    };

                    if let Some(p) = property {
                        // target.textContent = "foobar"; のようにノードの
                        // テキストを変更する
                        if p == "textContent" {
                            object
                                .borrow_mut()
                                .set_first_child(Some(Rc::new(RefCell::new(D↵
omNode::new(

                                    DomNodeKind::Text(right_value.to_string()),
                                )))));
                        }
                    }
                }
```

434

```
                None
        }
        (省略)
    }
  }
}
```

　これで DOM ノードの textContent に文字列を再代入することで、
JavaScript から HTML の文字列を変更できます。

WasabiOS 上で動かす

　今まで実装してきた JavaScript をブラウザのアプリケーションに組み込んで、
アプリケーションを WasabiOS の上で動かしてみましょう。

HTTP レスポンスを受け取ったときに JavaScript を実行する

　HTTP レスポンスを受け取ったときに呼ばれる Page 構造体の receive_
response メソッドを変更して、JavaScript を実行するようにします。execute_
js メソッドでは、作成した DOM ツリーから、<script> タグのコンテンツを
取得し、そのコンテンツをもとに、JavaScript の字句解析と AST の構築を行い
ます。そして、JsRuntime の execute メソッドによって、AST を実行します。

```
saba_core/src/renderer/page.rs
use crate::renderer::dom::api::get_js_content;
use crate::renderer::js::ast::JsParser;
use crate::renderer::js::runtime::JsRuntime;
use crate::renderer::js::token::JsLexer;

impl Page {
    pub fn receive_response(&mut self, response: HttpResponse) {
        self.create_frame(response.body());

        self.execute_js();

        self.set_layout_view();
```

第7章 JavaScript を動かす──ページの動的な変更

```rust
            self.paint_tree();
    }

    fn execute_js(&mut self) {
        let dom = match &self.frame {
            Some(frame) => frame.borrow().document(),
            None => return,
        };

        let js = get_js_content(dom.clone());
        let lexer = JsLexer::new(js);

        let mut parser = JsParser::new(lexer);
        let ast = parser.parse_ast();

        let mut runtime = JsRuntime::new(dom);
        runtime.execute(&ast);
    }
}
```

■ <script> タグのコンテンツを取得する便利関数

JavaScript のコードを取得するために、<script> タグのコンテンツを取得できる便利関数も追加しましょう。第5章で実装した <style> タグのコンテンツを取得する get_style_content 関数とほぼ同じです。

```rust
saba_core/src/renderer/dom/api.rs
pub fn get_js_content(root: Rc<RefCell<Node>>) -> String {
    let js_node = match get_target_element_node(Some(root), ElementKind::Script) {
        Some(node) => node,
        None => return "".to_string(),
    };
    let text_node = match js_node.borrow().first_child() {
        Some(node) => node,
        None => return "".to_string(),
    };
    let content = match &text_node.borrow().kind() {
        NodeKind::Text(ref s) => s.clone(),
        _ => "".to_string(),
    };
    content
}
```

テストページの追加

今まで実装したすべての機能を使った HTML のページを作成しましょう。

HTML の <p> タグや <a> タグを使用し、クラス名や ID 名を指定して CSS で色を付けたり、display:none によって特定のノードの描画をしないようにしたりしています。

さらに、JavaScript のコードでは足し算を行う関数を定義し、その関数を使用して、target の ID を持つノードのテキストを変更しています。

```html
test.html
<html>
  <head>
    <style>
    #title {
      color: red;
    }
    .first {
      color: #0000ff;
    }
    .hidden {
      display: none;
    }
    .link {
      background-color: #00ffff;
    }
    </style>
    <script type="text/javascript">
      function add(a, b) {
        return a + b;
      }

      var target=document.getElementById("target");
      target.textContent="Answer? 1 + 2 = " + add(1, 2);
    </script>
  </head>
  <body>
    <h1 id="title">My Browser!</h1>
    <p class="first">HTML, CSS and JavaScript are working on my browser :)</p>
    <p>
        <a href="http://host.test:8000/test1.html" class="link">Test page1</a>
        <a href="http://host.test:8000/test2.html" class="link">Test page2</a>
    </p>
    <p class="hidden">none</p>
```

```
    <p id="target">original text</p>
  </body>
</html>
```

ローカルサーバの構築

第3章や第6章で行ったように、Pythonによってローカルサーバを立ててテストページにアクセスしてみましょう。test.htmlのファイルが置かれているディレクトリで以下のコマンドを実行すると、サーバが開始します。

```
$ python3 -m http.server 8000
```

run_on_wasabi.shスクリプトを使用してOSを起動させ、sabaと入力しアプリケーションを開始したあと、ツールバーをクリックし、http://host.test:8000/test.htmlを入力してEnterキーを押すと、テストページを確認できます（**図7-2**）。

図7-2 <h1> と <p> による文字列の描画

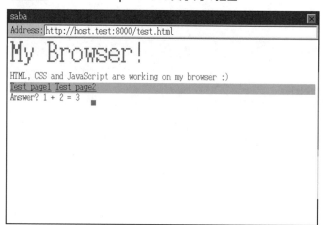

書き換えのターゲットとなったノードの "original text" という文字列は表示されず、代わりに "Answer? 1 + 2 = 3" という文字列が表示されているのが見えますね。関数呼び出しもうまくできているようです。

おわりに

　本書では、URL の分解、HTTP のリクエスト・レスポンスの送受信、HTML、CSS、JavaScript の字句解析、構文解析、実行を実装することで、とてもシンプルなブラウザを実装しました。私たちが日常的に使用しているブラウザのクオリティとはほど遠いものではありますが、根本的な機能は同じです。本書のブラウザは、拡張しやすいようにできる限り丁寧に書いたので、ぜひみなさんがここからアレンジを加えて、さらに高機能な自分だけのブラウザをぜひ作ってみてください。

索 引

記号

? 演算子 ... 301

数字

3 ウェイハンドシェイク ... 62

A

ABA 問題 ... 32
API ... 346
AST ... 25, 360
AST Explorer ... 359

B

BNF ... 25

C

Character User Interface ... 294
ComponentValue ... 228
Cookie ... 28
CORS ... 36
CSP ... 36
CSR ... 346
CSS ... 18, 198
CSS Object Model ... 204
CSSOM ... 20, 204
CSS Syntax Module Level 3 ... 208
CSS Values and Units Module Level 4 ... 228
CSS トークン ... 19
CUI ... 294

D

DELETE ... 66
DOM ... 101

DOM API ... 26
DOM Living Standard ... 27, 98
DOM ツリー ... 14, 101

E

Ecma International ... 347
ECMAScript ... 347
ECMAScript 2024 Language Specification ... 24
Expression ... 360

F

Features 機能 ... 72
Fetch API ... 27
Flow Control ... 64

G

GET ... 66
Graphical User Interface ... 294
GUI ... 294

H

Header Compression ... 64
HOL ブロッキング ... 63
HTML ... 98
HTML Living Standard
... 98, 103, 151, 165, 167, 171, 209
HTML トークン ... 13
HTTP/1.1 ... 62
HTTP/2 ... 63
HTTP/3 ... 64

I

IANA ... 42
ID セレクタ ... 200

IETF 40

Internet Assigned Numbers Authority 42

Internet Engineering Task Force 40

IPC 30

IP アドレス 74

J

JavaScript 23, 344

JavaScript エンジン 23

JavaScript トークン 24

JIT コンパイラ 345

Just-in-Time コンパイラ 345

K

Keep-Alive 62

L

localhost 93

Local Storage 28

M

Meltdown 34

Multiplexing 63

N

noli ライブラリ 295

O

OSI 参照モデル 7

P

Peekable 224

Pipelining 62

POST 66

preserved tokens 228

Prioritization 64

Progressive Web App 29

PUT 66

PWA 29

Q

QUIC 64

Quick UDP Internet Connections 64

R

reason-phrase 68

Request for Comments 40

RFC 40

RFC 1034 74

RFC 1035 74

RFC 1738 .... 40-42, 48

RFC 2068 62

RFC 6265 28

RFC 7230 .... 61, 63, 66-69

RFC 7231 .... 66, 68

RFC 7235 .... 61, 63

RFC 7540 63

RFC 793 76

RFC 9110 .... 63, 78

RFC 9113 64

RFC 9114 64

S

Server Push 64

Service Worker 29

Session Storage 28

Spectre 34

SSR 346

State Machine 103

Statement 360

T

TCP 65

TCP/IP モデル 7

INDEX

Transmission Control Protocol 65

U

UDP 65
UI スレッド 32
Unit Test 55
URL 40
User Datagram Protocol 65
use キーワード 45

W

W3C 198, 209
Web クライアント 4
Web サーバ 4
WHATWG 98, 209

あ行

値 202
アドレスバー 299
インタプリタ言語 345
インライン要素 206
オリジン間リソース共有 36

か行

拡張機能 29
カスケード値 249
関数ポインタ 324
完全修飾ドメイン名 41
逆引き 74
キャッシュ 29
キュー 151
クエリパラメータ 42
クライアントサイドレンダリング 346
クラスセレクタ 200
クロージャ 324
計算値 249
構造体 45

構文解析 138
コンテンツ 100
コンテンツエリア 323
コンテンツセキュリティポリシー 36
コンパイラ言語 345
コンポーネント値 228

さ行

サーバサイドレンダリング 346
サーバプッシュ 64
サイト分離 34
式 360
字句解析 103
字句解析器 103
自己終了タグ 99
持続的接続 62
子孫セレクタ 201
実行環境 23
実効値 249
指定値 249
終端記号 356
循環参照 143
使用値 249
所有権 54
スキーム 41
スタック 150
ステータスコード 67
ステータスライン 67
ステートマシン 103
ストレージ 28
スレッド 31
正引き 74
セッションストレージ 28
セレクタ 200
宣言値 249
宣言ブロック 203
属性 100

ソケットアドレス 75

た行

タイトルバー 299
タグ 99
抽象構文木 25, 360
ツールバー 299
ティム・バーナーズ＝リー 209
同一生成元ポリシー 35
トークナイザー 103
トレイト 112

な行

名前解決 74

は行

パイプライン化 62
パス 42
非終端記号 356
ブラウザ 4
ブラウザ API 27, 346
ブラウザプロセス 31
フロー 205
フロー制御 64
プロセス 30
ブロック要素 206
プロパティ 201
文 360
ヘッダ 69
ヘッダ圧縮 64
ヘッドオブラインブロッキング 63
ポート番号 41
保存されたトークン 228
ボックスモデル 206
ボディ 69

ま行

マークアップ言語 98
マウス 317
マクロ関数 57
マルチプレクシング 63
マルチプロセスアーキテクチャ 30
メインスレッド 32
メソッド 66

や行

優先度付け 64
ユニットテスト 55
要素 100
要素セレクタ 200

ら行

ライブラリクレート 43
ランタイム 23
リクエストライン 66
理由フレーズ 68
ループバックアドレス 93
ルール 204
レイアウトツリー 21, 205, 239
レキサー 350
レンダーツリー 21, 239
レンダラプロセス 31
レンダリングエンジン 11
ローカルストレージ 28
ロック 32

わ行

ワーカースレッド 32

443

●著者プロフィール

土井 麻未（どい あさみ）

名古屋市立大学芸術工学部でデザインを学びながら、フロントエンド、バックエンドのウェブ開発を独学で学ぶ。名古屋大学大学院情報学研究科では、コンピュータを使って生命の謎に迫る人工生命の分野で研究。低レイヤーの分野に興味があり、趣味の時間で RISC-V エミュレータを開発。現在は Google でソフトウェアエンジニアとしてブラウザ開発に従事している。

●カバー
西岡 裕二

●本文デザイン・レイアウト・本文図版
有限会社スタジオ・キャロット

●編集アシスタント
北川 香織
小川 里子

●編集
池田 大樹

●お問い合わせについて

本書に関するご質問は記載内容についてのみとさせていただきます。本書の内容以外のご質問には一切応じられませんので、あらかじめご了承ください。
なお、お電話でのご質問は受け付けておりませんので、書面または弊社 Web サイトのお問い合わせフォームをご利用ください。

●問い合わせ先

〒162-0846
東京都新宿区市谷左内町 21-13
株式会社技術評論社
『［作って学ぶ］ブラウザのしくみ』係
　URL　https://gihyo.jp/（技術評論社 Web サイト）

ご質問の際に記載いただいた個人情報は回答以外の目的に使用することはありません。使用後は速やかに個人情報を廃棄します。

WEB+DB PRESS plus シリーズ
ウェブディービー プレス プラス

［作って学ぶ］ブラウザのしくみ
つく　　まな
── HTTP、HTML、CSS、JavaScript の裏側
　　エイチティーティーピー　エイチティーエムエル　シーエスエス　　ジャバスクリプト　　うらがわ

2024 年 11 月 21 日　初版　第 1 刷　発行
2025 年 2 月 11 日　初版　第 3 刷　発行

著　者	土井 麻未 どい あさみ
発行者	片岡　巌
発行所	株式会社技術評論社
	東京都新宿区市谷左内町 21-13
	電話　03-3513-6150　販売促進部
	03-3513-6177　第 5 編集部
印刷／製本	日経印刷株式会社

定価はカバーに表示してあります。

本書の一部または全部を著作権法の定める範囲を超え、無断で複写、複製、転載、あるいはファイルに落とすことを禁じます。

©2024　土井 麻未

造本には細心の注意を払っておりますが、万一、乱丁（ページの乱れ）や落丁（ページの抜け）がございましたら、小社販売促進部までお送りください。送料小社負担にてお取り替えいたします。

ISBN 978-4-297-14546-0 C3055
Printed in Japan